冶金固废资源利用新技术丛书

镍渣资源化利用

李小明　杜雪岩　邢相栋　李　彬　著

北　京
冶 金 工 业 出 版 社
2022

内 容 提 要

本书简要介绍了镍渣的来源、特征及镍渣利用研究进展等，并基于镍渣全组分利用目标，研究了提铁同时获得胶凝材料的热力学及工艺参数控制，提出了通过预氧化、配加添加剂、机械活化的方式强化镍渣的直接还原，分别深入研究了各控制参数变化条件下的镍渣结构变化，获得了适宜的预处理强化参数，系统探讨了镍渣熔融氧化磁选提铁，镍渣制备珠铁、制备微晶玻璃和制备电磁波吸收材料的理论依据、技术思路和工艺控制条件等。

本书可供高校冶金工程、资源工程专业师生以及从事冶金固废治理的科研和工程技术人员参考阅读。

图书在版编目(CIP)数据

镍渣资源化利用=Resource Utilization of Nickel Slag/李小明等著. —北京：冶金工业出版社，2022. 3

（冶金固废资源利用新技术丛书）

ISBN 978-7-5024-9062-1

Ⅰ. ①镍…　Ⅱ. ①李…　Ⅲ. ①镍—冶金渣—资源化—综合利用—研究　Ⅳ. ①TF815　②X758

中国版本图书馆 CIP 数据核字(2022)第 027278 号

镍渣资源化利用

出版发行　冶金工业出版社　　**电　　话**　(010)64027926

地　　址　北京市东城区嵩祝院北巷 39 号　　**邮　　编**　100009

网　　址　www. mip1953. com　　**电子信箱**　service@ mip1953. com

责任编辑　曾　媛　美术编辑　彭子赫　版式设计　郑小利

责任校对　郑　娟　责任印制　禹　蕊

三河市双峰印刷装订有限公司印刷

2022 年 3 月第 1 版，2022 年 3 月第 1 次印刷

710mm×1000mm　1/16；12. 5 印张；244 千字；189 页

定价 86. 00 元

投稿电话　(010)64027932　投稿信箱　tougao@cnmip. com. cn

营销中心电话　(010)64044283

冶金工业出版社天猫旗舰店　yjgycbs. tmall. com

（本书如有印装质量问题，本社营销中心负责退换）

前　言

镍是重要的工业金属，广泛用于钢铁工业、机械工业、建筑业和化学工业等。根据我国镍生产工艺，采用硫化镍矿每生产 1 吨镍约排出 6~16 吨镍渣。镍渣含有约 40%的铁及微量的镍、铜等有价金属，是具有资源潜力的可利用含铁固废。

目前镍渣的处理以堆存为主，尚缺少消纳量大、综合利用效果好、经济性合理的资源化回收利用方法。我国现存镍渣量已超过 4000 万吨，并且以每年 200 万吨的速度持续增加，镍渣堆存闲置不仅会浪费其中的有价金属，占用土地，而且还会产生环境污染，镍渣利用已成为冶金资源循环利用的重要课题。

基于镍渣全组分综合利用目标，在国家自然科学基金的资助下，作者系统研究了镍渣提铁并协同制备胶凝材料，镍渣强化还原提铁，镍渣制备珠铁、微晶玻璃、吸波材料的热力学、动力学条件和技术参数。本书共分 10 章。第 1 章为绪论，概述了镍渣的来源、特点及现有资源化利用进展。第 2 章为镍渣提铁及协同制备胶凝材料，介绍了协同工艺构想、不同因素对铁还原及胶凝组分生成的影响，提出了协同控制的关键技术参数。第 3~5 章分别介绍预氧化、配加添加剂及机械活化强化镍渣还原提铁工艺参数及控制。其中第 3 章为镍渣预氧化强化还原，介绍了预氧化对镍渣物相及内部结构的影响，预氧化镍渣的还原特征以及金属铁颗粒生成特性和动力学等。第 4 章为镍渣配加添加剂强化还原，介绍了镍渣中添加碳酸钙、碳酸钠和氧化钙对碳热还原产物中铁各项指标的影响，以及促进还原的作用机理等。第 5 章为镍渣机械活化强化还原，表征了活化镍渣的结晶相、表面形貌、官能团及机械储能，分析了活化参数对镍渣结构变化及碳热还原效果的影响等。第 6 章为镍渣熔融氧化提铁，介绍了镍渣熔融氧化提铁的热力学、析晶动力学、磁铁矿生成控制及磁选效果等。第 7~9 章为镍渣制备珠铁、微晶玻璃和吸波材料的参数控制及研究成果。其中第 7 章为镍渣制备珠铁，介绍了镍渣含碳球团直接还原制备珠铁相关基础理论和工艺参数等。第 8 章为镍渣基富铁微晶玻璃制备，以经济性提铁为目标，研究了提铁后残余铁氧化物对微晶玻璃的制备及性能的影响等。第 9 章为镍渣制备铁氧体吸波材料，介绍了镍渣制备的磁铁矿的电磁特性，探讨了工艺参数对吸波性能的影响，分析了微波吸收机理等。第 10 章为全书主要成果总结及研究展望。

本书由西安建筑科技大学李小明、邢相栋，兰州理工大学杜雪岩、李彬合著。感谢参加研究工作和书稿整理工作的博士生王伟安、王建立，硕士生张馨艺、李怡、臧旭媛、闻震宇、杨海博、马雨溦、谢庚、汪衍军、阮锦榜等的辛勤工作和大力付出！

本书的出版得到国家自然科学基金（51774224），以及西安建筑科技大学冶金工程学科的资助，特此感谢！

由于作者水平所限，书中不妥或疏漏之处在所难免，敬请批评指正。

著　者

2021 年 10 月

目 录

1 镍渣来源及资源化利用进展

作为镍冶炼过程中排出的尾渣，镍渣含有约40%的铁及微量镍、铜等有价金属元素，是具有资源潜力的含铁固废。我国现存镍渣量已超过4000万吨，并且以每年200万吨的速度持续增加。目前镍渣处理以堆存为主，少量用作建材辅料，尚缺少消纳量大、综合利用效果好、经济性合理的资源化回收利用方法。本章概述了镍渣的来源、特点及现有资源化利用进展。

1.1 镍生产及镍渣排放

1.1.1 镍生产概况

镍是银白色铁磁性金属，熔点1455℃，沸点2730℃，密度8.9g/cm^3，导热系数90.7W/(m·K)，热膨胀系数16.8×10^{-6}/K，具有良好的导电导热性和延展性，在地球中的含量约为3%，次于硅、氧、铁、镁居第5位。镍在地壳中含量为0.008%，其中红土镍矿约占55%，硫化镍矿约占28%，海底铁锰结核中的镍约占17%[1]。镍主要分布在古巴、加拿大、俄罗斯、新喀里多尼亚、印度尼西亚、南非、澳大利亚和中国等，约占总储量的83.55%[2]。

镍主要用于制造不锈钢、高镍合金钢和合金结构钢等。镍的生产方法包括火法和湿法两大类，根据硫化镍矿和氧化镍矿选用不同的流程，典型生产方法如图1-1所示。

硫化镍矿火法冶炼：占硫化矿提镍的86%，其处理方法是先进行造锍熔炼（电炉熔炼、闪速熔炼等）制取低镍锍；然后再送转炉对低镍锍进行吹炼产出高镍锍，经缓冷后进行破碎、磨细；最后通过浮选、磁选产出高品位硫化镍精矿、硫化铜精矿和铜镍合金。

硫化镍矿湿法浸出：占硫化矿提镍的14%，通常采用高压氨浸或硫酸化焙烧-常压酸浸两种流程处理。

氧化镍矿的火法冶炼：以生产镍铁为主，采用电炉还原熔炼产出粗镍铁，粗镍铁经过精炼除硅、碳、硫、磷、铬等产出镍铁合金，用于生产合金钢。氧化镍矿也可用于生产镍锍，但在电炉熔炼过程中须加入硫化剂（硫黄）进行硫化。

氧化镍矿湿法浸出：占氧化矿提镍的16%，通常采用还原焙烧-氨浸和高压酸浸的流程处理，以还原-氨浸法为主。

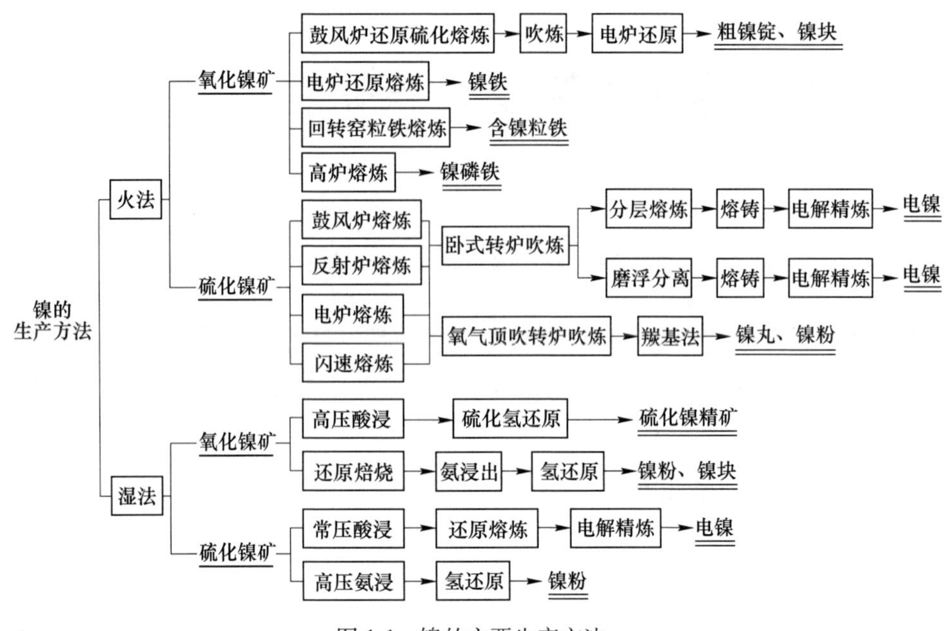

图 1-1 镍的主要生产方法

镍冶炼工艺-奥托昆普直接镍熔炼工艺（哈尔雅瓦尔达镍冶炼）流程图如图 1-2 所示[3]。干燥后的精矿通过闪速炉熔炼成高镍低铁的冰镍，炉渣通过溜槽引入贫化电炉内，渣中镍以金属化的含铁冰镍形式回收。闪速炉和电炉冰镍水淬冷却成颗粒，经细磨后，送往湿法冶金工序进行精炼。

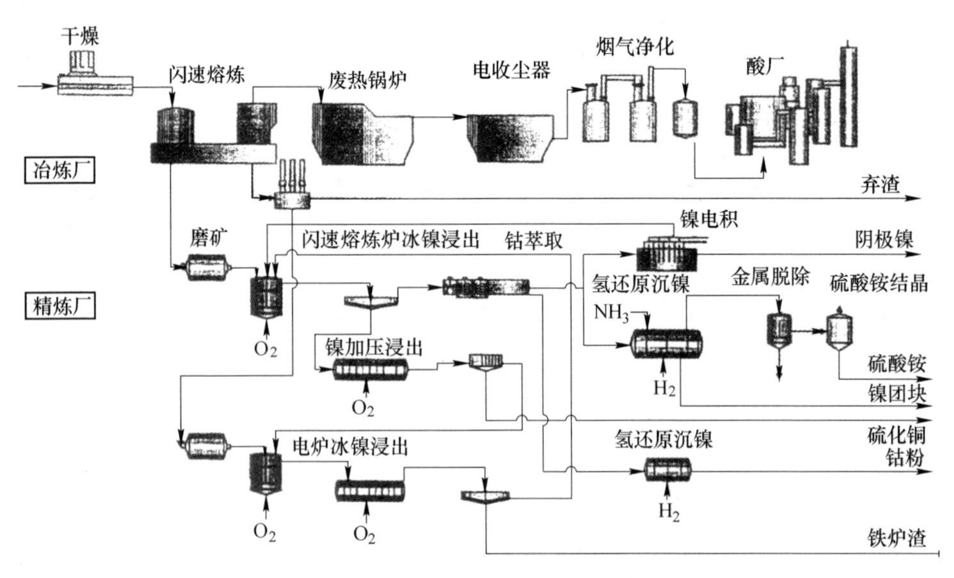

图 1-2 Harjavalta 镍冶炼厂和精炼厂流程

金川公司作为我国重要的镍生产基地，其镍冶金工艺流程如图 1-3 所示，闪速炉工艺流程如图 1-4 所示。

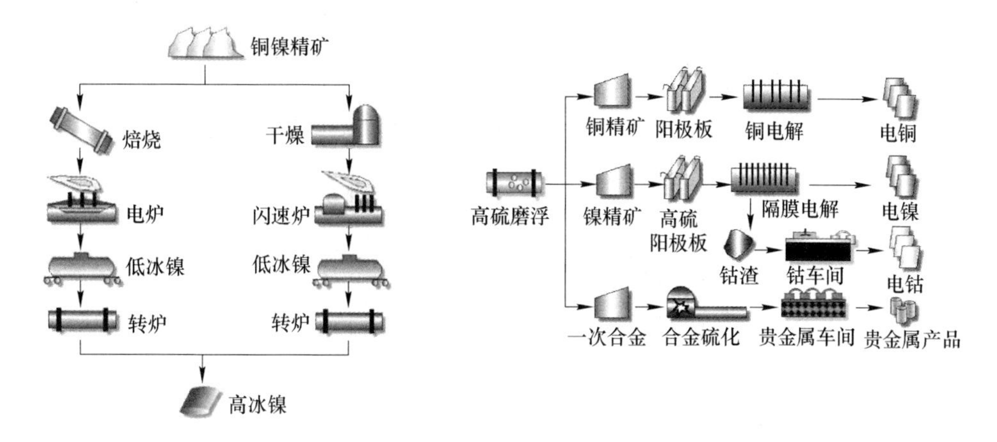

图 1-3 金川公司镍冶金工艺流程

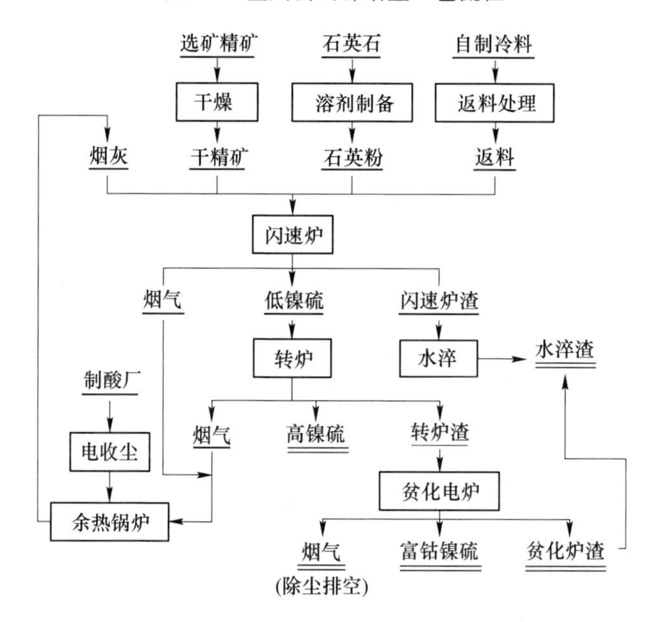

图 1-4 金川镍闪速炉工艺流程

1.1.2 镍渣排放和特点

2010~2020 年全球镍产量如图 1-5 所示。据估算，2012~2020 年间，全球累计排放镍冶炼渣约为 8677 万~24802 万吨。

由于镍的冶炼方法、矿石来源和品质的差异导致镍渣成分不同。不同镍冶炼工艺的镍渣成分见表 1-1[4]。

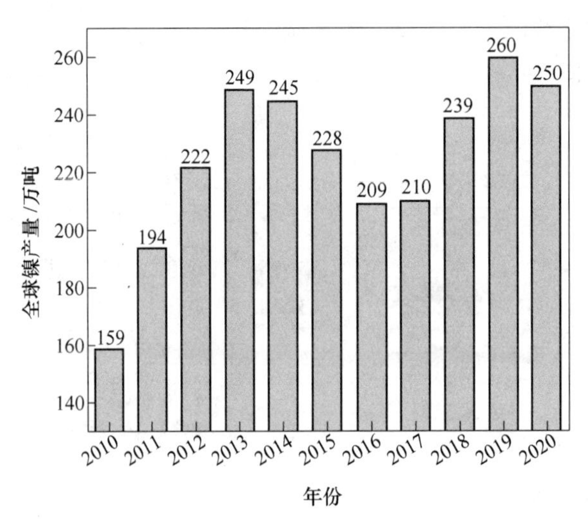

图 1-5　2010~2020 年全球镍产量

表 1-1　世界主要镍冶炼工艺的镍渣成分　　（wt%）

企业设备名	TFe	SiO_2	CaO	MgO	Ni	Cu	Co	S
芬兰 Outokupu 闪速炉	42	31	1. 20	8. 50	0. 30	0. 20	—	0. 30
俄罗斯 Nadezda 闪速炉	40	35	—	7. 1	0. 07	0. 22	0. 10	—
芬兰 Harjavalta 闪速炉	39	35	—	7. 0	0. 11	0. 06	0. 18	—
新疆喀拉通克镍矿瓦纽科夫炉	38. 40	33. 32	2. 78	5. 59	0. 22	0. 34	—	—
广西钦州闪速炉	41. 02	37. 08	2. 22	10. 38	0. 18	0. 26	—	0. 26
北海诚德闪速炉	39. 20	31. 32	3. 34	9. 82	0. 19	0. 25	0. 09	0. 46
阳江世纪青山闪速炉	48. 36	41. 15	3. 21	7. 65	0. 13	0. 18	—	0. 35
金川镍闪速炉	40. 77	36. 15	1. 37	10. 06	0. 25	0. 23	0. 11	0. 66
金川镍富氧顶吹系统炉	40. 50	31. 24	5. 13	11. 12	0. 22	0. 25	0. 08	0. 63

镍渣的矿物组成主要有辉石（含镁）、橄榄石、磁铁矿以及镍硫等，水淬处理的渣还含有大量的玻璃相，玻璃相的含量与渣排出时的温度、水淬速度有关。

目前镍渣以堆存为主，少量用作建材辅料，尚缺少消纳量大、综合利用效果好、高效且无二次污染的资源化回收利用方法，我国现存镍渣量已超过 4000 万吨，并且以每年 200 万吨的速度持续增加。镍渣堆存浪费了其中的有价金属，还造成环境污染。为此，开发镍渣综合利用新工艺、新技术，实现镍渣资源化利用具有重要的现实意义和环保价值。

1.2 镍渣资源化利用进展

对镍渣资源化利用[5]开展的主要研究包括：回收提取镍、钴、铜、铁、贵金属等元素，作井下矿坑的填充材料，生产微晶玻璃，生产建材，生产无机纤维等。

1.2.1 回收有价金属

镍渣中有价元素的含量较高，选取合适的工艺技术方法，提取残留的 Ni、Cu、Co、Pt、Pd、Au 等金属以及渣中的 Fe 具有明显的资源价值。

1.2.1.1 分离残留金属

将镍渣采用酸浸工艺（见图 1-6），通过调整酸浓度、蒸汽加热、过滤、结晶等操作参数，获得硫酸镍、硫酸钴、硫酸铜等盐类的混合物。之后，在反应釜中通过加水搅拌、蒸汽加热、碳酸钠调整 pH 值粗分硫酸镍、硫酸钴、硫酸铜。最后，经过分次提纯和分离制得成品硫酸镍、硫酸铜和硫酸钴[6]。整个工艺的优点是设备简单、操作容易，存在的问题是浸出过程中产生含重金属离子的废酸、废水和废渣，增加了后续处理的难度。

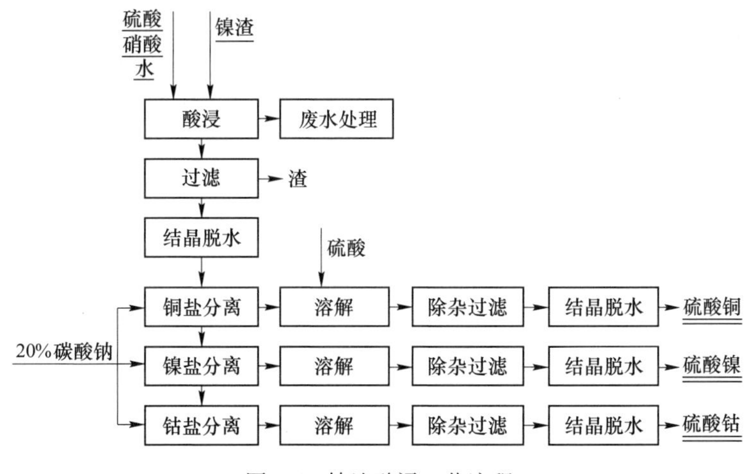

图 1-6 镍渣酸浸工艺流程

采用选择性还原-磁选工艺，用煤粉作还原剂，控制炉渣碱度 0.15、还原温度 1200℃等工艺条件，镍渣中镍、铜优先还原为金属，缓冷后磁选分离可获得镍、铜、铁品位分别为 3.25%、1.20%、75.26% 的精矿，回收率分别为 82.20%、80.00%、42.17%[7]，选择性富集了镍、铜，实现了与铁的分离，但硫、磷含量降低幅度较小。

1.2.1.2　提取铁

镍渣中含有40%左右的铁，镍渣提铁被认为是一个能直接产生经济效益的方法。镍渣提铁的反应热力学和动力学研究表明，采用二步加料法，增加搅拌强度，添加 $CaCl_2$、CaF_2、Na_2CO_3 等可显著提高还原反应速度[8]。

采用熔融还原提铁工艺，以镍渣和石墨粉为主要原料，在碱度 1.0、碳氧比 1.2、熔炼温度 1550℃时，金属化率和铁回收率分别达到 97.01%和 96.58%，所得产品可直接用于电炉炼钢[9]。增加配料中 CaO 的含量、提高反应温度以及延长熔炼时间都能不同程度地提高镍渣中铁的还原率，实验确定的最佳条件为：镍渣 100g、CaO 34.7g、CaF_2 4.04g 和焦炭 8.5g，反应温度为 1500℃，熔制时间 180min[10]。熔融还原工艺的缺点是能耗较高。

采用直接还原磁选提铁工艺（见图 1-7），在 1300℃，将碳氧比 1.2、碱度 0.5 镍渣含碳球团还原 20min 可获得 98% 以上的金属化率，磁选后精矿全铁（TFe）含量在 74% 以上，磁选产率与铁回收率可达 70%和 89%以上[11]。

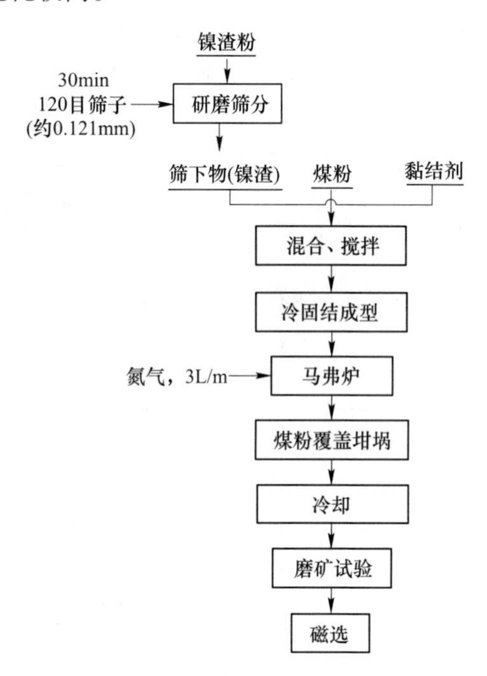

图 1-7　镍渣直接还原磁选提铁流程

利用图 1-8 所示工艺，预处理 1300℃以上高温镍渣熔体，充分利用镍渣的高温热量。在出渣过程中向熔体喷吹生石灰粉、煤粉等造渣材料，保证镍渣碱度达到 1.0 以上，在高温条件下，形成部分的 CaO · SiO_2 渣液和铁液，经撇渣器进行渣铁分离，并对渣中的含铁料进行磁选富集，提高含铁品位，作为炼铁原料使用。该方法可同时实现镍渣中铁与有价金属元素（Ni、Co、Cr、Cu）的回收以及高温熔融镍渣的热能利用[12]，解决了镍渣与熔剂难以混匀、升温难度大的问题，热能利用效率高，生产成本低。

重选、浮选对镍渣中铁元素无明显的分选效果，磁选有一定的分选效果（见图 1-9）。添加铁矿物絮凝剂进行絮凝-磁选优化试验，可获得铁品位为 56.68%的磁铁精矿，提高了含铁物料的品位，铁的回收率为 81.72%[13]。磁选工艺的缺点是还原产物的分选效果较差。

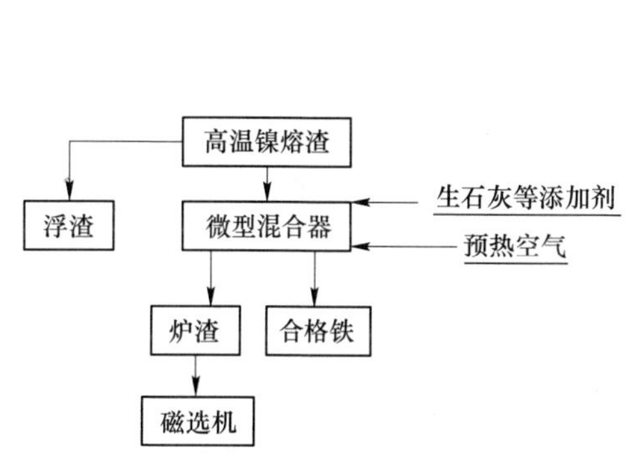

图 1-8 镍渣生产微合金铁工艺流程

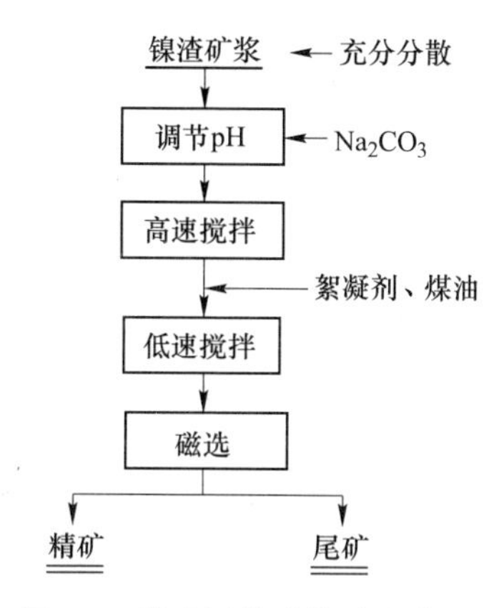

图 1-9 镍渣回收磁铁矿工艺流程

1.2.1.3 制备铁合金及耐蚀钢

以镍渣为原料，生石灰为添加剂，焦炭和木炭为还原剂，利用工业水玻璃进行造粒，颗粒直径约为3mm，采用混合加料法在小型直流电弧炉中进行冶炼。调整还原剂与添加剂的比例，可制得合格硅钙合金与硅铁合金（见图 1-10）。当镍渣：生石灰：还原剂=3.3：1.2：1.4 时，产物中含有 CaSi 和 $Fe_{0.905}Si_{0.095}$；当镍渣：生石灰：还原剂=3.3：1.5：2.2 时，产物中含有 CaSi 和 Fe_3Si[14]。该技术的不足之处在于合金产量小，尚未真正实现工业化。

采用复合还原剂，当炉渣碱度为 1.1～1.37，冶炼电流为 2500A，冶炼时间为 25min 时，镍渣中铁的还原率可达 95%以上，铜、钴、镍的还原率大于 90%，可制得耐蚀钢（流程见图 1-11）[15]。该工艺可综合利用多种有价金属，但生产控制要求高。

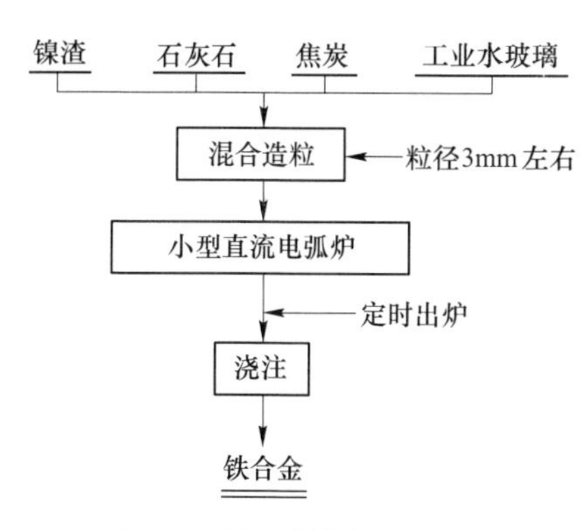

图 1-10 镍渣制备铁合金流程

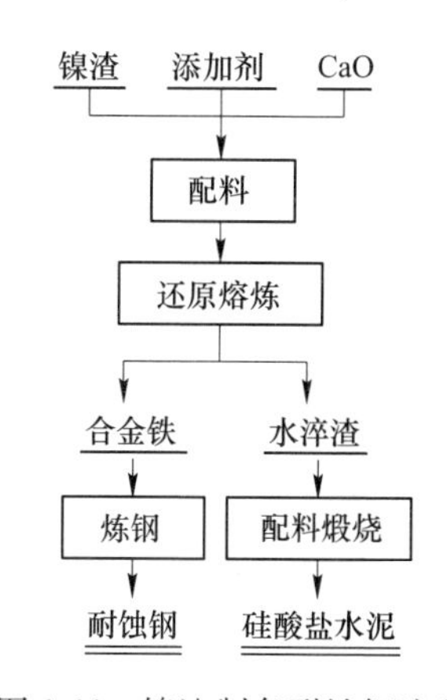

图 1-11 镍渣制备耐蚀钢流程

1.2.2 用作填井材料

矿山在开采出矿石以后，需要对开采完的坑井进行填埋。在镍渣掺量85%，脱硫石膏、电石渣、硫酸钠与水泥熟料的掺量分别为5%、5%、3%、2%的最佳配合比条件下制得的充填体（技术路线见图1-12），其7d和28d强度可分别达到2.9MPa和6.3MPa，满足矿山安全采矿对充填体强度要求[16]。

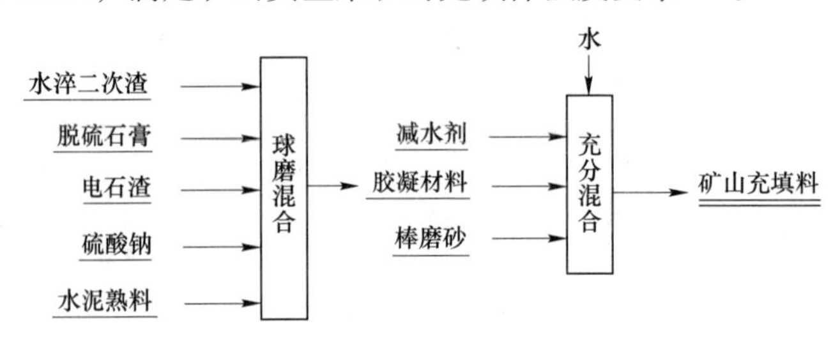

图1-12 镍渣制备充填胶凝剂的技术路线

以脱硫石膏和电石渣为主激发剂，Na_2SO_4及水泥熟料作为辅助激发剂时（见图1-13），水化硅（铝）酸盐凝胶物是充填料后期水化强度的主要来源[17]。用水泥、少量粉煤灰和镍渣共同组成胶凝材料，代替充填材料用于井下充填，其抗压、抗拉强度均能满足矿山充填强度的要求，降低成本30%左右[18]。

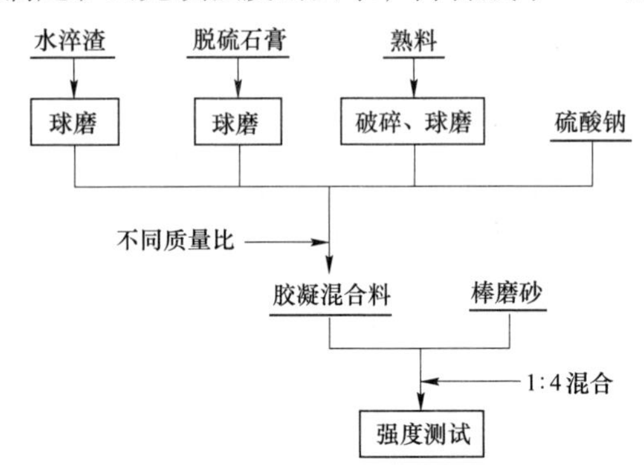

图1-13 镍渣矿井充填料制备及性能测试流程

利用镍渣做井下填充材料，不仅解决了镍渣的利用问题，还能解决填充的成本问题，是值得深入研究的技术，应综合考察回填技术的无害化要求和标准，避免可能带来的环境危害及地下水污染问题。

1.2.3 制备微晶玻璃

镍渣中的主要成分为钙、镁、硅、铝等元素的氧化物，是构成微晶玻璃的主要组分。图1-14是几种典型微晶玻璃制作工艺流程。

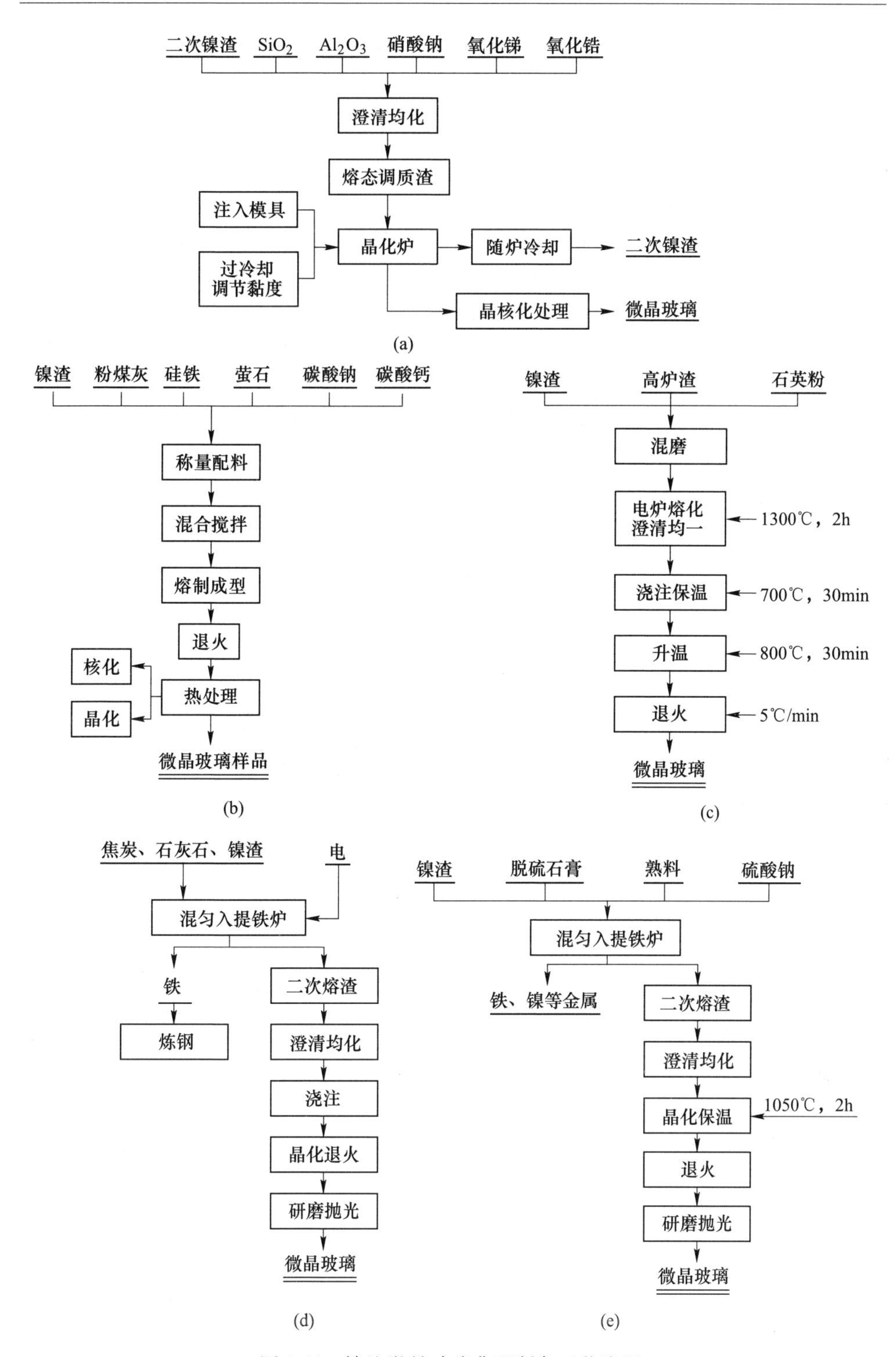

图 1-14 镍渣微晶玻璃典型制备工艺流程

以二次镍渣（镍渣提铁尾渣）为主要原料，掺入成分调节剂（SiO_2、Al_2O_3）、澄清剂（硝酸钠、氧化锑、氧化锆）和助熔剂等，经澄清熔化、熔态调质、晶化处理后，利用浇铸法可制得具有高力学性能、良好抗腐蚀性能等特点的二次镍渣微晶玻璃（见图 1-14（a））[19]。

利用镍渣和粉煤灰（见图 1-14（b））[20]，或者以镍渣、高炉渣为主要原料（见图 1-14（c)，主要参数示于图中）[21]，经合理配料、混磨搅拌、熔制澄清、浇注、退火、热处理等工序也可制得具有优良力学性能和耐酸、耐碱性能的高档微晶玻璃。

将镍渣与焦炭、石灰石等混合，在电加热条件下提铁，剩余的二次熔渣利用其自身的热量经澄清均化、浇注、晶化退火、研磨抛光一次性加工成微晶玻璃（见图 1-14（d））[22]，是节能潜力较大的工艺。

镍渣与脱硫石膏、熟料、硫酸钠混匀可先提铁，再将二次熔渣制备微晶玻璃（见图 1-14（e））。该工艺的较佳原料组成为：镍渣 63.8%、石英 6.8%、氧化铝 3.1%、生石灰 12%、CaF_2 2.6%、Na_2CO_3 3.3%、焦炭 8.4%。较佳工艺条件为：镍渣熔融还原温度 1500℃、还原时间 2h、晶化温度 1050℃、晶化时间 2h，高温熔融还原反应铁的回收率达到 99%以上[23]。

1.2.4　生产建筑材料

镍渣可以代替铁粉和黏土作为生产水泥熟料的原料。同时，镍渣中存在多种少量其他元素，如镍、铜、钴等，对降低熟料的液相最低共熔点和液相黏度起着积极作用，能改善生料的易烧性，有利于形成熟料矿物。金川公司曾利用镍渣提铁后的二次水淬渣作为水泥混合材料生产水泥，是一种镍渣潜在的利用方式。

1.3　本章小结

镍渣作为生产金属镍时排放的废渣，其合理利用不仅可实现资源综合利用，而且还具有一定的社会效益。学者们从不同角度对镍渣资源化利用展开了积极研究，研究成果对促进镍渣资源化利用具有重要的理论和应用价值。然而，现有工艺存在镍渣利用量有限、利用率较低、利用过程中产生二次污染、所生产制品的社会认可度有限等问题，大量镍渣仍然以堆存方式存在，对企业经营和生态环境造成极大压力。因而，开发镍渣大批量低成本利用技术，实现镍渣资源化循环是重要课题。

参考文献

[1] 镍矿资源分布及年产量［EB/OL］. http：//baike. asianmetal. cn/mineral/nimineral/resources&production. shtml.

[2] 世界镍的储量和资源［EB/OL］. https：//www. mining120. com/tech/show-htm-itemid-

13646. html.

[3] 肖安雄．当今最先进的镍冶炼技术——奥托昆普直接镍熔炼工艺［J］．中国有色冶金，2009（3）：1-7.

[4] 户可，周雷，刘妮娜，陈健，辛佳斌，陈傲黎，崔雅茹．镍熔炼渣物理化学性能研究及生态化利用前景［J］．甘肃冶金，2015（1）：76-79.

[5] 李小明，沈苗，王翀，崔雅茹，赵俊学．镍渣资源化利用现状及发展趋势分析［J］．材料导报，2017，31（5）：100-105.

[6] 王宁，陆军，施捍东．有色金属工业冶炼废渣-镍渣的综合利用［J］．环境工程，1994（1）：58-59.

[7] Pan Jian，Zheng G，Zhu D，Zhou X. Utilization of nickel slag using selective reduction followed by magnetic separation［J］. Transactions of Nonferrous Metals Society of China，2013，23（11）：3421-3427.

[8] 白彦贵．金川提镍弃渣提铁基础研究［J］．钢铁研究学报，1995（5）：13.

[9] 郭亚光，朱荣，王云，刘健．镍渣煤基熔融还原提铁工艺基础研究［J］．工业加热，2015，44（6）：40-43.

[10] 倪文，马明生，王亚利，王中杰，刘凤梅．熔融还原法镍渣炼铁的热力学与动力学［J］．北京科技大学学报，2009，31（2）：163-168.

[11] 鲁逢霖．金川镍渣直接还原磁选提铁实验研究［J］．酒钢科技，2014（3）：1-6，11.

[12] 刘宏雄．关于镍渣提铁生产的高温热能利用的探讨［J］．能源工程，2007（6）：54-56.

[13] 董海刚，郭宇峰，姜涛，李光辉，杨永斌．从含铁镍冶金渣中回收磁铁矿的研究［J］．矿冶工程，2008（1）：37-39.

[14] 卢学峰，南雪丽，郭鑫．利用镍渣冶炼回收硅钙合金的研究［J］．矿产保护与利用，2009（2）：55-58.

[15] 刘伟波．金川炼镍渣提铁的试验研究［D］．西安：西安建筑科技大学，2001.

[16] 杨志强，高谦，王永前，倪文，陈得信．利用金川水淬镍渣尾砂开发新型充填胶凝剂试验研究［J］．岩土工程学报，2014，36（8）：1498-1506.

[17] 高术杰，倪文，李克庆，王中杰，王佳佳，张福利，祝丽萍，李媛．用水淬二次镍渣制备矿山充填材料及其水化机理［J］．硅酸盐学报，2013，41（5）：612-619.

[18] 刘广龙．金川集团公司二次资源综合利用［J］．中国矿山工程，2004（2）：39-43.

[19] 高术杰．熔态提铁二次镍渣制备微晶玻璃及热处理制度研究［D］．北京：北京科技大学，2015.

[20] 南雪丽．微晶玻璃的研制［D］．兰州：兰州理工大学，2006.

[21] 王中杰，倪文，伏程红，黄晓燕，祝丽萍．镍渣-高炉矿渣微晶玻璃的制备与研究［J］．矿物学报，2010，30（S1）：54-55.

[22] 王亚利，倪文，张锦瑞，马明生，刘凤梅．镍渣提铁及熔渣制备微晶玻璃的研究［J］．金属矿山，2008（1）：138-141.

[23] 李克庆，苏圣南，倪文，袁怀雨．利用冶炼渣回收铁及生产微晶玻璃建材制品的实验研究［J］．北京科技大学学报，2006（11）：1034-1037.

2　镍渣提铁及协同制备胶凝材料

镍渣含铁量高于常见铁矿石的最低工业品位，但尚未达到直接入高炉冶炼的要求。同时，镍渣中铁以硅酸铁形式存在，属于难选矿物，选分富集效果不理想。因而镍渣单纯提铁经济性有限，并且存在二次渣的废弃问题。若能在提铁的同时将其他氧化物转化为胶凝组分，生产的还原铁用作炼钢原料，获得的胶凝材料改质后用作矿山填充、混凝土制备、水泥添加料等，则可使镍渣"一烧"（即一次加热还原）实现全组分综合利用。本章介绍了镍渣提铁协同制备胶凝材料的过程热力学、温度控制以及工艺影响因素等。

2.1　工艺构想及研究方法

2.1.1　工艺构想

根据镍冶炼渣特点，为实现铁组分还原和脉石胶凝化，采用碳质材料（如煤粉）为还原剂，采用石灰调整碱度，Al_2O_3 用作调整胶凝特性，提出的镍渣提铁及协同制备胶凝材料工艺路线如图 2-1 所示。研究中碱度控制综合考虑既有利于提铁，又可使提铁后的剩余部分具备胶凝特性或可作为水泥熟料成分。铁还原效果评价指标为铁还原率，胶凝特性评价指标为硅酸三钙的生成量。

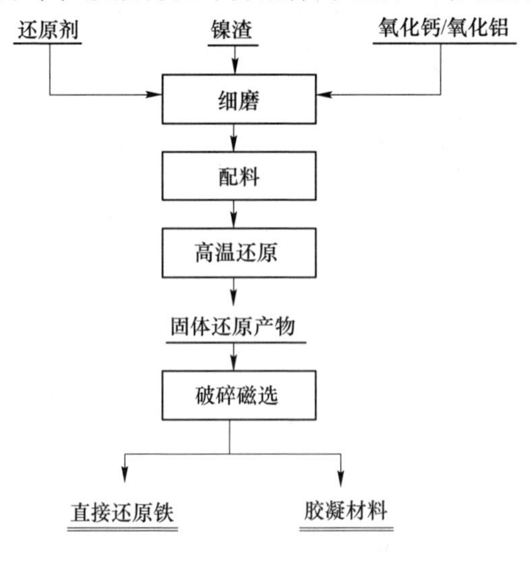

图 2-1　流程工艺框图

2.1.2　原辅材料

实验用镍渣的物相与化学组成如图 2-2、图 2-3 和表 2-1 所示[1]。

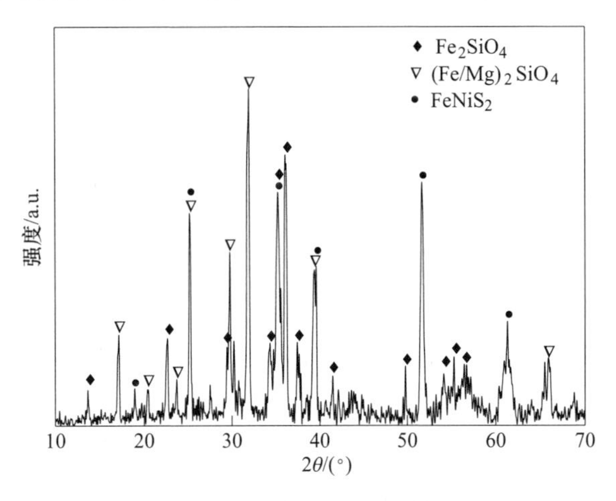

图 2-2　镍渣 XRD 图谱

(a)

(b)

图 2-3　镍渣的 SEM 图片
（a）3000 倍；（b）10000 倍

表 2-1　实验用镍渣化学成分　（wt%）

成分	TFe	FeO	SiO_2	MgO	CaO	Al_2O_3	Cr_2O_3	CuO	NiO	TiO_2
含量	36.5	44.35	32.89	7.92	3.37	2.27	0.17	0.16	0.12	0.12

镍渣中铁以硅酸铁为主，并含有 CaO、MgO、SiO_2、Al_2O_3 等复杂化合物，且多以硅酸盐玻璃态的形式存在。

实验所用辅料有炭粉（C ≥ 99.9%）、CaO（分析纯）和 Al_2O_3（分析纯）等。

2.1.3　配料选择

镍渣中的脉石成分与硅酸盐水泥成分有相似性，硅酸盐水泥熟料中主要含有硅酸三钙（C_3S）、硅酸二钙（C_2S）、铝酸三钙（C_3A）和铁铝酸四钙（C_4AF），还含有少量的游离氧化钙、方镁石、玻璃体等。通常熟料中硅酸盐矿物 C_3S 和 C_2S 含量占 75%左右，其中 C_3S 是最主要的熟料矿物，其胶凝性能最好。在熟料烧成过程中，C_3S 是形成温度最高的矿物。因此，熟料烧成的判断依据主要是 C_3S 的生成量。C_3A 和 C_4AF 占 22%左右，它们在 1250~1280℃之间能够熔融成液相以促进 C_3S 顺利形成[2,3]。

（1）还原剂配加量。实验所用还原剂为炭粉，还原剂的加入量按 FeO、Cu_2O、Cr_2O_3、NiO、CoO 等金属氧化物还原所需的碳量和烧损 10%进行计算。

（2）CaO 配加量。加入 CaO 可以置换正硅酸铁中的 FeO，促进还原反应进行。同时，CaO 也是生成硅酸三钙等胶凝性组分的原料之一。水泥熟料的碱度 $(MgO+CaO)/(SiO_2+Al_2O_3)$ 通常在 2.5 左右，配加 CaO 调整。实验主要研究碱度在 2.0~3.0 之间镍渣的高温反应情况，碱度选择 2.0、2.3、2.6、3.0 进行试验。

（3）Al_2O_3 配加量。Al_2O_3 是促进胶凝组分生成的重要组分。铝氧率反映水泥熟料中铝酸三钙（$3CaO \cdot Al_2O_3$）与铁铝酸四钙（$4CaO \cdot Al_2O_3 \cdot Fe_2O_3$）的相对含量，其数值以 1.0~1.8 比较适宜。按铝氧率（Al_2O_3/Fe_2O_3）1.3 计算所需添加的 Al_2O_3 量。

2.1.4　实验流程

（1）将镍渣、钙质熔剂（CaO）、添加剂（Al_2O_3）和还原剂（炭粉）干燥后按比例混合破碎或磨细至 100 目（约 0.147mm）以下，配料混合均匀后加入还原炉。期间经历预热、加热、保温深度还原和水泥熟料烧成，最后采用不同方式冷却。

（2）将出炉料破碎进行磁选（湿式磁选）处理并选分，含铁部分作为高炉或炼钢原料，其他部分作为水泥添加料。

2.2　热力学分析

为确定反应开始条件及反应后产物，采用 FactSage 软件计算化学反应的吉布斯自由能大小，确定反应在给定温度条件下的生成物种类及数量，考察反应物、中间产物、生成物的产生、稳定存在以及消失时所对应的物质的量和温度区间。

2.2.1　胶凝性组分反应热力学

理论上硅酸二钙与硅酸三钙生成的反应方程式如式（2-1）~式（2-3）所述：

$$2CaO + SiO_2 = 2CaO \cdot SiO_2 \tag{2-1}$$

$$3CaO + SiO_2 = 3CaO \cdot SiO_2 \tag{2-2}$$

$$CaO + 2CaO \cdot SiO_2 = 3CaO \cdot SiO_2 \tag{2-3}$$

采用 FactSage 热力学软件中的 Reaction 模块，在 500～1500℃温度范围内，每隔 50℃分别计算了硅酸二钙与硅酸三钙生成反应的标准吉布斯自由能，计算结果如图 2-4 所示。在温度低于 1300℃时，硅酸二钙相较硅酸三钙形成的吉布斯自由能较低。根据热力学分析结果，一般认为总是先形成 C_2S。随着反应温度的进一步提高，先期形成的硅酸二钙开始与 CaO 反应形成硅酸三钙，并且温度在 1450℃左右时，生成硅酸三钙的吉布斯自由能较低，此时硅酸三钙的生成相对容易。因此，为了得到含 C_3S 较多的生成物，将固态还原的温度设定于 1450℃左右有利。

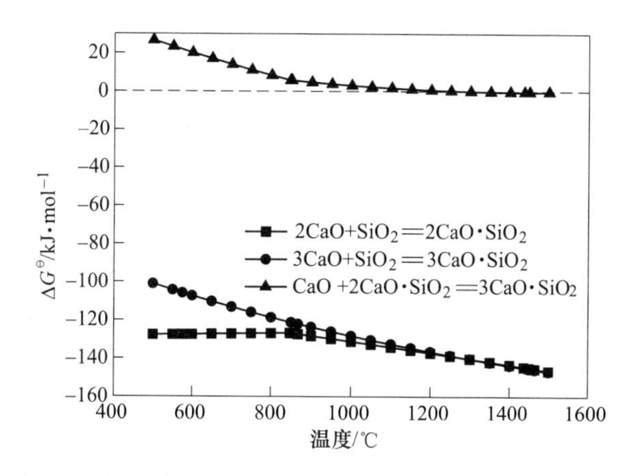

图 2-4 硅酸三钙与硅酸二钙标准生成自由能与温度关系图

2.2.2 铁单质和胶凝性材料共存

运用 FactSage 7.1 热力学软件中的 Equilib 模块，计算在 1000～1450℃时，不同物料配比所对应的反应结果，考察在热力学方面，铁和胶凝性材料是否可能同时存在。Equilib 模块中数据库选择 FactPS 和 FToxid。

按照 1mol Fe_2SiO_4、2mol C、3mol CaO 进行计算，整个过程 O_2 不参与反应，且 C 还原只生成 CO，生成物组分变化结果如图 2-5 所示。由图 2-5 可知，铁和硅酸三钙在理论上是可以同时存在的，硅酸二钙在低温下就可以生成；温度超过 1300℃时，游离氧化钙大量减少，与硅酸二钙结合成硅酸三钙，硅酸三钙在温度超过 1400℃后稳定存在。

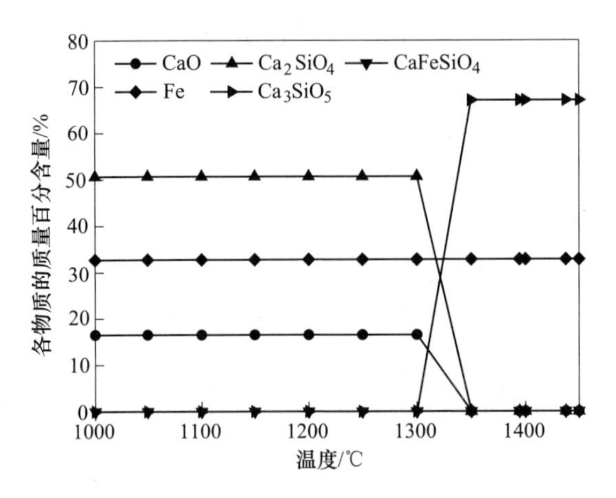

图 2-5　不同温度下生成物的组分含量

2.3　连续升温试验

2.3.1　试验步骤

（1）将镍渣破碎至 200 目（约 0.074mm），称取适量按给定的碱度配入氧化钙，并按给定的配碳量配入炭粉，将混合料在球磨机中混合后分组，分别置于不同的刚玉坩埚；

（2）将坩埚放入箱式电阻炉中，设定温度和保温时间开始升温并还原；

（3）反应时间到达后，根据需要进行炉冷，或给定的高温取出放置于铁板上风冷或水冷，待物料冷却至室温后取出，称重后破碎至 200 目，进行成分及物相分析。

2.3.2　还原剂配比对铁还原率及胶凝组分生成的影响

在碱度（$R=CaO/SiO_2$）为 2.6、焙烧温度 1380℃、焙烧时间 60min、粒度 200 目，改变还原剂配比（占总料重）的条件下进行试验，冷却方式为随炉冷却。当还原剂配比分别为 7%、15%、25%、30%时，铁的还原率分别为 33.6%、55.8%、52.6%、43.2%，相应产物的 XRD 谱如图 2-6 所示[4]。

当配碳量小于 15%时，随着含碳量的增加，金属铁还原率增大；当碳含量大于 15%时，继续增加配碳量，铁的衍射峰强度降低。其原因是试验中为了保持还原气氛，配碳量远远超过还原镍渣中金属所需理论还原剂用量，在一定范围内，随着碳含量的增加，还原气相中 CO 量增大，促进了扩散交换，强化了还原反应效果。但配碳量过大后，固相反应条件变差，影响还原效果。镍渣中的铁元素有一部分进入 $Ca_2(Al,Fe)O_5$中，影响了铁的还原。焙烧产物中未同时得到硅酸三钙（C_3S）与硅酸二钙（C_2S）。

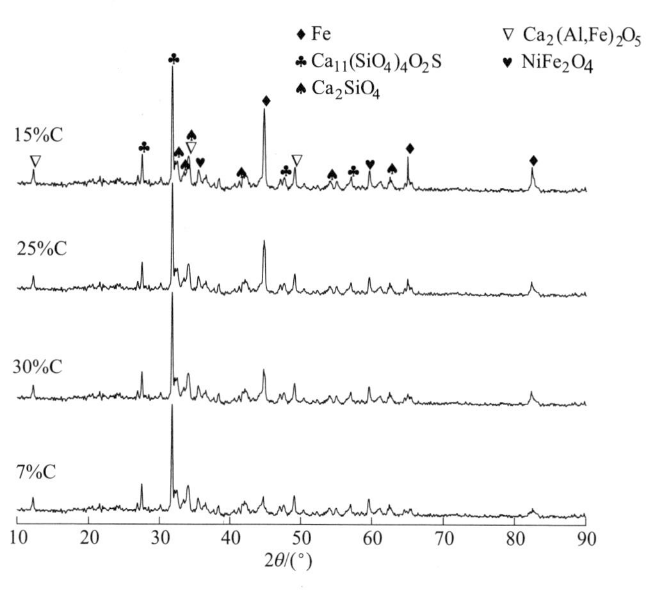

图 2-6 不同碳配入量后产物的 XRD 图谱

2.3.3 碱度对铁还原率及胶凝组分生成的影响

镍渣中的铁以硅酸铁形式存在，加入氧化钙的作用是提高铁氧化物的活度，将 FeO 从铁橄榄石中置换出来，同时氧化钙也是生成硅酸三钙的原料。

为了防止还原出来的铁被二次氧化，本组试验每个坩埚加上密封盖。试验焙烧温度 1380℃，焙烧时间 60min，混合料粒度 200 目，配碳量 15%，坩埚出炉后采用风冷。当碱度分别为 2.0、2.3、2.6、3.0 时，铁还原率分别为 50.3%、52.6%、56.8%、48.3%。碱度为 2.6 时，金属铁还原率最大，过高的碱度会减少镍渣还原反应的有效接触面积，不利于还原反应进行。试样的 XRD 物相检测结果如图 2-7 所示。当碱度为 2.6 时铁的衍射峰最强，铁的还原效果相对最好，铁元素有一部分进入 $Ca_2(Al,Fe)O_5$ 中，焙烧产物中有大量的硅酸二钙生成并存在少量硅酸三钙。

2.3.4 还原温度对铁还原率及胶凝组分生成的影响

热力学计算表明，镍渣中 FeO 的还原温度为 750℃，硅酸三钙的生成温度在 1350~1500℃，前述在 1380℃的试验未获得胶凝组分 C_3S，因而将温度区间提高到 1400~1500℃。坩埚加盖子进行气氛保护，碱度取 2.6，还原剂配入量为 15%，保温时间 60min，混合料粒度 200 目，坩埚采用水淬急冷。当还原温度分别为 1400℃、1430℃、1460℃、1480℃、1500℃ 时，铁还原率分别为 51.8%、52.3%、55.7%、59.8%、60.2%。升高温度对还原反应有促进作用，铁的还原率提高。这是因为升

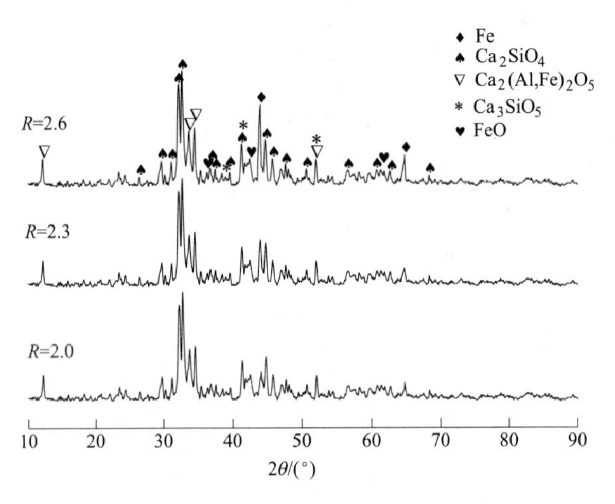

图 2-7　不同碱度试样的 XRD 图谱

高温度，参加反应的物料化学活性和反应气体分子运动增强，反应速率加快，但当温度大于 1480℃时，铁的还原率增长不明显。还原后产物的 XRD 物相检测结果如图 2-8 所示。当温度大于 1480℃时，温度区间已经达到硅酸三钙的生成区间，但产物 XRD 检测结果中并未发现硅酸三钙。原因可能是铁离子的变价导致生成硅酸三钙的反应被阻止或生成物进行了分解。XRD 结果中，部分铁以 $Ca_2(Al,Fe)_2O_5$形式存在，铁的还原率低与此物质的生成有关[4]。

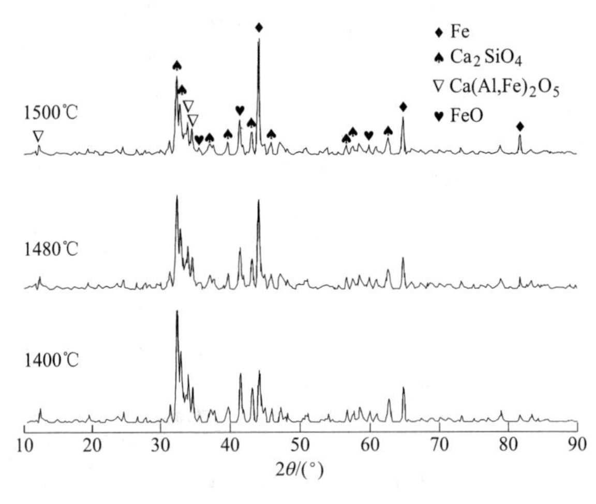

图 2-8　不同温度还原后产物的 XRD 图谱

2.3.5　还原时间对铁还原率及胶凝组分生成的影响

设定还原温度为 1480℃，坩埚加盖子进行气氛保护，碱度取 2.6，还原剂配入量为 15%，混合料粒度 200 目，坩埚采用水冷急冷。还原时间分别为 20min、

40min、60min、80min 时，对应的铁还原率分别为 56.9%、62.9%、60.3%、45.2%。铁还原率随着反应时间的延长呈先升高后降低的趋势，当还原时间低于 40min 时，铁还原率随反应时间的延长而升高；当保温时间超过 40min 时，还原率呈下降趋势。原因可归结为，还原过程中会发生碳的气化反应，固固反应逐渐转变为气固反应。随着反应时间的延长，反应物空隙逐渐增多，促进了 CO 气体在物料内的扩散，有利于还原反应的进行。过长的还原时间可能由于气氛转化为弱还原或氧化气氛而导致铁被二次氧化，从而使得铁还原率表现为降低的趋势[4]。还原后产物的 XRD 检测结果如图 2-9 所示，产物中存在铁单质及铁的化合物，并有 C_2S 及 C_2A_2S 生成，无 C_3S。

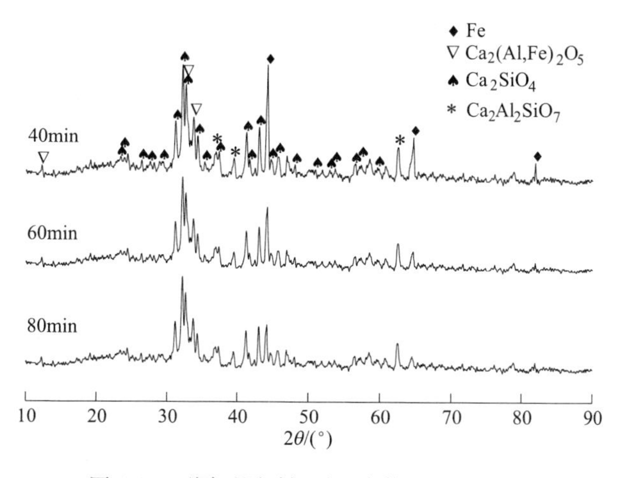

图 2-9 不同还原时间后反应物的 XRD 图谱

焙烧产物形貌如图 2-10 所示。连续升温获得的产物中铁单质以粒状包裹形式存在，外层固溶 Al、Si、Ca 等氧化物，铁单质与胶凝物质夹杂在一起。

图 2-10 连续升温还原及焙烧后产物的 SEM 形貌

2.3.6　连续升温试验讨论

（1）镍渣中加入 CaO 可将铁在镍渣中的存在形式改变（即从 Fe_2SiO_4 变为 FeO），利于直接还原提铁的进行。

（2）提铁反应随着反应时间的延长与反应温度的增高，还原率呈现先升高后降低的趋势，试验得到较佳的还原时间为 40min，温度为 1480℃。

（3）熟料烧成过程中液相生成温度、液相量、液相性质以及氧化钙、硅酸二钙溶解于液相的溶解速度和离子扩散速度对 C_3S 的形成有很大影响。未生成硅酸三钙的可能原因为：在还原气氛下，Fe^{2+} 取代了部分 Ca^{2+} 进入 C_3S 晶格中，当熟料出炉在空气中冷却时，Fe^{2+} 又重新被氧化成 Fe^{3+}，Fe^{3+} 不能取代 C_3S 晶格中的 Ca^{2+}，会夺取熟料中的 Ca^{2+} 化形成 CF，这些离子的迁移会导致 C_3S 结构不稳定而分解。

2.4　二段法升温试验

连续升温试验发现，C_3S 无法生成与铁离子变价有紧密联系，因而应设法控制铁的化合价变化，避免其对 C_3S 生成的影响。试验设计两段法升温方案，具体措施是：通过控制温度，使 FeO 在低温还原区域 800～1000℃ 内反应较长时间，使含铁化合物充分还原成单质铁，保证在 C_3S 烧成温度 1350～1480℃ 范围内，无二价铁离子影响，即将反应过程划分为两段，第一段主要为铁的还原，第二段主要为胶凝性物质硅酸三钙的生成。

2.4.1　试验配料及方法

（1）碱度取 2.6，还原剂配入量为 15%。原料充分混合均匀后磨碎至粒度 200 目。

（2）生料加 10% 水拌和均匀，用压片机于 15MPa 压力下压饼，在 105℃ 烘干 6h，将压好的物料放入坩埚中，并在坩埚底部和上部分别平铺适量炭粉，给坩埚加石墨盖，将温度分别升到 800℃ 或 1000℃ 后保温 40min，后将温度升至 1480℃ 保温 90min，通入氩气保护，防止铁的二次氧化。

（3）反应完成后取出坩埚，在坩埚中加入一定量炭粉后水冷，快速将物料温度降到室温并进行物相检测。

2.4.2　结果及分析

图 2-11 为两段升温后的试样 XRD 检测结果。1000℃ 时铁的衍射峰强度比 800℃ 高，温度升高有利于铁的还原。通过控制反应气氛，并采用分段升温，同时获得了铁单质及胶凝组分硅酸三钙与硅酸二钙，获得的硅酸三钙占总物料的

55%，铁的还原率为72%。两段升温还原及焙烧后产物的SEM形貌如图2-12所示。对比图2-12与图2-10可以发现，分段升温后，产物形貌发生了明显改变，从球状包裹物变成长条形，有利于后步破碎细磨及分离。

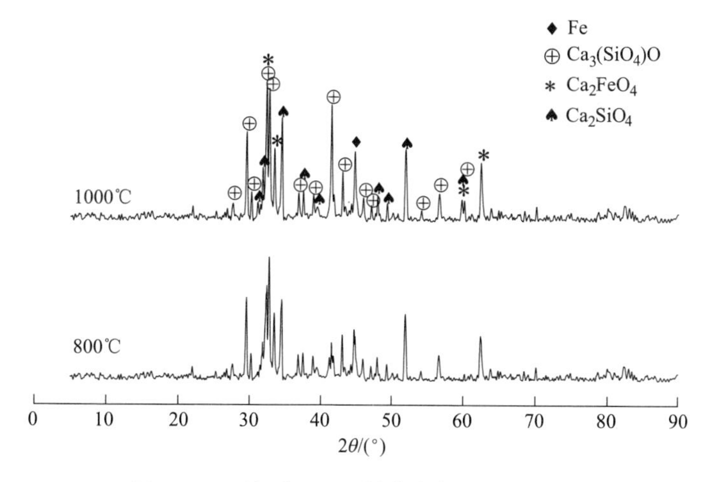

图2-11 两段升温还原焙烧产物的XRD图谱

图2-12 两段升温还原焙烧后产物的SEM形貌

2.5 本章小结

（1）硅酸二钙在低温下即可生成；850℃出现$Ca_3MgSi_2O_8$，其稳定存在区域较小，900℃时消失；在1100℃时，Al_2O_3和CaO反应生成铝酸三钙；1350～1400℃时，游离氧化钙减少并与硅酸二钙结合成硅酸三钙，铁和硅酸三钙可以同时存在。

（2）连续升温还原试验的最佳参数为：还原剂配加量15%、碱度2.6、还原温度 1480℃、还原时间 40min。只获得胶凝组分 C_2S，未获得 C_3S。

（3）在第一段还原温度 1000℃、还原时间 40min；第二段温度 1480℃，保温时间 90min，碱度 2.6，配碳量 15%，粒度 200 目，水淬急冷的条件下，镍渣中铁的还原率为 72%，同时生成含 C_3S 占总物料 55%的胶凝材料，实现了镍渣提铁同时制备胶凝组分。

（4）连续升温及分段升温试验获得的还原焙烧产物形貌不同，前者为球状包裹物，后者为不规则条状物，后者的形态便于后续工艺破碎选分。

参考文献

[1] 谢庚. 金川镍渣多组分综合利用研究 [D]. 西安：西安建筑科技大学，2015.

[2] 沈威，黄文熙，闵盘荣. 水泥工艺学 [M]. 武汉：武汉工业大学出版社，1991.

[3] 卢宇飞，杨桂生. 炼铁技术 [M]. 北京：冶金工业出版社，2010.

[4] 李小明，谢庚，赵俊学，崔雅茹. 镍渣直接还原提铁及同时制备胶凝材料的研究 [J]. 有色金属（冶炼部分），2015（12）：51-55.

3　镍渣预氧化强化还原

预氧化可不同程度改变矿物的物相组成及形貌结构，进而改善后续的还原效果。针对镍渣中铁以铁橄榄石形式存在难还原的矿物特点，本章介绍了预氧化对镍渣物相及内部结构的影响，预氧化镍渣的还原及还原产物的物相、晶胞参数、氧化程度、微观结构特性，预氧化镍渣直接还原过程中金属铁颗粒的生成、聚集、长大特性及生长动力学等，为镍渣预氧化强化还原提供理论依据。

3.1　原辅材料及研究方法

3.1.1　材料及设备

由于镍的冶炼方法、矿石来源和品质的不同，镍渣成分及性状不同。实验用镍渣为闪速炉渣，原渣形貌如图 3-1（a）所示，水淬镍渣如图 3-1（b）所示，外观呈灰色或黑色，大块状或粒状。

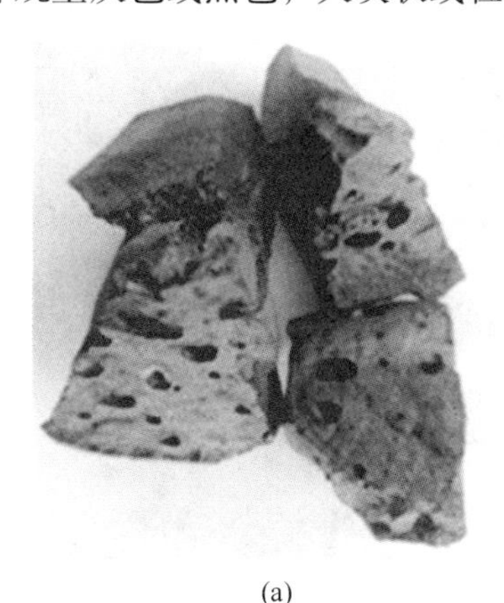

(a)

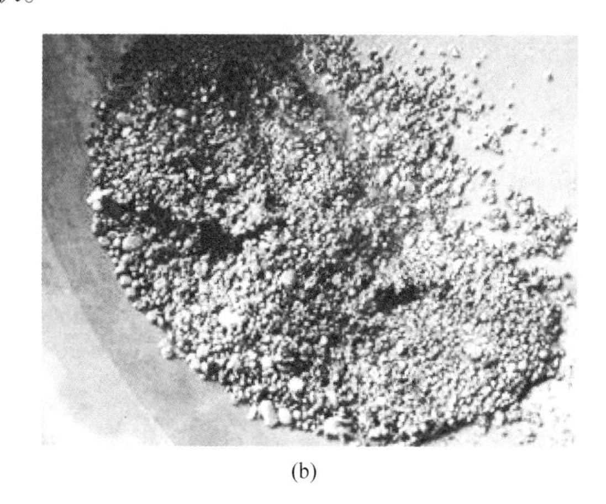

(b)

图 3-1　闪速炉镍渣样品照片

（a）渣口排出的原渣；（b）水淬渣

镍渣成分见表 3-1，全铁质量含量为 39.4%，并含 SiO_2、MgO、CaO 及 Ni、Cu、Co 等组分。镍渣 XRD 分析结果如图 3-2 所示，物相主要为铁橄榄石（Fe_2SiO_4）和镁橄榄石（Mg_2SiO_4）。

表 3-1　镍渣成分含量表　(wt%)

成分	TFe	FeO	SiO_2	MgO	Al_2O_3	CaO	Ni	Cu	Co	S
含量	39.40	49.68	32.50	9.70	2.30	1.20	0.455	0.338	0.144	0.868

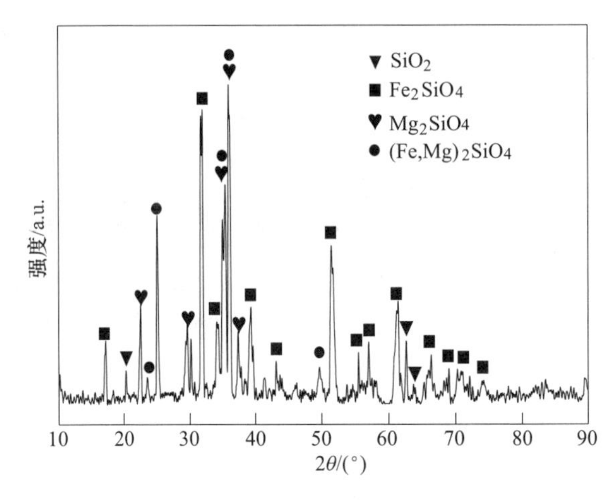

图 3-2　镍渣 XRD 图谱

镍渣原料扫描电镜分析及元素分布测试结果如图 3-3 所示[1]。图中大块状的灰色区域主要由铁、硅、镁、氧四种元素组成，结合 XRD 分析结果推断该区域中物相组成为铁橄榄石相（Fe_2SiO_4）和镁橄榄石相（Mg_2SiO_4）。

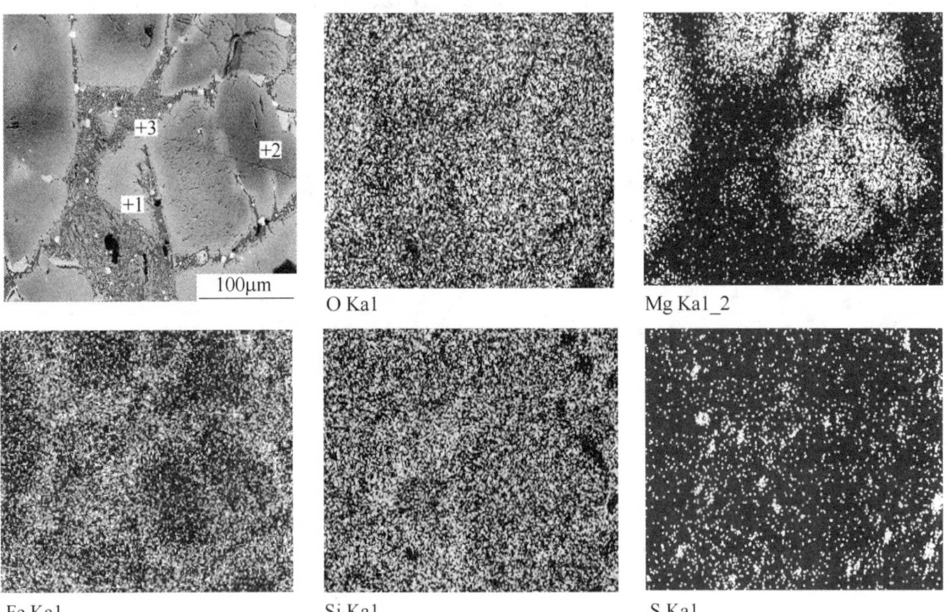

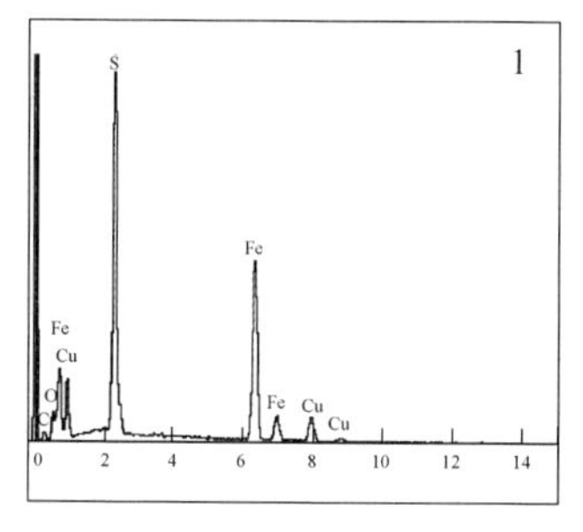

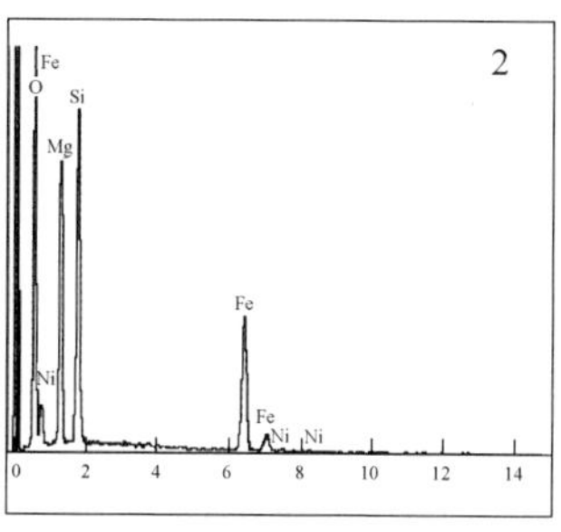

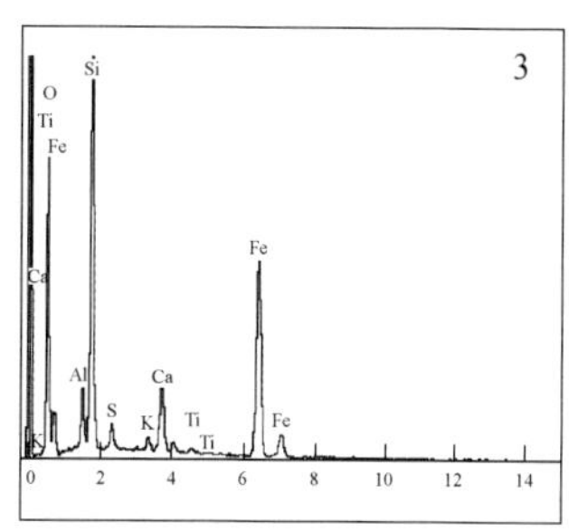

图 3-3 镍渣 SEM 及元素分布图

还原剂煤粉工业分析见表 3-2，固定碳含量高，磷、硫等有害杂质含量低。煤灰分组成见表 3-3，主要由 SiO_2 和 Al_2O_3 组成，其次是 Fe_2O_3、CaO 和 MgO。

表 3-2 煤粉的工业分析 （wt%）

水分	灰分	挥发分	固定碳	P	S
0.21	12.72	9.80	77.27	0.005	0.027

表 3-3 煤灰分的化学组成 （wt%）

成分	SiO_2	Al_2O_3	CaO	MgO	TiO_2	Na_2O	K_2O	Fe_2O_3
含量	28.4	15.8	2.6	2.5	1.4	0.2	1.9	4.0

实验设备主要为数显管式炉、刚玉坩埚（纯度 99.99%）、SEM-EDS（FEI Quanta 200F）、XRD（BRUKER D8 ADVANCE）、恒温数显干燥箱（DYG-9420A）、电子天平（HX-203T）、热重分析仪（NETZSCH STA449）、压样机等。

3.1.2 实验研究方法

3.1.2.1 预氧化实验

（1）将镍渣在破碎机中破碎成粉末，在干燥箱中 105℃干燥 4h，然后研磨至全部通过 200 目筛。

（2）将镍渣粉末与黏结剂（羧甲基纤维素）、水按照相应比例进行充分混匀，利用制样机在 20kN 压力下压制成 ϕ10mm×5mm 的圆柱体样块。

（3）将压制好的镍渣样块在干燥箱中 105℃干燥 4h，后采用刚玉坩埚盛放并放入真空气氛数显管式炉中进行高温预氧化实验，实验过程中以 1L/min 通入空气，当样品预氧化完成时，将样品高温（300℃、400℃、500℃、700℃、900℃和 1000℃）取出并在空气中冷却。

（4）预氧化后的镍渣样品用于 SEM、XRD、化学分析及还原实验。

3.1.2.2　还原实验

（1）采用刚玉方舟盛放预氧化镍渣样品，并按照 C/O＝1.2 用煤粉将样品完全埋住，放入真空气氛数显管式炉中进行高温还原实验，实验过程中用 N_2 作为保护气体，待还原实验完成取出方舟冷却至室温，再将镍渣样品从煤粉中取出。

（2）将还原后的镍渣进行元素检测及 XRD、SEM 等分析。

3.1.3　铁颗粒生长研究方法

还原产物做扫描电镜分析时，产物用树脂镶样固定并打磨抛光，原始图像如图 3-4（a）所示。采用 Image-Pro Plus（IPP）图像分析软件处理原始图片得到如图 3-4（b）所示二值图像，对约 1000～2000 个金属铁颗粒的尺寸进行采集、统计、分析，获得铁颗粒的生长特性[2]。

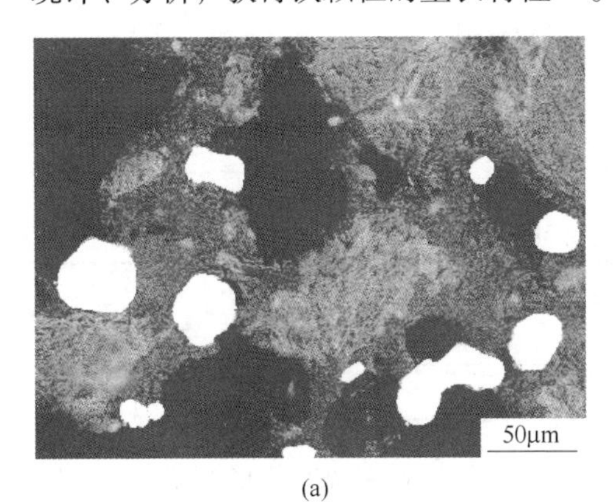

(a)

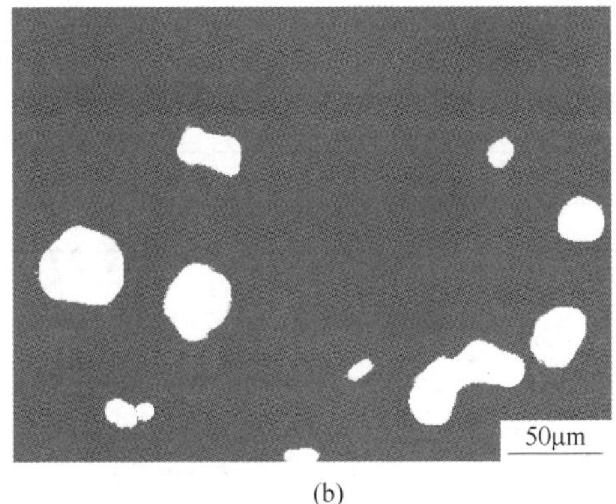

(b)

图 3-4　还原产物的图像

（a）原始图像；（b）二值图像

二值图像中铁颗粒粒径直接采用 IPP 软件统计分析，所得尺寸为平面尺寸，但实际的金属铁颗粒为立体近似球形，颗粒尺寸 d 与测量数值 L 的关系见式（3-1）：

$$d = \frac{L}{\pi} \tag{3-1}$$

式中，d 为金属铁颗粒的实际尺寸，μm；L 为金属铁颗粒的测量尺寸，μm。

铁颗粒的平均尺寸可表示为：

$$\bar{d} = \frac{\sum_{i=1}^{N} d_i}{N} \tag{3-2}$$

式中，$\bar{d}$ 为金属铁颗粒的平均尺寸，μm；N 为金属铁颗粒的个数，个。

由式（3-3）计算金属铁颗粒大小，得到颗粒大小累计百分比的特征曲线：

$$Y(d)=\frac{\sum\limits_{i=d_{\min}}^{d}\left[\left(\frac{d}{2}\right)^{3}\times n_{i}\right]}{\sum\limits_{i=d_{\min}}^{d_{\max}}\left[\left(\frac{d}{2}\right)^{3}\times n_{i}\right]}\times 100\% \tag{3-3}$$

式中，Y 为直径小于 d 的铁颗粒的累计百分比,%；d 为金属铁颗粒的实际直径，μm；n 为直径为 d 的铁颗粒总数，个；$d_{\max}$ 为金属铁颗粒的实际最大直径，μm；$d_{\min}$ 为金属铁颗粒的实际最小直径，μm。

3.1.4 氧化率及金属化率计算

镍渣氧化程度和还原情况分别选用氧化率和金属化率作为评价指标，氧化率为：

$$\alpha=\frac{Fe^{3+}}{TFe}\times 100\% \tag{3-4}$$

式中，α 为铁的氧化率,%；Fe^{3+} 和 TFe 分别为氧化后镍渣中三价铁和全铁含量。

金属化率为：

$$\eta=\frac{MFe}{TFe}\times 100\% \tag{3-5}$$

式中，η 为金属化率,%；MFe 为还原样品中金属铁含量；TFe 为原样中的全铁含量。

3.2 镍渣预氧化过程中物相及结构变化

本节介绍预氧化对镍渣物相、结构及不同化合物晶胞尺寸的影响，揭示时间、温度等条件对预氧化效果的影响。

3.2.1 预氧化热力学

镍渣主要含铁物相 Fe_2SiO_4 在预氧化过程中主要发生反应（3-6）~反应（3-8），预氧化过程中的标准吉布斯自由能随温度的变化关系（采用 FactSage 7.1 计算）如图 3-5 所示。

$$3Fe_2SiO_4+O_2=\!=\!=2Fe_3O_4+3SiO_2\qquad \Delta G^{\ominus}=-756169.36-1202.36T,\text{J/mol} \tag{3-6}$$

$$2Fe_2SiO_4+O_2=\!=\!=2Fe_2O_3+2SiO_2\qquad \Delta G^{\ominus}=-624368.83-852.06T,\ \text{J/mol} \tag{3-7}$$

$$4Fe_3O_4+O_2=\!=\!=6Fe_2O_3\qquad \Delta G^{\ominus}=-360767.76-151.47T,\ \text{J/mol} \tag{3-8}$$

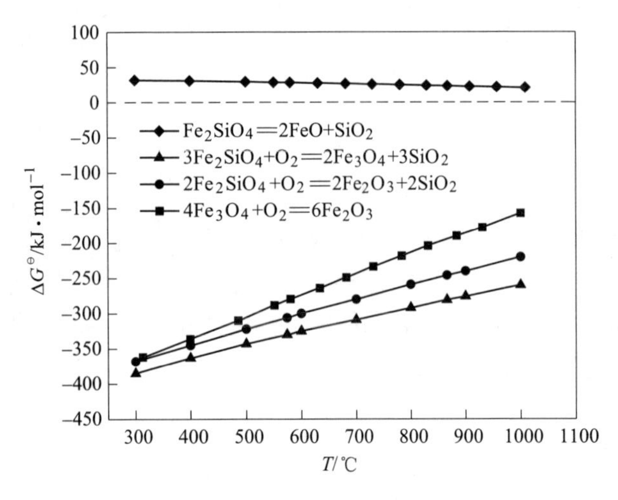

图 3-5　标准吉布斯自由能变化曲线

Fe_2SiO_4 分解反应的 $\Delta G^{\ominus}$ 随温度的升高而减小，当温度为 1000℃时，$\Delta G^{\ominus}$ 仍然大于 0，表明 Fe_2SiO_4 在高温下也很稳定，很难离解出自由氧化物 FeO。而在预氧化时，镍渣中 Fe_2SiO_4 发生了物相转变，生成 Fe_3O_4 的趋势大于生成 Fe_2O_3 的趋势。

3.2.2　预氧化过程中镍渣物相变化

镍渣样品在 300℃、400℃、500℃、700℃、900℃、1000℃ 氧化 30min 后的产物 XRD 分析结果如图 3-6 所示。当反应温度为 300℃时，预氧化速率较低，基

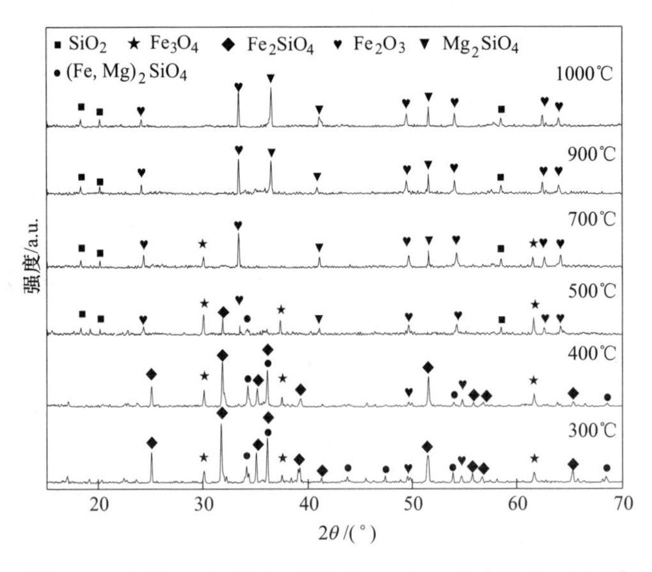

图 3-6　镍渣样品在不同温度预氧化 30min 的产物 XRD 图谱

本不改变镍渣物相组成。当温度升高到 500℃时，Fe_2O_3 的特征衍射峰数量明显增加，铁橄榄石（Fe_2SiO_4）和铁镁橄榄石（$(Fe,Mg)_2SiO_4$）特征衍射峰强度明显减弱。当温度达到 700℃时，预氧化产物中 Fe_3O_4 的特征衍射峰强度有所增加，基本观察不到铁橄榄石（Fe_2SiO_4）和铁镁橄榄石（$(Fe,Mg)_2SiO_4$）的特征峰，铁橄榄石中氧化镁固溶现象减弱，镁主要以镁橄榄石的形态存在于渣中。进一步升高预氧化温度至 900℃，产物中没有新的物相生成，仍然为 Fe_2O_3 和镁橄榄石（Mg_2SiO_4）。在 1000℃时，各相的衍射峰强度变化不明显。因此，从节能的角度考虑，适宜的预氧化温度为 900℃。

图 3-7 为镍渣样品在 900℃预氧化不同时间所得产物的 XRD 图谱。在 900℃预氧化 5min，镍渣中只含有少量的 Fe_2O_3，其余铁主要还是以铁镁橄榄石 $(Fe,Mg)_2SiO_4$ 和铁橄榄石（Fe_2SiO_4）的形式存在。当镍渣预氧化时间由 5min 增加到 10min 时，$(Fe,Mg)_2SiO_4$ 的特征衍射峰略有减少，Fe_2O_3 的特征衍射峰变化不大。当预氧化时间增至 20min 时，基本观察不到铁橄榄石（Fe_2SiO_4）和 $(Fe,Mg)_2SiO_4$ 的特征峰，Fe_2O_3 的特征衍射峰强度明显增加。随着预氧化时间进一步延长，没有新的物相生成。

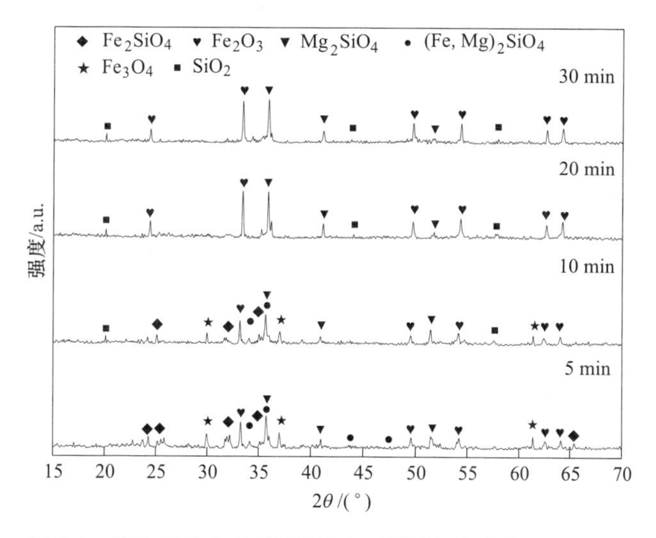

图 3-7 镍渣样品在 900℃预氧化不同时间的产物 XRD 图谱

镍渣样品在 400℃和 900℃分别预氧化 30min 的 XRD 对比分析如图 3-8 所示。温度由 400℃升高到 900℃时，预氧化样品中不稳定的 β-Fe_2O_3 向稳定的 α-Fe_2O_3 转变，伴随着立方晶格向六面晶格的晶型转变，导致 Fe_2O_3 晶胞体积收缩。当预氧化温度为 900℃时，镍渣中的 β-Fe_2O_3 转化完全，此时镍渣中物相基本稳定。

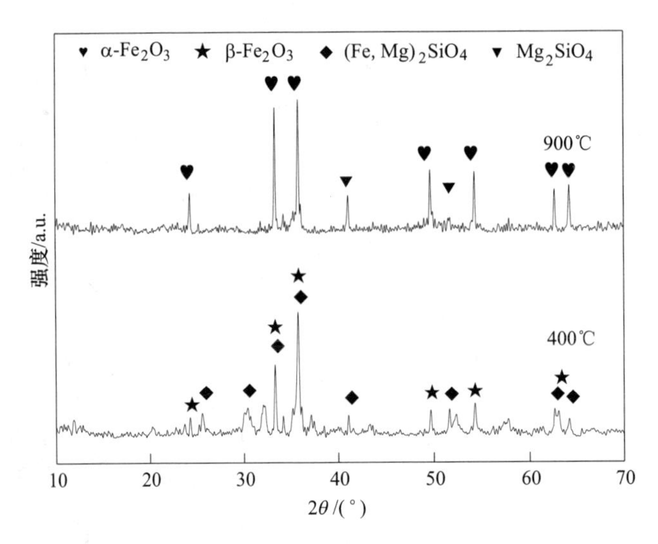

图 3-8　镍渣样品在 400℃和 900℃预氧化 30min 的产物 XRD 图谱

3.2.3　预氧化过程中镍渣的晶胞参数变化

为了获得预氧化过程中 Fe_2SiO_4、Fe_2O_3、Mg_2SiO_4 准确的晶胞参数数据，对镍渣氧化样品进行缓慢扫描。结合图 3-6 中 XRD 数据，通过计算公差得到晶胞参数（即单元尺寸和体积（V））见表 3-4~表 3-6[3,4]。

表 3-4　预氧化温度 400~1000℃之间 Fe_2O_3 的晶胞参数

温度/℃	a/Å	±	b/Å	±	c/Å	±	V/Å^3
400	5.0342	0.0055	5.0342	0.0036	13.7483	0.0012	301.75
500	5.0330	0.0046	5.0330	0.0056	13.7396	0.0034	301.41
700	5.0206	0.0082	5.0206	0.0062	13.7196	0.0011	299.49
900	5.0065	0.0043	5.0065	0.0026	13.6411	0.0026	296.11
1000	5.0142	0.0085	5.0142	0.0024	13.6733	0.0016	297.72
理想晶胞参数	5.0160		5.0160		13.6520		297.52

注：1Å=0.1nm，余同。

表 3-5　镍渣原料及预氧化温度 300~500℃之间 Fe_2SiO_4 的晶胞参数

温度/℃	a/Å	±	b/Å	±	c/Å	±	V/Å^3
Raw	5.7012	0.0030	10.3312	0.0028	4.7628	0.0046	302.59
300	6.0797	0.0018	10.4601	0.0028	4.8152	0.0011	306.23
400	6.0830	0.0012	10.4583	0.0018	4.8162	0.0007	306.40
500	6.1147	0.0047	10.4716	0.0055	4.8265	0.0025	309.03
理想晶胞参数	5.7060		10.3120		4.7620		301.70

表 3-6　预氧化温度 700~1000℃之间 Mg_2SiO_4 的晶胞参数

温度/℃	a/Å	±	b/Å	±	c/Å	±	V/Å³
700	5.6972	0.0042	11.5185	0.0082	8.2440	0.0084	540.99
900	5.6939	0.0032	11.4198	0.0268	8.2973	0.0142	539.53
1000	5.6816	0.0056	11.4031	0.0198	8.2068	0.0204	538.72
理想晶胞参数	5.6960		11.4440		8.2481		537.65

从表 3-4 可以看出，预氧化温度由 400℃上升至 1000℃时，Fe_2O_3 的晶胞参数 a、c 分别由 5.0342Å 和 13.7483Å 下降至 5.0142Å 和 13.6733Å，晶胞体积从 301.75Å³ 减小为 297.72Å³。随着预氧化温度升高，可观察到晶胞体积随之减小，且逐渐接近 Fe_2O_3 的理想晶胞尺寸（V=297.52Å³）。与未经预氧化的镍渣样品相比，在预氧化过程中体积较小的 Fe^{3+}取代了较大的 Fe^{2+}。因此，镍渣样品的预氧化程度越大，晶格沿 a 轴和 c 轴收缩程度越大，进入晶格的氧越多，晶胞参数 a 和 c 的值越小，反之亦然。

由表 3-5 和表 3-6 可得，未预氧化的样品中 Fe_2SiO_4 的晶胞参数接近理想尺寸（V=301.70Å³）。在预氧化（300~500℃）期间，Fe_2SiO_4 晶胞参数逐渐增大，a、b 和 c 分别从 5.7012Å、10.3312Å 和 4.7628Å 线性上升至 6.1147Å、10.4716Å 和 4.8265Å，晶胞体积从 302.59Å³ 扩大到 309.03Å³ 并逐渐偏离理想值。Fe_2SiO_4 的形成温度达 1050℃，最终还原过程主要是原铁橄榄石或新生成的铁橄榄石及预氧化后生成的其他铁氧化物的还原。

与原始镍渣中的 Fe_2SiO_4 相比，新形成的 Fe_2SiO_4 的晶格面 a、b 和 c 均增加。由晶体结构理论可知，晶体活性的增加及稳定性的降低导致了晶体晶胞参数的增大。因此，再生的 Fe_2SiO_4 由于存在一些缺陷而具有较高的活性，这有利于还原。随着预氧化温度的上升，在 700~900℃，Mg_2SiO_4 的晶胞体积略有减小，并接近理想值，此时铁橄榄石中氧化镁固溶减少，镁以 Mg_2SiO_4 形式存在。因此可以推断，改变温度可以控制氧气进入样品的程度，较高的预氧化温度可以获得较大的氧化程度和较小的晶胞体积。因此，可得 Fe_2O_3 晶胞参数变化可代表氧化物稳定的条件。

3.2.4　预氧化过程中镍渣氧化率

镍渣在预氧化温度 300~1000℃之间的氧化率如图 3-9 所示。氧化率随时间和温度增加而明显变化。当氧化温度低于 500℃时，镍渣氧化程度较低，氧化率小于 50%。随着氧化温度升高，镍渣的氧化率增大，当预氧化温度升高到 700℃时，氧化率达到 70%。进一步提高预氧化温度，样品的氧化程度显著增加。在 900℃预氧化 20min 后，镍渣氧化率达到 95%以上，预氧化效果较好，这是由于固体样品中存在大量孔隙，在较高的预氧化温度下与空气反应时，分子扩散速度很快，加速了氧化效果。此时，镍渣中的铁主要以 Fe^{3+} 的形态存在，有利于后续还原过程的进行。

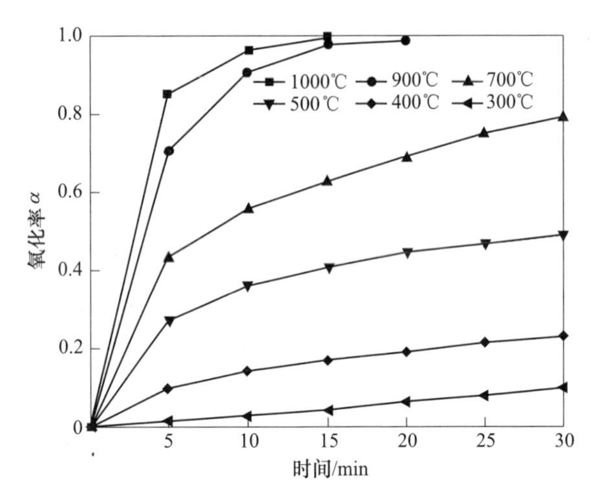

图 3-9 镍渣不同温度和时间预氧化后的氧化率

3.2.5 预氧化过程中镍渣结构变化

镍渣氧化过程中，原有矿物结构发生改变，形成新的物相。镍渣 900℃ 预氧化 30min 所得产物的 SEM（二次电子）照片如图 3-10 所示。对图 3-10（a）中的区域 A 进行能谱分析，结果如图 3-10（b）所示。从能谱图中可看出预氧化后镍渣有 O、Fe、Ca、Na、S 等元素，其分布见矩形区域的面扫描结果。其中，Fe 元素与 O 元素重合较多，可以推测随着预氧化过程的进行，镍渣中的二价铁被氧化成三价，铁橄榄石中的铁转变成以 Fe_2O_3 的形式存在。图中放大区域 A 可以看出，预氧化后的镍渣表面呈条状结构，并沿相对规律的趋势发展。

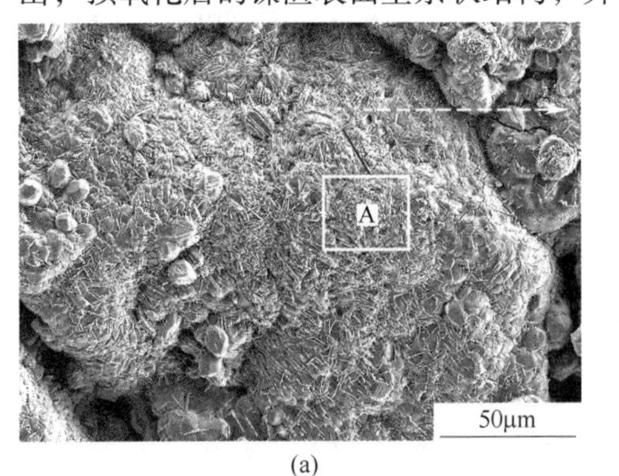

(a)

(b)

图 3-10 镍渣（900℃ 预氧化 30min）预氧化产物 SEM 和 EDS

镍渣原样及预氧化样品（预氧化温度900℃，预氧化时间6min）的显微结构特征对比如图3-11所示。镍渣原样颗粒结构紧致，颗粒完整度高。预氧化后的镍渣表面变得粗糙，表面积增大，镍渣中铁氧化物晶粒缺陷增多，这也是预氧化能强化镍渣还原的原因之一。

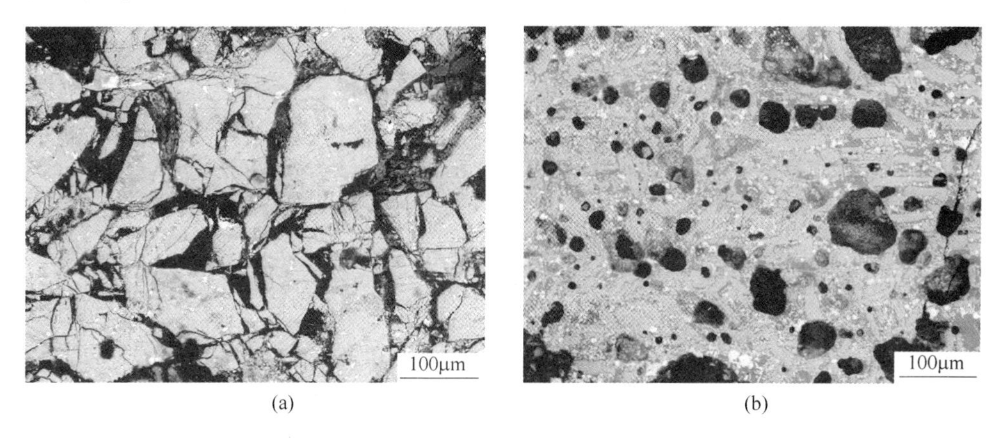

(a) (b)

图3-11 镍渣样品的显微结构

（a）镍渣原样；（b）900℃预氧化6min的镍渣样品

3.2.5.1 预氧化时间的影响

为了研究预氧化时间对镍渣结构的影响，将900℃预氧化不同时间的样品进行扫描电镜检测（二次电子），结果如图3-12所示。预氧化时间对镍渣结构有很大影响。随预氧化的进行，镍渣颗粒中的孔隙不断向内部发展，边缘变得越来越不规则，出现的大量孔洞可降低气基还原过程中的传质阻力，促进气基还原过程的进行。随着预氧化时间的增加，镍渣预氧化后的铁氧化物晶胞聚合长大，由较为分散的孔状颗粒转变为结合力强、紧密互联的片状结构。

(a)

(b)

(c)　(d)

图 3-12　镍渣预氧化（预氧化温度 900℃）不同时间的产物显微结构
（a）5min；（b）10min；（c）20min；（d）30min

3.2.5.2　预氧化温度的影响

为了研究预氧化温度对镍渣结构的影响，将不同温度预氧化的镍渣样品进行扫描电镜检测（二次电子），结果如图 3-13 所示。镍渣原样的颗粒结构非常致密，经过预氧化处理后，镍渣微观形貌发生了明显变化。当预氧化温度为 300℃时，颗粒结构变化不大，表面较为平整，仅出现少量铁的氧化物。预氧化温度为 400℃时，颗粒规则的外形发生显著变化，表面逐渐变得粗糙，在高倍显微镜下可以观察到预氧化颗粒表面产生大量的细微孔洞，孔径不超过 1μm。当预氧化温度为 500℃时，在镍渣样品中出现较多孔隙，部分颗粒边缘开始变得不规则。当预氧化温度增加到 700～1000℃时，镍渣样品颗粒微观结构的孔隙明显增大，孔径大约为 1～3μm，样品出现小团块状或片状结构。这些变化有助于固体还原剂与镍渣样品的充分接触，同时在镍渣中产生较多的结构缺陷，这些都可能是预氧化可以提高镍渣后续还原反应速率的原因。

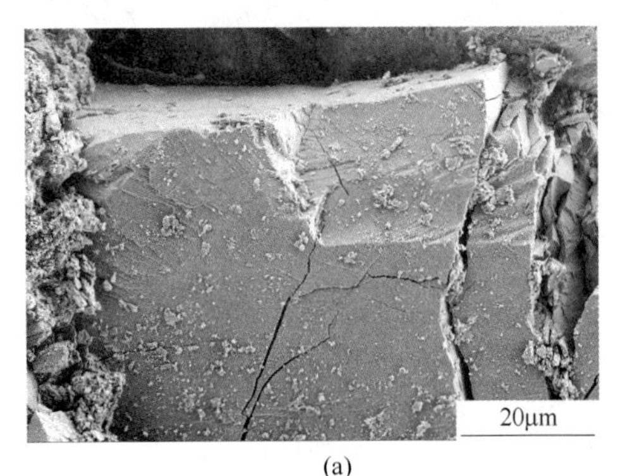

(a)

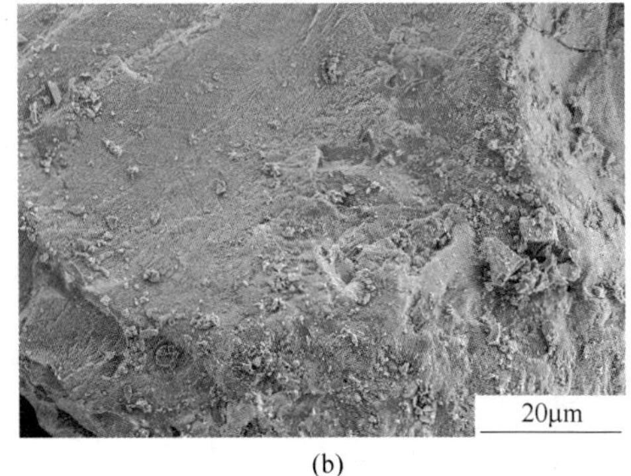

(b)

图 3-13 镍渣不同温度的预氧化（预氧化时间 30min）产物显微结构
(a) 300℃；(b) 400℃；(c) 500℃；(d) 700℃；(e) 900℃；(f) 1000℃

3.3 预氧化镍渣的还原特性

预氧化改变了镍渣物相及内部结构，使镍渣中铁橄榄石转变为易还原的铁氧化物，改变了镍渣难还原的特征。本节系统介绍不同还原时间或还原温度条件下，预氧化镍渣煤基还原过程中铁氧化物的物相转化规律、镍渣微观结构演化及样品金属化率变化等。

3.3.1 预氧化镍渣还原反应热力学

还原反应初期，预氧化镍渣样品表面与接触的煤粉发生直接还原反应。样品中涉及的含铁化合物包括 Fe_2SiO_4 预氧化转化的 Fe_2O_3、Fe_3O_4、FeO 以及残留的少量 Fe_2SiO_4 等，可能发生的反应如式（3-9）~式（3-12）所示：

$$Fe_2SiO_4 + 2C \xlongequal{} 2Fe + SiO_2 + 2CO \tag{3-9}$$

$$3Fe_2O_3 + C \xlongequal{} 2Fe_3O_4 + CO \tag{3-10}$$

$$Fe_3O_4 + C \xlongequal{} 3FeO + CO \tag{3-11}$$

$$FeO + C \xlongequal{} Fe + CO \tag{3-12}$$

同时，初始反应产生的还原性气体 CO 向样品内部扩散，CO 与样品内部未与煤粉直接接触的含铁化合物逐级发生间接还原反应，可能发生的反应如式(3-13)~式（3-16）所示：

$$3Fe_2O_3 + CO \xlongequal{} 2Fe_3O_4 + CO_2 \tag{3-13}$$

$$Fe_3O_4 + CO \xlongequal{} 3FeO + CO_2 \tag{3-14}$$

$$FeO + CO \xlongequal{} Fe + CO_2 \tag{3-15}$$

$$Fe_3O_4 + 4CO \xlongequal{} 3Fe + 4CO_2 \tag{3-16}$$

样品内部残留的少量 Fe_2SiO_4 在实际反应温度和 CO 分压条件下可能发生的还原反应如式（3-17）所示：

$$Fe_2SiO_4 + 2CO \xlongequal{} 2Fe + SiO_2 + 2CO_2 \tag{3-17}$$

在高温下，间接还原生成的 CO_2 内扩散至样品表面与煤粉中固定碳发生气化反应，保证了体系的还原性气氛，使得铁氧化物不断还原生成金属铁。气化反应如式（3-18）所示：

$$C(s) + CO_2 \xlongequal{} 2CO \tag{3-18}$$

利用 FactSage 热力学软件基于标准状态下对还原过程进行计算，并将预氧化镍渣中可能发生反应的 ΔG 与温度变化关系式作图，如图 3-14 所示。Fe_2O_3 和 Fe_3O_4 被 CO 还原成 FeO 的反应在较高的还原温度下可以进行，而 CO 直接还原铁橄榄石的还原反应（反应（3-17））在热力学上不能自发进行。因此，进一步减少预氧化镍渣样品中残存的 Fe_2SiO_4 是获得良好还原效果的重要保证。

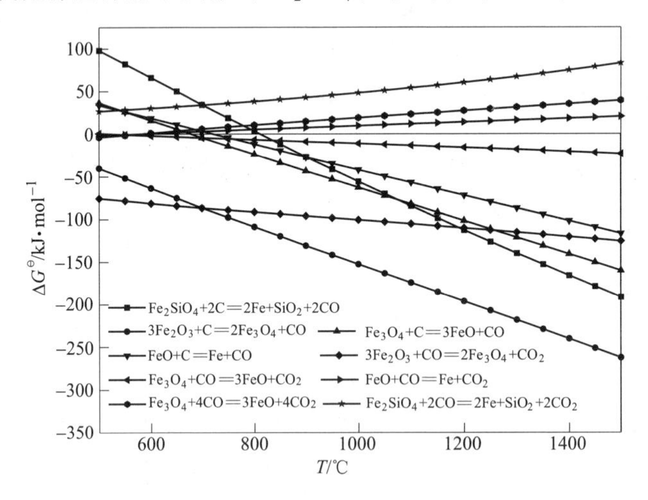

图 3-14　镍渣还原过程标准吉布斯自由能变化曲线

3.3.2　预氧化对镍渣还原后金属化率的影响

图 3-15 为镍渣原样和经 900℃ 预氧化 30min 后的预氧化镍渣，分别在

1050℃、1100℃、1150℃、1200℃、1250℃还原 30min 后的产物的金属化率。预氧化镍渣还原产物的金属化率随着还原温度的升高呈逐渐升高的趋势。当还原温度低于 1100℃时，预氧化镍渣还原产物的金属化率的增加趋势较明显；而当还原温度超过 1100℃时，预氧化镍渣还原产物的金属化率的增加趋势逐渐减弱。当温度为 1250℃时，未预氧化镍渣样品和预氧化镍渣样品的最大金属化率分别为 68.72%和 74.51%。预氧化镍渣还原后的金属化率均高于未预氧化镍渣的相应值，平均金属化率增加了 5%~10%，预氧化对提高镍渣的还原性有明显效果。

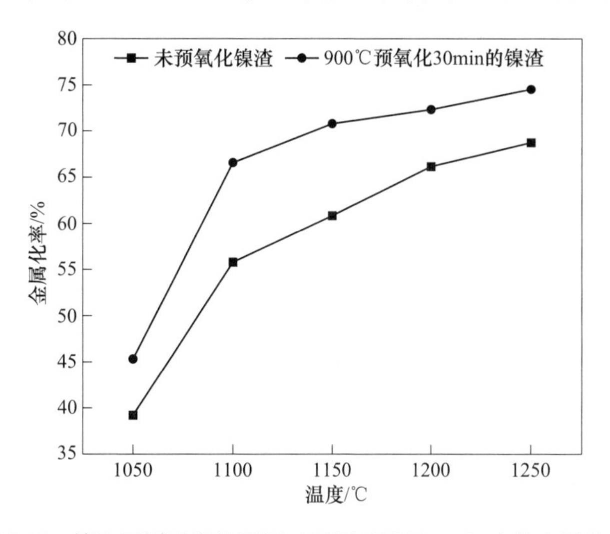

图 3-15 镍渣不同温度的还原（还原时间 30min）产物金属化率

3.3.3 预氧化镍渣还原过程中物相变化

镍渣原样经 300℃、400℃、500℃、700℃、900℃和 1000℃预氧化 30min 后，得到的预氧化镍渣样品分别在 1000℃还原 30min，产物的 XRD 图谱如图 3-16 所示。由图 3-16 可知，镍渣煤基还原结果随着预氧化温度的不同而改变。当预氧化温度低于 700℃时，预氧化进行得不彻底，还原难度较大，生成金属铁量较少；当预氧化温度大于 700℃时，预氧化过程中大量铁橄榄石转化成易还原铁氧化物，使得还原过程变得容易，最终得到的还原产物中存在大量金属铁，还原效果较好。

3.3.4 预氧化镍渣还原过程中显微结构变化

图 3-17 为镍渣原样和 900℃预氧化 30min 的镍渣，用煤在 1000℃还原 30min 后的产物形貌结构。由于还原速率慢，镍渣原样（见图 3-17（a））仅在颗粒表面形成一层很薄的反应层（亮白色为金属铁、颜色稍深的为渣相），而颗粒大部

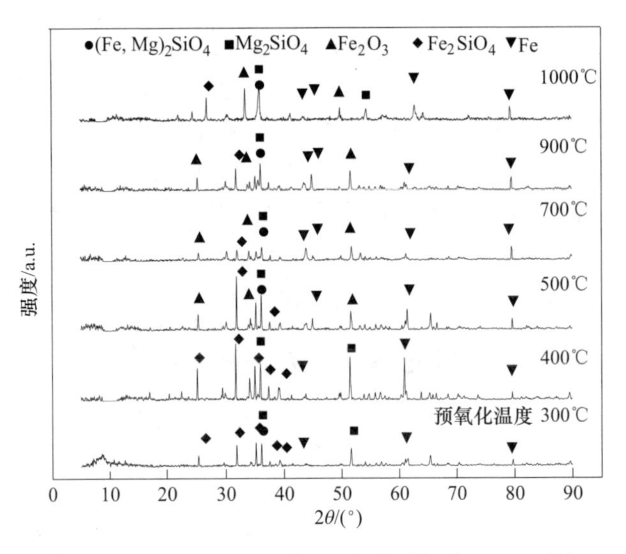

图 3-16　不同温度预氧化（预氧化时间 30min）后的镍渣还原（1000℃还原 30min）产物 XRD 图谱

分区域还保持原始的致密结构。预氧化镍渣（见图 3-17（b））则表现出现完全不同的微观形貌，颗粒大部分区域有发生反应的迹象，充满了细小孔洞，还原产生的金属铁（亮白色）颗粒尺寸更大。这些形貌差异正是由于预氧化镍渣还原时破坏了颗粒致密结构。

图 3-17　不同镍渣样品的还原（1000℃还原 30min）产物形貌

（a）镍渣原样；（b）经 900℃预氧化 30min 的预氧化镍渣

预氧化过程中产生的孔洞，有助于改善预氧化镍渣还原反应的动力学条件：一方面，加速了气体的扩散；另一方面，铁的成核更容易，铁不再需要固态扩散至颗粒表面成核。这两方面的原因都使镍渣后续还原反应速率显著提高，金属化率更高，出现了更多的金属铁。

3.3.5 影响预氧化镍渣还原效果的因素

3.3.5.1 还原时间的影响

利用扫描电镜（背散射）观察了900℃预氧化30min后的镍渣在1000℃时分别还原10min、20min、30min和40min后的产物形貌，结果如图3-18所示。随着还原时间的延长，还原产生的金属铁（亮白色）颗粒变多且尺寸变大。

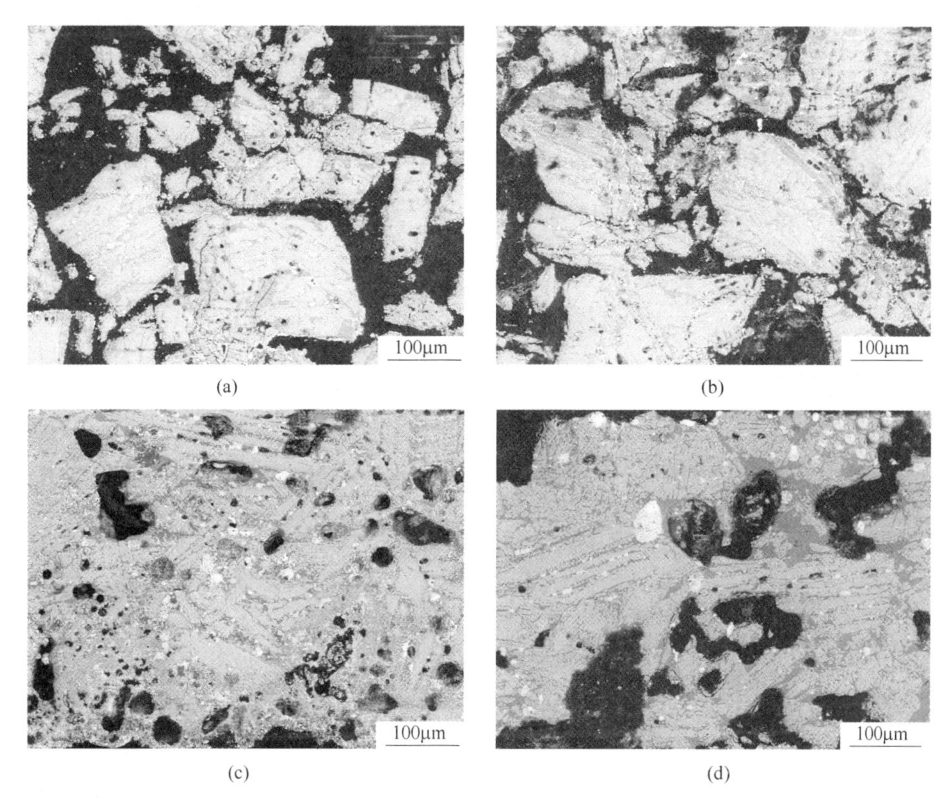

图3-18 预氧化镍渣（900℃预氧化30min）不同还原时间（还原温度1000℃）的产物形貌
（a）10min；（b）20min；（c）30min；（d）40min

预氧化镍渣中的铁氧化物的还原是逐级进行的，随着还原时间的延长，镍渣中铁氧化物主要经历了$Fe_2O_3 \rightarrow Fe_3O_4 \rightarrow FeO \rightarrow Fe$的逐步失氧、反应逐级深化的过程。镍渣逐级还原不仅存在高价铁向低价铁的转变过程，而且包括低价铁氧化物与镍渣中的脉石之间的固相反应。延长还原时间使赤铁矿向金属铁的反应进行得更加充分，同时也有助于铁橄榄石的还原。延长还原时间可以在一定程度上提高还原产物中金属铁的含量。综合考虑还原效果和成本等因素，将最佳还原时间确定为30min。

3.3.5.2　还原温度的影响

利用扫描电子显微镜（背散射）观察900℃预氧化30min的镍渣在600℃、800℃、900℃、1000℃和1100℃分别还原30min时的产物形貌，结果如图3-19所示。在较低的还原温度下，铁颗粒开始慢慢出现，温度稍高时，铁颗粒才开始

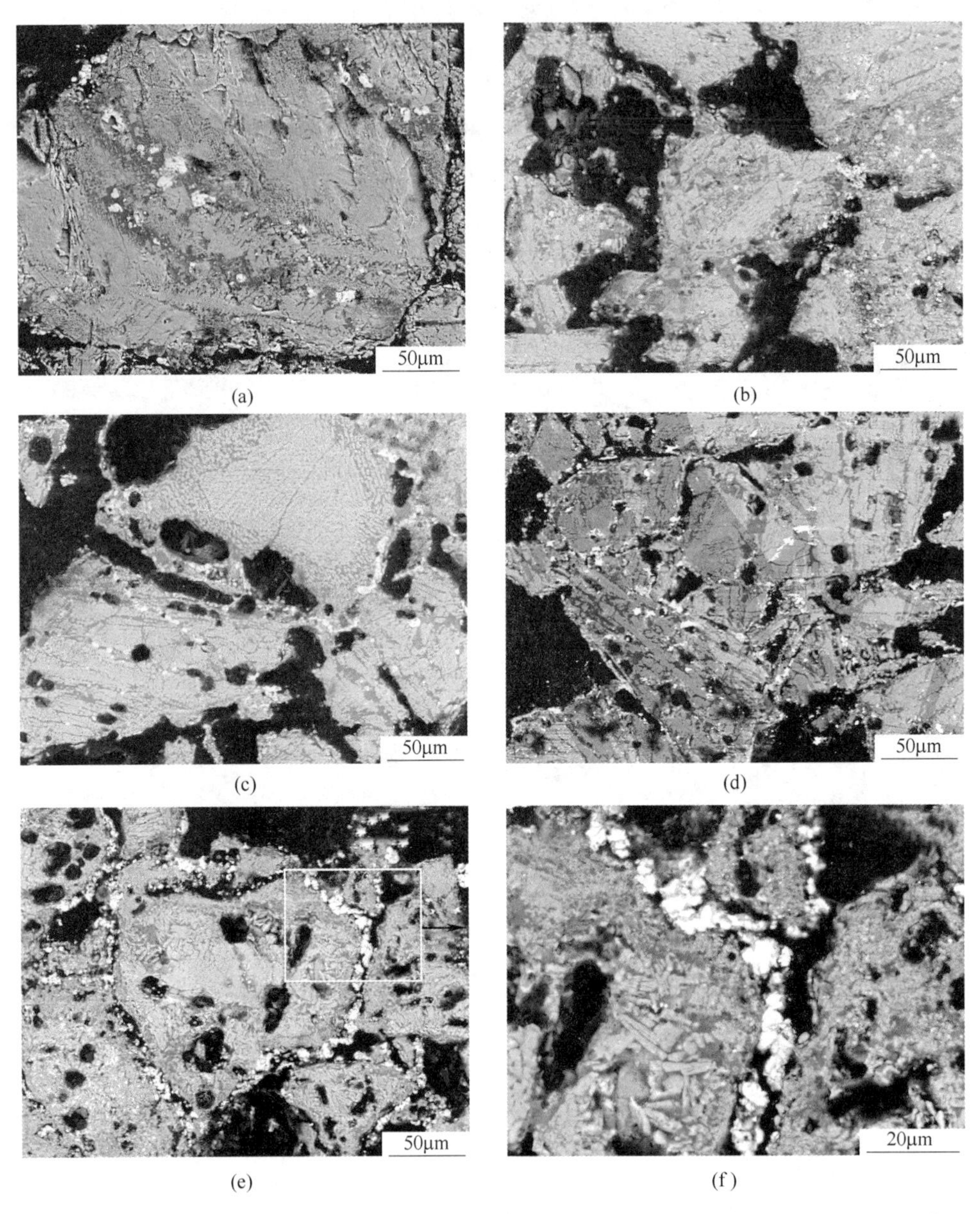

图3-19　预氧化镍渣（900℃预氧化30min）不同温度的还原产物（还原时间30min）形貌
（a）600℃；（b）800℃；（c）900℃；（d）1000℃；（e）1100℃；（f）图（e）部分放大

呈现球形。当温度增加到1000℃时，球形金属铁颗粒的形状变大，开始聚集。随着还原温度从600℃增加到1100℃，大量的球形铁颗粒同时形成和生长，并逐渐从氧化基体中分离出来。温度是还原过程中金属铁颗粒聚集的重要影响因素。

3.4 预氧化镍渣还原过程中金属铁颗粒生长

还原过程将铁氧化物转变为金属铁，而控制金属铁颗粒的生长则是后续实现铁、渣有效分离的必要环节。只有当镍渣还原彻底，且产物中的金属铁颗粒生长达到选分要求的粒度时，才能实现铁、渣良好分离。因此，金属铁颗粒的形成、聚集、生长行为是镍渣还原理论体系的重要组成内容。本节对预氧化后镍渣在还原过程中金属铁的生成及长大规律进行系统研究，为实现金属铁颗粒控制提供理论基础。

3.4.1 金属铁颗粒成核热力学

在高温及强还原气氛下，铁氧化物（母相）还原成金属铁（新生相）在热力学上是自发进行的，新生相与母相之间形成新的界面引起系统界面自由能相增加，此外，体系中的固态相变伴随着体积变化，同时引起晶格应变能增加，则当均相成核时形成一个金属铁球形“晶坯”颗粒的自由能变化ΔG_r如下式所示：

$$\Delta G_r = 4\sigma_{12}\pi r^2 + (\Delta G + \Delta G_m)\frac{4}{3}\pi r^3 \tag{3-19}$$

式中，ΔG为还原反应单位体积的自由能变化；ΔG_m为单位体积应变能变化；σ_{12}为单位面积新相形成的界面能变化；r为球形“晶坯”颗粒半径。

以ΔG_r和r作图，曲线在$r=r_e$时得到最大值。此时，称r_e为临界半径，相应的系统自由能变化ΔG_e为成核位垒或临界自由能变化。

对式（3-19）求极值可得到r_e和ΔG_e的大小：

$$\frac{\partial(\Delta G_r)}{\partial r} = 0 \tag{3-20}$$

所以，

$$r_e = \frac{-2\sigma_{12}}{\Delta G + \Delta G_m} \tag{3-21}$$

$$\Delta G_e = \frac{16\pi\sigma_{12}^3}{3(\Delta G + \Delta G_m)^2} \tag{3-22}$$

镍渣中的铁氧化物直接还原时，ΔG_m为较小的正值，而ΔG为较大的负值，与ΔG相比，可忽略ΔG_m对r_e和ΔG_e的影响。因此，式（3-21）和式（3-22）可化简为：

$$r_e \approx \frac{-2\sigma_{12}}{\Delta G} \tag{3-23}$$

$$\Delta G_e \approx \frac{16\pi\sigma_{12}^3}{3\Delta G^2} \tag{3-24}$$

对式（3-23）和式（3-24）进行分析，可得出如下结论：

（1）当“晶坯”半径大于 r_e时，$\Delta G_r<0$，晶粒可以成核；当“晶坯”半径小于 r_e时，颗粒在体系中自动消失。

（2）在标准状态下，即 $\Delta G=\Delta G^{\ominus}$，还原反应 FeO+C ══Fe+CO 可发生的最低温度为 727℃，随还原温度逐渐升高，反应的 $\Delta G^{\ominus}$逐渐降低。所以，为保证式（3-19）的 ΔG_r 小于 0，新生相 Fe 开始形成的温度大于 727℃。

（3）ΔG_e与$\frac{1}{\Delta G^2}$成正比，ΔG_e随温度升高而减小。

3.4.2　金属铁颗粒的生长行为

将 900℃ 预氧化 30min 后的镍渣进行还原，还原温度为 1100℃、时间为 30min，还原产物的 SEM 图谱如图 3-20 所示。图中近似圆形的明亮部分为金属铁颗粒，灰色区域为渣相，金属铁相的富集长大有利于铁与渣的分离。能谱检测还原产物主要由 Fe、Si、O、Mg、S 组成，还原后 S 在铁相附近富集。

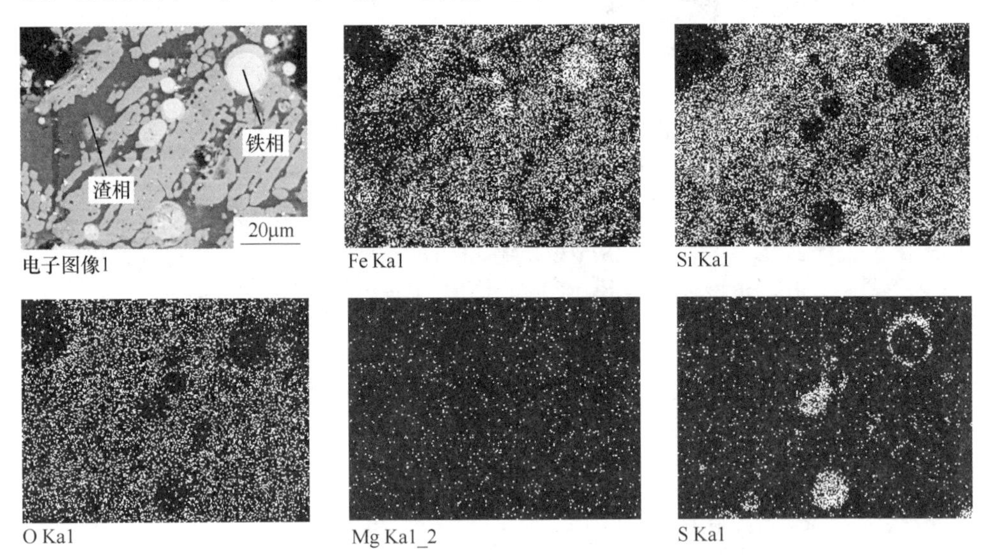

图 3-20　预氧化镍渣（900℃预氧化 30min）还原产物（1100℃还原 30min）形貌

图 3-21 为镍渣煤基还原过程中金属铁颗粒的生长机理图[5]。在预氧化镍渣还原初始阶段，温度较低，因此还原速率较小，镍渣和还原剂煤的物理结构和尺寸变化不大。随着还原温度的升高，预氧化镍渣中的铁氧化物逐渐被还原，当还原温度升高到 800℃时，CO 与镍渣中的 FeO 和 Fe_3O_4 发生还原反应，在此阶段中生成的

金属铁颗粒数量较少，颗粒尺寸较小。当还原温度升高到1000~1200℃后，随着还原反应的进行，越来越多的铁颗粒从反应物的边缘向内生成，颗粒之间的空间增大。随着还原剂煤的消耗减少，还原反应速率迅速增大，反应物明显收缩，使得孔隙迅速增大，金属铁颗粒的数量逐渐增加，并逐渐积累成一个区域。

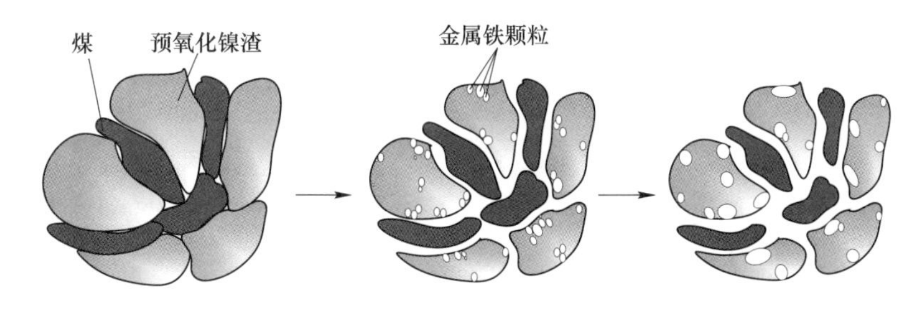

图3-21　镍渣煤基还原过程中金属铁颗粒的生长机理

根据最小自由能原理，还原后的金属铁生长为球形颗粒，并嵌在渣相中。还原后的金属铁从渣中间部位逐渐转移到表面，再整合成大颗粒。在反应结束时，最终产物以金属铁的形式稳定下来。还原时间和温度对金属颗粒的生长有显著影响，还原温度与一定范围内的还原速率呈正相关。升高还原温度可以增加镍渣的还原速度，提高金属铁相的扩散速度。当还原时间固定时，随着还原温度的升高，参与还原反应的原料活性增加，碳球团反应剧烈。随着还原时间和温度的增加，大尺寸金属颗粒的数量增加。

根据镍渣深度还原反应及金属铁颗粒的生长过程分析结果，可将镍渣煤基还原过程中金属铁颗粒的生长分为氧化物还原成金属铁成核阶段、氧化物深度还原及铁颗粒生长阶段。

在还原过程中，当还原条件达到可以产生金属铁时，预氧化后镍渣表面的铁氧化物在还原剂煤的作用下形成微细的铁颗粒，这些颗粒成为铁晶粒长大的晶核，此时是还原的第一阶段；随着还原时间的延长和深度还原过程的进行，镍渣中的各种铁氧化物在煤的作用下被还原成金属铁，新生成的金属铁未按自身晶格排列，因而具有极强的活性，因此以初始形成的铁晶粒的晶核为中心开始逐渐聚集和收缩，第二阶段逐渐完成；随着还原过程的不断进行，还原的第三个阶段中铁氧化物大部分还原成金属铁，新生成的金属铁在一定的温度条件下以已形成的晶核为中心不断长大，最终生长成大金属铁颗粒。

3.4.3　影响金属铁颗粒生长的因素

3.4.3.1　还原时间的影响

将900℃预氧化30min的镍渣在1100℃还原不同时间，还原后的产物形貌如

图 3-22 所示。当还原时间小于 20min 时，预氧化镍渣还原产物中的金属铁颗粒处于成核阶段，铁颗粒的最大尺寸约为 22μm。随着还原时间延长，金属铁颗粒尺寸迅速增大。当还原时间达到 60min 时，金属铁晶粒的生长处于平稳期，小尺寸铁颗粒逐渐迁移积累形成尺寸较大的铁颗粒，其比表面积较大且表面活性较低，铁颗粒的最大尺寸约为 86. 1μm。

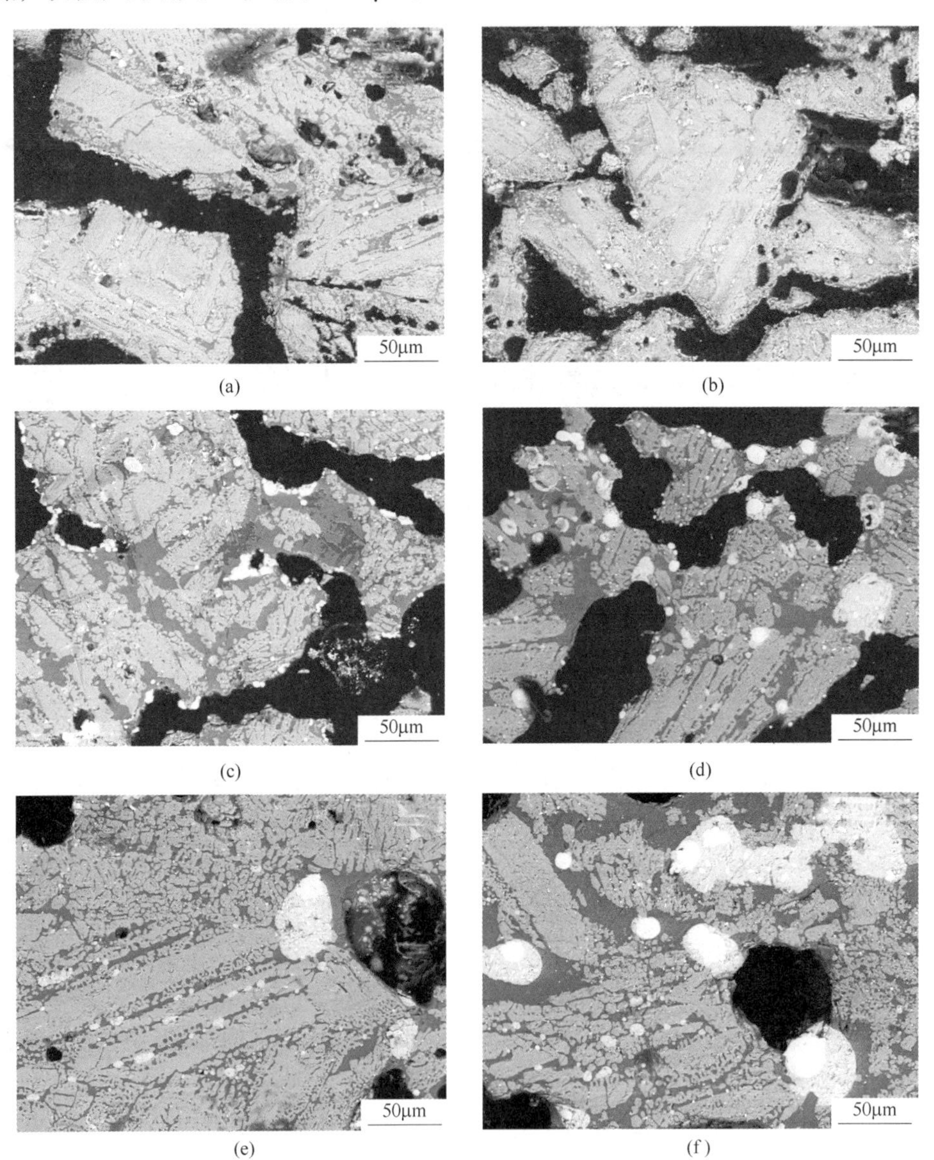

图 3-22 预氧化镍渣（900℃预氧化 30min）还原（还原温度 1100℃）不同时间的产物 SEM 图

（a）10min；（b）20min；（c）30min；（d）40min；（e）50min；（f）60min

同一还原温度（1100℃）不同还原时间下的金属铁颗粒累计尺寸如图 3-23 所示。在相同的还原温度条件下，铁颗粒尺寸随反应时间延长显著增大。还原时间从 10min 延长到 30min 时，金属铁颗粒的最大尺寸从 12μm 增加到 22μm；还原 40min 时，铁颗粒的最大尺寸达到 45μm；还原时间从 50min 增加到 60min 时，铁颗粒的最大尺寸从 70μm 增加到 86μm。可以推测如果将还原时间进一步延长，还原产物中的金属铁颗粒的团聚程度会更大。

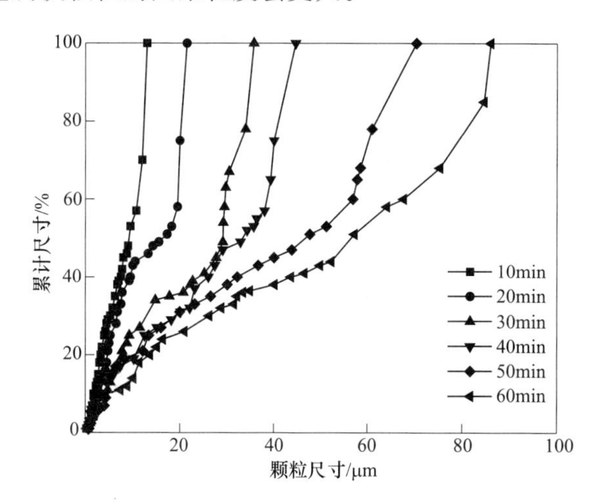

图 3-23　预氧化镍渣（900℃预氧化 30min）还原（还原温度 1100℃）产物中金属铁颗粒尺寸累计百分比

3.4.3.2　还原温度的影响

将 900℃预氧化 30min 后的镍渣在不同温度（600℃、700℃、800℃、900℃、1000℃、1100℃）还原 60min，还原后的产物形貌如图 3-24 所示。随还原温度从 600℃提高到 900℃，产物中的金属铁颗粒明显增加，随着还原温度进一步提高到 1000℃和 1100℃，还原产物中的金属铁颗粒尺寸明显增大。可以推测，如果反应温度进一步升高，金属铁颗粒会继续向中心进一步聚集长大。

图 3-25 为不同温度下还原 60min 时金属铁颗粒尺寸的累计百分比。当还原温度从 600℃升高到 1100℃时，金属铁颗粒的最大尺寸从 7μm 增加到 86μm。从铁颗粒成核的热力学角度分析，随着还原温度的升高，反应的吉布斯自由能值越来越负，这有利于金属铁颗粒的成核。温度较低时，金属铁颗粒扩散能力较小，处于结构形成初期，颗粒难以形成和长大。从动力学角度看，提高还原温度可以提高金属铁颗粒的扩散和迁移能力，而这种颗粒迁移能力将对金属铁颗粒尺寸产生重要影响。晶面能是最重要的颗粒生长驱动力，细小铁颗粒边界的晶面能很大，颗粒长大的驱动力越大，进一步推动颗粒内部质点越过颗粒边界向与之相接触的大颗粒扩散，引起颗粒边界移动，使颗粒长大。

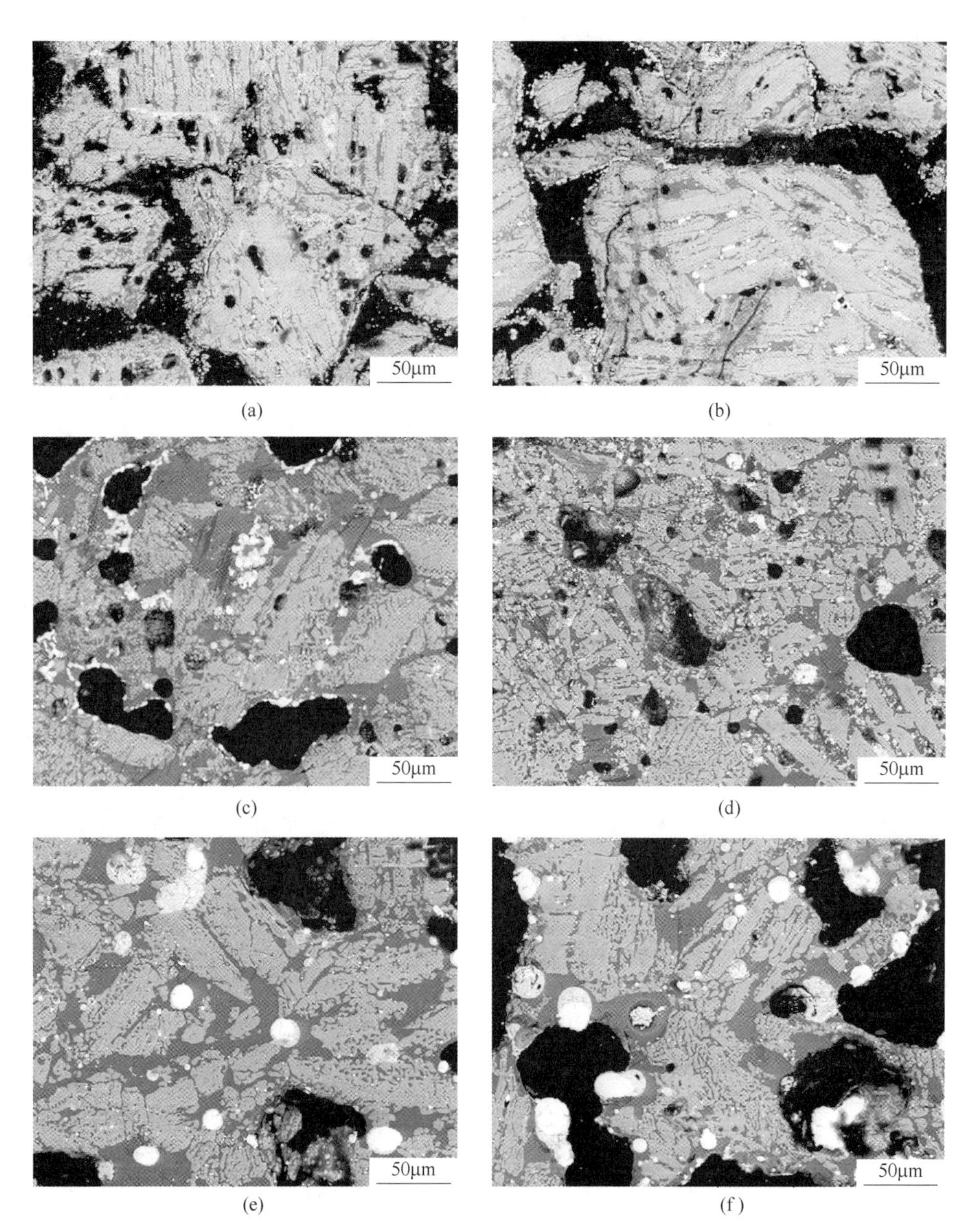

(a)　(b)　(c)　(d)　(e)　(f)

图 3-24　预氧化镍渣（900℃预氧化 30min）
不同温度的还原（还原时间 60min）产物形貌
（a）600℃；（b）700℃；（c）800℃；（d）900℃；（e）1000℃；（f）1100℃

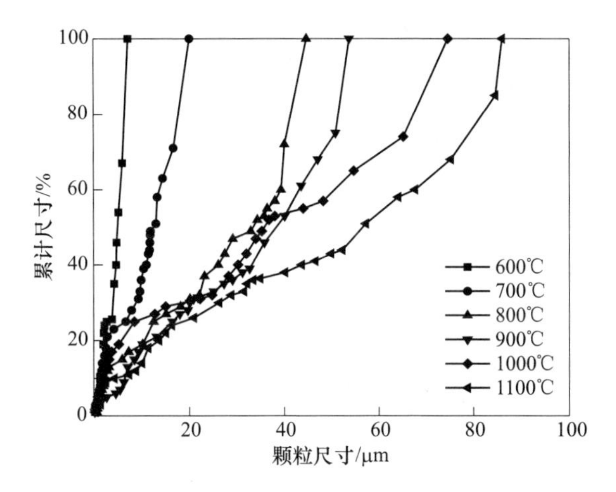

图 3-25 预氧化镍渣（900℃预氧化 30min）不同温度的还原（还原时间 60min）产物中金属铁颗粒尺寸累计百分比

3.4.4 金属铁颗粒生长动力学

将 900℃预氧化 30min 后的预氧化镍渣在不同温度、不同时间还原，还原过程中金属铁颗粒的平均尺寸如图 3-26 所示。金属铁颗粒的尺寸随还原时间和温度的增加而明显增大。还原温度为 1373K，还原时间从 30min 增加到 60min 时，金属铁颗粒的平均尺寸从 8.32μm 增加到 29.44μm。

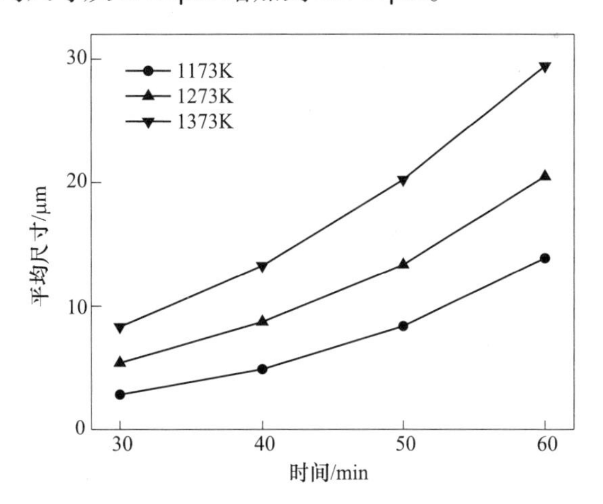

图 3-26 预氧化镍渣（900℃预氧化 30min）经不同温度和时间还原后金属铁颗粒的平均尺寸

镍渣还原产物中颗粒生长过程可采用如下的经典动力学方程描述：

$$D^{\frac{1}{n}} - D_0^{\frac{1}{n}} = K \cdot t \tag{3-25}$$

式中，D 为时间 t 时颗粒的尺寸，μm；D_0为指 $t=0$ 时的颗粒粒径，μm；n 为颗粒的动能增长指数，量纲为 1；K 为与温度有关的常数，量纲为 1；t 为生长时间，min。

参数 K 符合式（3-26）所示的 Arrhenius 方程：

$$K = K_0 \exp\left(-\frac{Q}{RT}\right) \tag{3-26}$$

式中，K_0为指前因子，量纲为 1；Q 为颗粒生长活化能，kJ/mol；R 为通用气体常数，J/(mol·K)；T 为绝对温度，K。

将式（3-25）代入式（3-26）得：

$$D^{\frac{1}{n}} - D_0^{\frac{1}{n}} = t \cdot K_0 \exp\left(-\frac{Q}{RT}\right) \tag{3-27}$$

由于 $t=0$ 时还未生成金属铁颗粒，则式（3-27）可表示为：

$$D^{\frac{1}{n}} = t \cdot K_0 \exp\left(-\frac{Q}{RT}\right) \tag{3-28}$$

式（3-28）两边同时取对数，得到如下方程：

$$\ln D = n\ln t + n\ln K_0 - n \cdot \frac{Q}{RT} \tag{3-29}$$

由式（3-29）可知，n 和 K 的值可以分别从 $\ln D$ 和 $\ln t$ 以及 $D^{1/n}$ 和 t 的图像斜率得到。在已知 n 和 K 的基础上，Q 和 K_0的值可分别由 $\ln K$ 和 $1/T$ 图像的斜率和截距得出。当由实验数据得出 n、K_0、Q 的值时，就可以建立预氧化镍渣还原过程中金属铁颗粒的生长模型。由实验数据绘制的镍渣产物中铁颗粒 $\ln D$ 与 $\ln t$ 的关系如图 3-27 所示。可以看出，在不同的温度下，整条直线呈现较好的线性相关性。

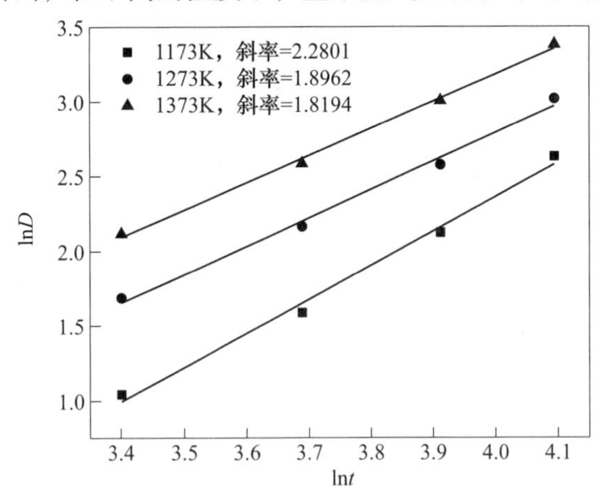

图 3-27　预氧化镍渣（900℃预氧化 30min）不同温度还原后的铁颗粒 $\ln D$ 与 $\ln t$ 的关系

图 3-28 为 30min 到 60min 时不同温度下 $D^{1/n}$ 与 t 的线性关系。相关系数 K 由图中直线的斜率得到。

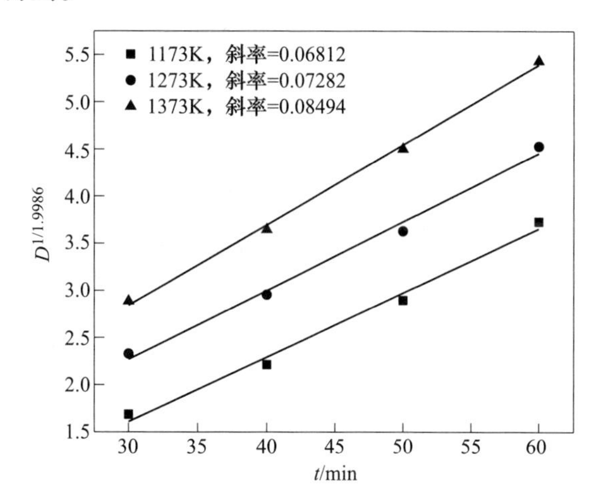

图 3-28 预氧化镍渣（900℃预氧化 30min）在不同温度还原后的铁颗粒 $D^{1/n}$ 与 t 的关系

图 3-29 为不同温度下 $\ln K$ 与 T^{-1} 的关系。从图 3-29 中可以看出，还原进行到 30min 之后，随着时间和温度的增加，金属铁颗粒的生长控制因素为表面扩散及铁颗粒的迁移，生长情况趋于稳定，并表现出较好的线性关系。

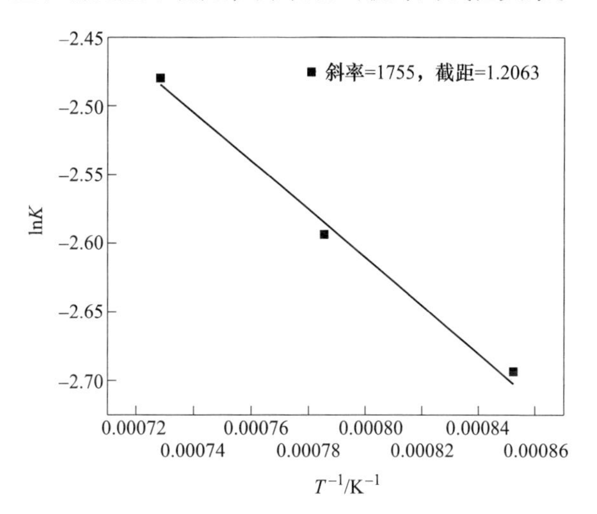

图 3-29 预氧化镍渣（900℃预氧化 30min）
在不同温度还原后的金属铁颗粒 $\ln K$ 与 T^{-1}/K^{-1} 的关系

由图中直线的斜率和截距可以得到金属铁颗粒生长过程中 Q 和 K_0 的值。Q 值为 14.591kJ/mol，K_0 为 3.341。因此，镍渣煤基还原过程中金属铁颗粒的生长模型可以表示为：

$$D^{1/1.9986} = 3.341t \cdot \exp\left(-\frac{14.591 \times 10^3}{RT}\right) \tag{3-30}$$

金属铁颗粒的形成和生长可以看作是晶体的成核和生长过程[6]。根据晶体生长理论，认为溶质过饱和浓度是晶粒生长的主要驱动力。

图 3-30 为预氧化镍渣煤基还原过程中金属铁颗粒的实测尺寸与计算尺寸的对比。直线为 $y=x$，两组数据在直线附近分布均匀，说明所建立的生长模型具有良好的相关性。因此，该模型可用于描述预氧化镍渣煤基还原过程中铁颗粒的生长尺寸。

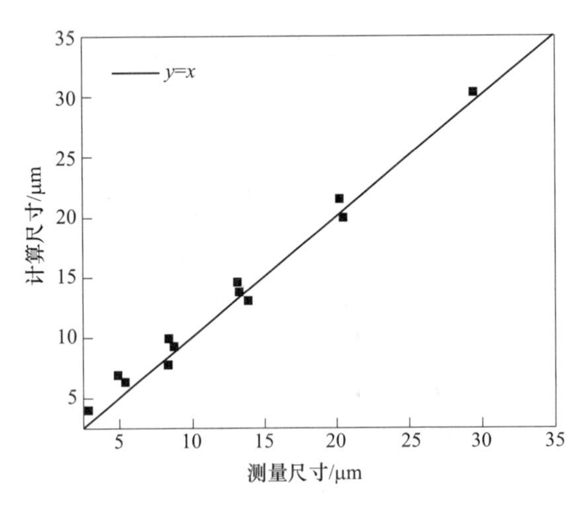

图 3-30　预氧化镍渣（900℃预氧化 30min）还原后的金属铁颗粒生长模型的线性相关性

3.5　本章小结

（1）镍渣中铁橄榄石的氧化过程遵循逐级转变原则：$Fe_2SiO_4 \rightarrow Fe_3O_4 \rightarrow Fe_2O_3$。预氧化温度达到900℃后，镍渣氧化程度较高，达到95%以上，样品在氧化过程中经历了由铁镁橄榄石 $(Fe,Mg)_2SiO_4$ 到 Fe_2O_3 和镁橄榄石（Mg_2SiO_4）的物相变化过程，预氧化效果较好。随着预氧化时间的增加，镍渣的氧化率增加趋势整体较明显。

（2）预氧化过程中形成的孔隙有利于还原气体的扩散，提高镍渣的还原性。延长还原时间和升高温度均有利于促进镍渣还原。当温度为1250℃时，未预氧化镍渣和预氧化镍渣（900℃预氧化 30min）的最大金属化率分别为 68.72%和 74.51%，综合考虑还原效果及成本，可将还原时间确定为30min，还原温度确定为1100℃。

（3）还原时间及还原温度均对铁颗粒的生长有着显著增强作用。还原时间从 10min 延长到 60min 时，金属铁颗粒的最大尺寸从 12μm 增加到 86μm。还原温度从 600℃升高到 1100℃时，金属铁颗粒的最大尺寸从 7μm 增加到 86μm。镍渣还原过程中铁颗粒生长的活化能和指前因子分别为 14.591kJ/mol 和 3.341。

参 考 文 献

[1] Li Xiaoming, Li Yi, Xing Xiangdong, Wang Yanjun, Wen Zhenyu, Yang Haibo. Effect of particle sizes of slag on reduction characteristics of nickel slag-coal composite briquette [J]. Archives of Metallurgy And Materials, 2021, 66 (1): 127-134.

[2] 李小明，李怡，邢相栋．镍渣煤基直接还原过程中金属铁颗粒的生长特性 [J]．钢铁，2020，55 (3): 104-109.

[3] Li Xiaoming, Zhang Xinyi, Zang Xuyuan, Xing Xiangdong. Structure and phase changes of nickel slag in oxidation treatment [J]. Minerals, 2020, 10 (4): 313.

[4] 李怡．预氧化对镍渣结构及其还原特性的影响研究 [D]．西安：西安建筑科技大学，2020.

[5] Li Xiaoming, Li Yi, Zhang Xinyi, Wen Zhenyu, Xing Xiangdong. Growth characteristics of metallic iron particles in the direct reduction of nickel slag [J]. Metallurgical And Materials Transactions B-Process Metallurgy And Materials Processing Science, 2020, 51 (3): 925-936.

[6] 张馨艺，李小明，臧旭媛，李怡，邢相栋．预氧化镍渣直接还原铁颗粒生长动力学 [J]．中国有色金属学报，2021，31 (8): 2218-2226.

4 镍渣添加剂强化还原

添加剂作为反应物配加到原料中时，通常能够降低反应温度、增大反应速率、缩短还原时间、提高还原效果等。本章对比研究了碳酸钙、碳酸钠和氧化钙等三种常见添加剂对镍渣碳热还原过程中复杂物相转变热力学，镍渣碳热还原产物中铁的还原度、金属化率和回收率的影响，分析了镍渣添加剂强化还原机理，为镍渣通过添加剂强化还原提供理论依据。

4.1 原辅材料及研究方法

4.1.1 原辅材料

实验所用原料有镍渣（成分见表 3-1）、高纯石墨粉（纯度>99.9%）、黏结剂和添加剂。镍渣经干燥、粉碎后至粒度小于 0.074mm 后备用。采用高纯石墨粉作为还原剂，实验时配入过量高纯石墨粉，使样品的碳氧比保持在 1.2 以上确保镍渣被充分还原。添加剂碳酸钙、碳酸钠和氧化钙的纯度均为 99.5%。纯度大于 99%的羧甲基纤维素作为压块时的黏结剂。

4.1.2 实验方法

添加剂强化镍渣碳热还原实验分为两个部分。首先利用热重分析确定镍渣还原过程的质量损失，以此计算出还原产物中铁的还原度；然后通过立式还原炉（配有重量自动平衡装置，检测精度为 1mg；最高炉温 1600℃，温度测量精度为 ±1℃）对镍渣进行还原实验，对实验后的还原产物进行化学分析及磁选分离，以确定还原产物的金属化率和回收率。

4.1.2.1 热重实验

将还原剂石墨粉、添加剂粉（$CaCO_3$、Na_2CO_3、CaO）和破碎至粒度小于 0.074mm 的镍渣按一定质量比准确称量，每次实验称取 10mg 样品，将其放入高度为 8mm，直径为 5mm 的圆形氧化铝坩埚中，随后将装有样品的坩埚放入热重仪器中，使用氩气作为保护气体，以 20℃/min 的升温速率升温，对从室温到设定温度的样品质量损失进行记录。为了确保结果的可重复性，每个测试重复三次。

4.1.2.2 高温还原实验

针对添加剂强化镍渣还原，探讨还原温度、还原时间和添加剂配比对还原产物中铁的各项指标（还原度、金属化率、回收率和铁品位）的影响。将石墨粉、添加剂粉末和破碎至粒度小于 0.074mm 的镍渣按一定质量比准确称量，加入适量羧甲基纤维素和水，置于混料机中混合均匀。配入添加剂的量分别为镍渣原料质量的0%、2%、4%、6%和8%，黏结剂与镍渣的质量比为1%，水与镍渣的质量比为8%。然后将混合均匀的样品在压块机中压制成 ϕ10mm，质量约为 5g 的圆柱状小块。压制好的样品放入干燥箱中在 120℃ 干燥 4h。干燥后将样品装入刚玉坩埚，在炉内流动氩气气氛（0.8L/min，流量计计量，由炉管底部通入炉内，穿过炉管后由上部流出）下将坩埚放入还原炉中，以 10K/min 的升温速率升温，升温至一定温度（1373K、1423K、1473K 和 1523K）后保温不同时间（15min、30min、45min 和 60min），保温结束后将坩埚快速取出并喷吹氩气冷却至室温。随后将还原产物分成四部分：一部分样品粉碎至粒度 1mm 以下，然后在球磨机中将样品和等质量的水研磨至粒度小于 0.074mm，通过 XCGS-73 Davies 磁管在 1800Gs 的磁场强度下对混合浆料进行磁选分离提铁并测定铁的回收率。余下三部分粉碎并研磨至小于 0.074mm 进行化学分析、物相分析以及微观形貌分析。

4.1.3 铁回收率及还原度计算

镍渣还原产物中金属化率定义为产品中金属铁含量占全铁含量的百分率。

铁的回收率（β）定义为还原产物磁选后的精选铁粉中全铁质量与还原前混合料中全铁质量之比，用式（4-1）表示：

$$\beta = \frac{M' \times \mathrm{TFe}'}{M \times \mathrm{TFe}} \times 100\% \tag{4-1}$$

式中，M 为未还原的混合料质量，g；TFe 为未还原的混合料中的全铁含量,%；M′为还原产物的总质量，g；TFe′为所得精选铁粉的全铁含量,%。

采用热重技术对镍渣样品的还原过程进行分析检测，镍渣还原过程的失重变化作为铁还原度的计算依据。在镍渣还原过程中，由于镍渣中的铁氧化物中的氧主要以 CO 或 CO_2 的形式释放出来，引起质量损失，所以在任何时间 t 时，镍渣中铁的还原度（α）定义为实验中的实际质量损失与理论最大质量损失之比，用式（4-2）表示：

$$\alpha = (\Delta m_t / m_0) \times 100\% \tag{4-2}$$

式中，Δm_t为还原时间 t 时样品的质量损失；m_0为样品的理论质量损失。

4.2 添加剂强化镍渣还原提铁热力学

镍渣配加添加剂后，还原提铁过程中主要反应的开始条件、反应后产物的种类及占比等利用 FactSage 软件计算。

4.2.1　反应热力学

利用 FactSage 软件 Reaction 模块，分别对无添加剂和添加碳酸钙、氧化钙和碳酸钠后镍渣中 Fe_2SiO_4 还原反应进行热力学计算，温度区间为 298～1523K，体系压强为 101.325kPa，主要反应的初始温度及标准吉布斯自由能见表 4-1。

表 4-1　主要反应方程式及标准吉布斯自由能

反应方程式	反应开始温度/K
$Fe_2SiO_{4(s)}+2C_{(s)} = 2Fe_{(s)}+SiO_{2(s)}+2CO_{(g)}$	1085.65
$CaCO_{3(s)}+Fe_2SiO_4+3C_{(s)} = CaSiO_{3(s)}+2Fe_{(s)}+4CO_{(g)}$	931.37
$Na_2CO_{3(s)}+Fe_2SiO_{4(s)}+3C_{(s)} = Na_2SiO_{3(s)}+2Fe_{(s)}+4CO_{(g)}$	953.09
$CaO_{(s)}+Fe_2SiO_{4(s)}+2C_{(s)} = CaSiO_{3(s)}+2Fe_{(s)}+2CO_{(g)}$	801.07

未加入添加剂时，Fe_2SiO_4 与 C 发生反应的起始温度为 1085.65K，反应起始温度较高；以 $CaCO_3$、Na_2CO_3 和 CaO 为添加剂的反应初始温度分别为 931.37K、953.09K 和 801.07K，说明三种添加剂均能降低还原反应的初始温度，促进镍渣还原反应在较低温度开始进行。其中，CaO 对还原反应的初始温度降幅最大，约 285K；其次是 $CaCO_3$，降幅约 154K；Na_2CO_3 的降幅约为 133K。

各还原反应的标准吉布斯自由能与温度之间的关系如图 4-1 所示。随还原温度升高，添加 CaO、$CaCO_3$ 和 Na_2CO_3 的还原反应先后开始发生，不含添加剂的还原反应最后开始。随着温度升高，四个反应的标准吉布斯自由能均减小，这说明升高温度对镍渣中铁橄榄石的还原有利。800℃后添加剂 $CaCO_3$ 和 Na_2CO_3 对

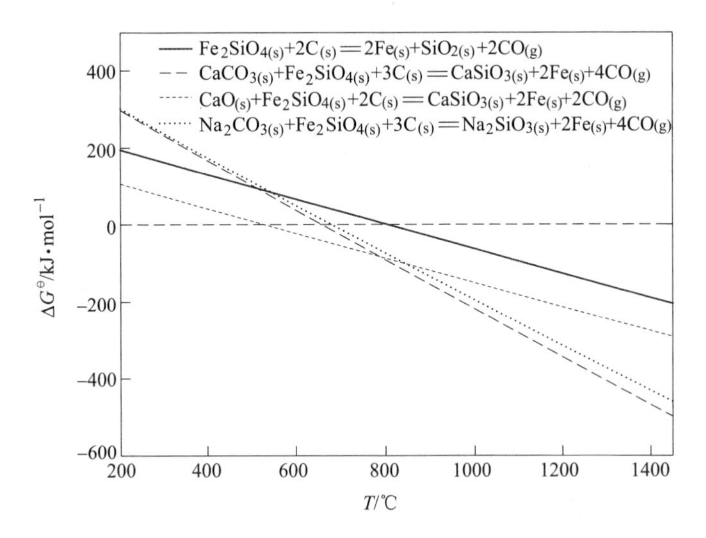

图 4-1　镍渣还原反应的标准吉布斯自由能与温度的关系

镍渣中的 Fe_2SiO_4 还原的热力学条件比添加 CaO 的更好，这主要是由于 800℃后，从 $CaCO_3$ 和 Na_2CO_3 解离的 CO_2 与 C 发生了气化反应，增加了气态还原剂 CO 的含量，并且还原反应过程中的传质和传热可以通过 CO_2 进行优化，从而使得 $CaCO_3$ 和 Na_2CO_3 对于 Fe_2SiO_4 还原的热力学条件优于 CaO。

综上，各添加剂对镍渣中 Fe_2SiO_4 的还原均有一定的促进作用，在还原温度高于 800℃时，$CaCO_3$ 和 Na_2CO_3 对镍渣中 Fe_2SiO_4 还原的促进作用最强，CaO 的促进作用相对较弱。

4.2.2　产物分配

为进一步明确添加剂对镍渣还原提铁的促进作用，通过 FactSage 软件分别对不含添加剂和添加 8% $CaCO_3$、8% Na_2CO_3、8% CaO 的镍渣还原产物进行热力学分析，结果如图 4-2 所示。在进行计算时，温度区间为 298~1523K，初始反应物均含有 0.5mol FeO，0.5mol Fe_2SiO_4 和 1.2mol C，图 4-2（b）的初始反应物还含有 0.17mol $CaCO_3$（8wt%），图 4-2（c）和（d）分别含有 0.16mol Na_2CO_3（8wt%）和 0.30mol CaO（8wt%）。

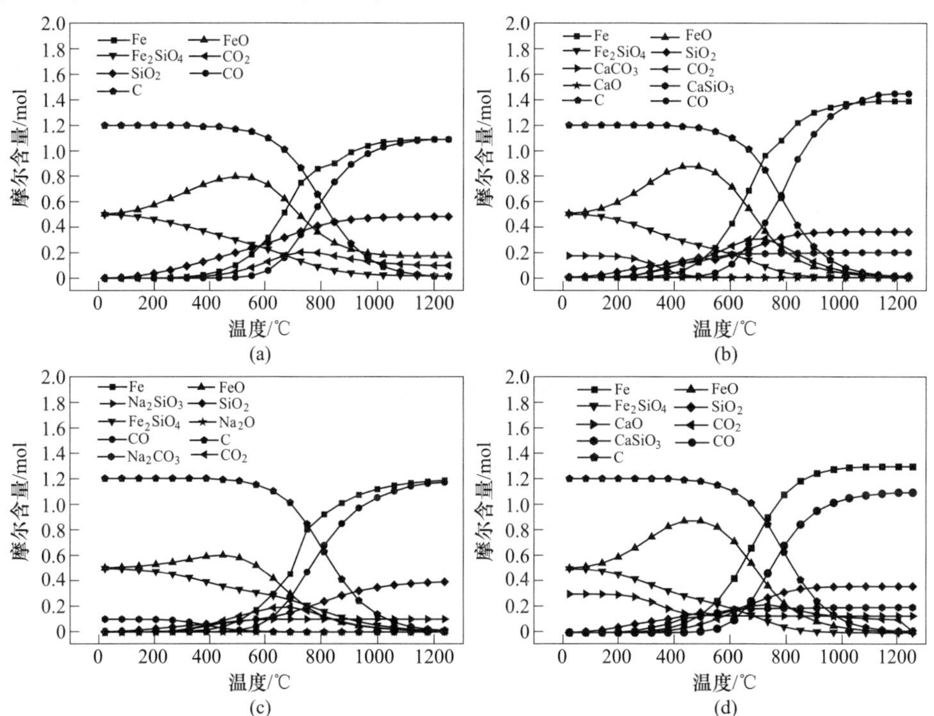

图 4-2　镍渣还原过程中各平衡相在不同温度下的摩尔含量分布

（a）不含添加剂；（b）添加 8%$CaCO_3$；（c）添加 8%Na_2CO_3；（d）添加 8%CaO

对比图 4-2 中的四个相平衡图可以看出，随着温度的升高，代表主要物相组成的曲线趋势相似，平衡相中最多的为 Fe 和 CO，两物质对应的曲线均在高于 873 K 时开始迅速上升。含有添加剂的三个平衡相图中出现了硅酸盐物质（$CaSiO_3$ 和 Na_2SiO_3），并且当反应达到平衡时，含有添加剂的平衡图中 Fe 和 CO 的摩尔含量明显较高，其中 Fe 和 CO 摩尔含量最高为添加 $CaCO_3$ 时（见图 4-2（b）），而添加 CaO（见图 4-2（d））中 Fe 的摩尔含量高于添加 Na_2CO_3（见图 4-2（c）），而CO 摩尔含量则是添加 Na_2CO_3（见图 4-2（c））高于添加 CaO（见图 4-2（d））。

此外，添加 $CaCO_3$ 和 Na_2CO_3 后，由于碳酸盐的分解导致体系中 CO_2 摩尔量先增大，而后由于 CO_2 不断被 C 还原为 CO，因而 CO_2 摩尔量随后又降低。同时，含有添加剂的平衡图中 SiO_2 的摩尔含量较低，这主要是因为部分 SiO_2 与添加剂反应生成了硅酸盐（$CaSiO_3$，Na_2SiO_3）。随着 Fe_2SiO_4 含量降低，FeO 的含量先增加后减少，这主要是由于 Fe_2SiO_4 先解离为 FeO，导致 FeO 的含量增加，而后 FeO 被还原为铁，导致含量下降。

4.3　碳酸钙强化镍渣还原

本节探讨添加 $CaCO_3$ 对镍渣还原后铁的各项指标（还原度、金属化率、铁回收率和铁品位）的影响。

4.3.1　还原温度的影响

在研究还原温度对添加 $CaCO_3$ 的镍渣还原产物中铁的各项指标影响时，设定还原温度为变量，选取 1373K、1423K、1473K 和 1523K 四个温度。固定添加剂 $CaCO_3$ 的配比 8%和还原时间 45min 不变。

还原产物中铁的各项指标与还原温度之间的关系如图 4-3 所示。在还原温度低于 1473K 时，升高温度对还原产物中铁的各项指标是有益的。随着还原温度从 1373K 升高到 1473K，铁的还原度从 68. 93%提高到 88. 37%，金属化率和回收率分别从 69. 73%和 61. 22%提高至 94. 27%和 93. 11%。继续升温至 1523K 时，还原产物中铁的各项指标均有一定程度的下降，并且通过观察还原产物发现部分渣熔化，并出现渣铁分离现象。

综合来看，还原温度升高对镍渣中铁的还原有利，但当温度过高时，镍渣球团会发生熔化形成液相，形成的液相会阻碍球团内的碳与氧化亚铁的接触，并且造成气孔堵塞，阻碍生成气体的扩散，从而导致镍渣还原效果变差，进一步导致磁选后的铁回收率下降。因此，镍渣固态碳热还原的温度不宜过高，1473K 较为适宜。

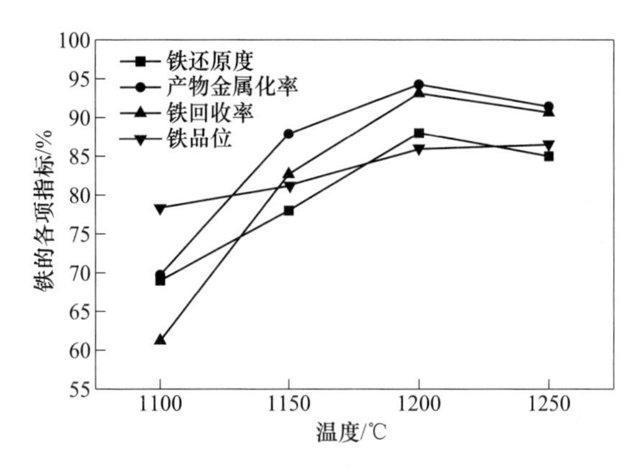

图 4-3　添加碳酸钙的镍渣还原后铁的各项指标与温度的关系

4.3.2　还原时间的影响

在研究还原时间对添加 $CaCO_3$ 的镍渣碳热还原效果的影响时，固定还原温度为 1473K，$CaCO_3$ 配比为 8%，设定还原时间为变量，分别取 0min、15min、30min、45min 和 60min。

还原产物中铁的还原度、金属化率、回收率和铁品位与还原时间之间的关系如图 4-4 所示。样品升温至 1473K 不保温时，铁的还原度、金属化率和回收率分别为 65%、80.67%和 78.21%。随着保温时间的延长，铁品位上升幅度不大，其他几项指标显著上升。还原时间为 30min 时铁的还原度、金属化率和回收率则分别增长至 85%、91.79%和 90.13%，之后将还原时间继续延长，铁的各项指标曲线继续上升但趋势变缓。

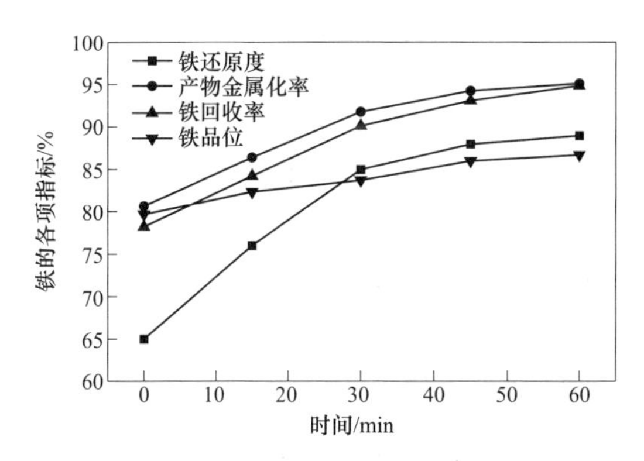

图 4-4　添加碳酸钙的镍渣还原后铁的各项指标与还原时间的关系

4.3.3　碳酸钙添加量的影响

在研究 $CaCO_3$ 添加量对镍渣碳热还原的影响时，固定还原温度 1473K 和还原时间 45min 不变，设定 $CaCO_3$ 配比为变量，分别选取 0%、2%、4%、6% 和 8%。

镍渣还原后铁的各项指标与碳酸钙配比之间的关系如图 4-5 所示。在给定的还原温度和还原时间下，镍渣还原产物中铁的还原度随 $CaCO_3$ 配比的增加而上升，铁品位略有下降但总体变化幅度不大。其中不添加 $CaCO_3$ 的样品中铁的还原度为 58%，添加 $CaCO_3$ 配比 2%、4%、6% 和 8% 时，该值分别增加至 70%、80%、85% 和 88%。随着添加剂 $CaCO_3$ 的配比从 0%增加到 6%，还原产物中金属化率和回收率均逐渐上升，并在碳酸钙含量为 6%时达到峰值，分别为 95.37%和 94.31%；随后继续增加 $CaCO_3$ 配比至 8%时，还原产物中金属化率和回收率均小幅下降。这说明添加剂 $CaCO_3$ 对镍渣还原提铁的促进作用存在适宜范围，超过这一适宜用量，将影响铁的回收率和金属化率。为了尽可能提高铁的回收率和金属化率，$CaCO_3$ 添加量为 6%较为合适。

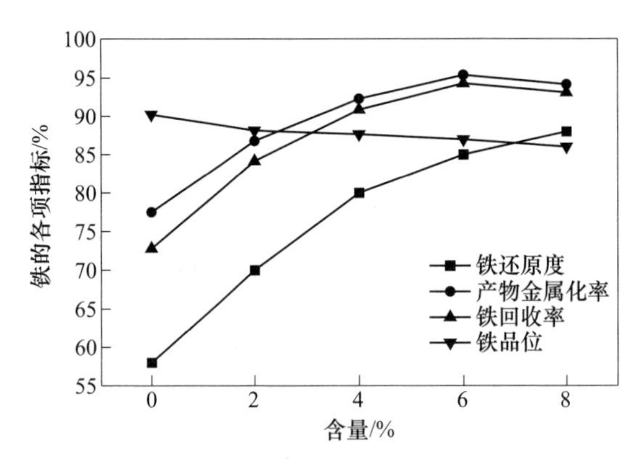

图 4-5　镍渣还原后铁的各项指标与碳酸钙配比的关系

上述结果表明，添加剂加入后，镍渣还原产物中铁的各项指标（还原度、金属化率、铁回收率）均有提高。为了更清楚 $CaCO_3$ 对镍渣还原的促进作用，绘制了不同 $CaCO_3$ 配比的镍渣失重速率与时间关系图，如图 4-6 所示。

从图 4-6 可以看到，在温度低于 873K 时，镍渣样品失重速率保持不变，说明该温度下还原反应尚未发生。在 873~1073K 之间，由于样品中碳酸钙分解产生气体 CO_2 导致失重速率产生变化。之后温度继续升高，当温度达到 1273K 时，原料中的氧化亚铁开始还原，导致样品的失重速率开始增加，并在 1373K 和 1423K 之间达到峰值，而后由于原料中氧化亚铁含量的降低以及石墨的消耗，样品失重速率逐渐降低。

从图 4-6 还可以发现，含有 $CaCO_3$ 的样品其失重速率显著高于不含 $CaCO_3$ 的样品，这表明 $CaCO_3$ 的存在可以提高反应速率并促进镍渣中铁的还原。不同 $CaCO_3$ 配比样品的失重速率分别在 40~50min 内的不同时间达到最大值，不含

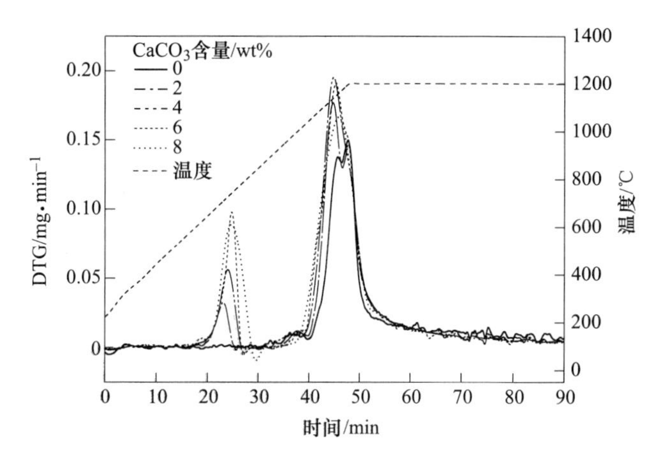

图 4-6　不同碳酸钙配比的镍渣还原失重速率与时间关系

$CaCO_3$ 的样品的最大失重速率为 0.143mg/min；当 $CaCO_3$ 的添加量为 2%、4%、6%和 8%时，最大失重速率分别为 0.168mg/min、0.191mg/min、0.189mg/min 和 0.177mg/min。含有 $CaCO_3$ 的样品达到失重速率峰值需要的时间明显更短，并且达到失重速率峰值时所需温度更低，说明添加 $CaCO_3$ 降低了失重速率达到其峰值所需的时间和温度。

综上所述，加入 $CaCO_3$ 对镍渣还原提铁具有积极作用。

4.3.4　还原产物微观形貌

添加不同含量 $CaCO_3$ 的镍渣在 1473K 还原 45min 的产物微观形貌如图 4-7 所示。随着 $CaCO_3$ 添加量的增加，镍渣还原产物中铁颗粒的数量逐渐增加（亮白区域），并且铁颗粒的尺寸变大。使用 Image-Pro Plus 软件对图 4-7（a）和（e）中铁颗粒尺寸进行测量，结果显示，在不添加 $CaCO_3$ 的情况下（见图 4-7（a）），镍渣还原产物中铁颗粒的平均粒径为 6μm，当添加 8% $CaCO_3$ 时（见图 4-7（e）），铁颗粒的平均粒径增加至 21μm。分析认为这是由于不含 $CaCO_3$ 的样品结构致密，使铁颗粒难以生长和积累；而加入 $CaCO_3$ 后，样品的结构得到改善，反应过程中形成了额外的裂纹和孔隙，为还原气体提供了通道，从而加快了还原过程。

添加 8% $CaCO_3$ 的镍渣在不同温度还原 45min 后的产物扫描电子显微照片和能谱如图 4-8 和表 4-2 所示。

SEM 图像显示在 873K 和 1073K 仅观察到很少的铁晶粒（亮白色区域）。铁晶粒的数量和尺寸随着温度的升高而增加。产物的结构在低温下相对疏松，并且随着温度的升高变得致密。

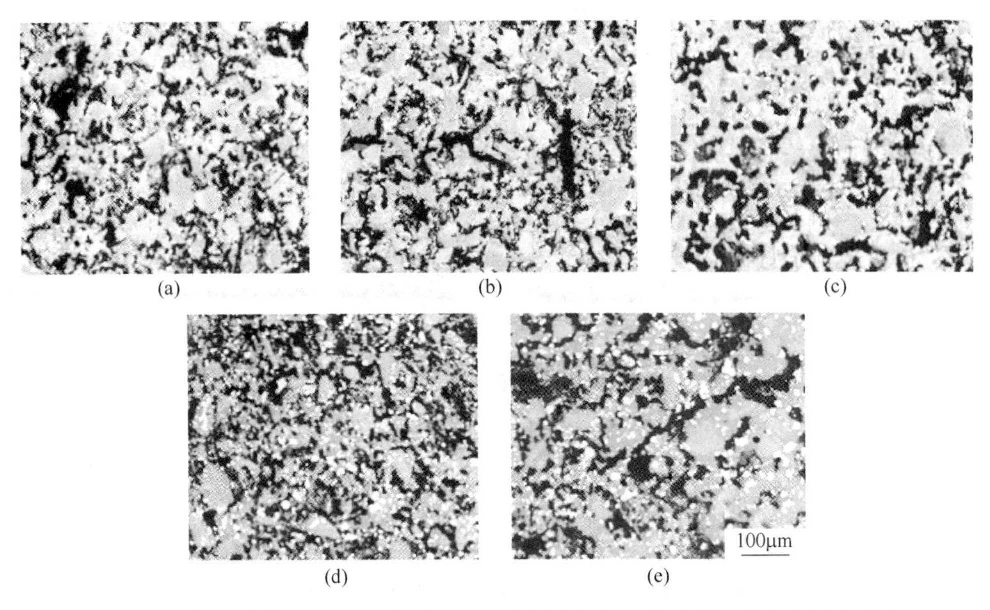

图 4-7　添加不同含量 $CaCO_3$ 的镍渣 1473K 还原 45min 的产物扫描电子显微照片

(a) 0%；(b) 2%；(c) 4%；(d) 6%；(e) 8%

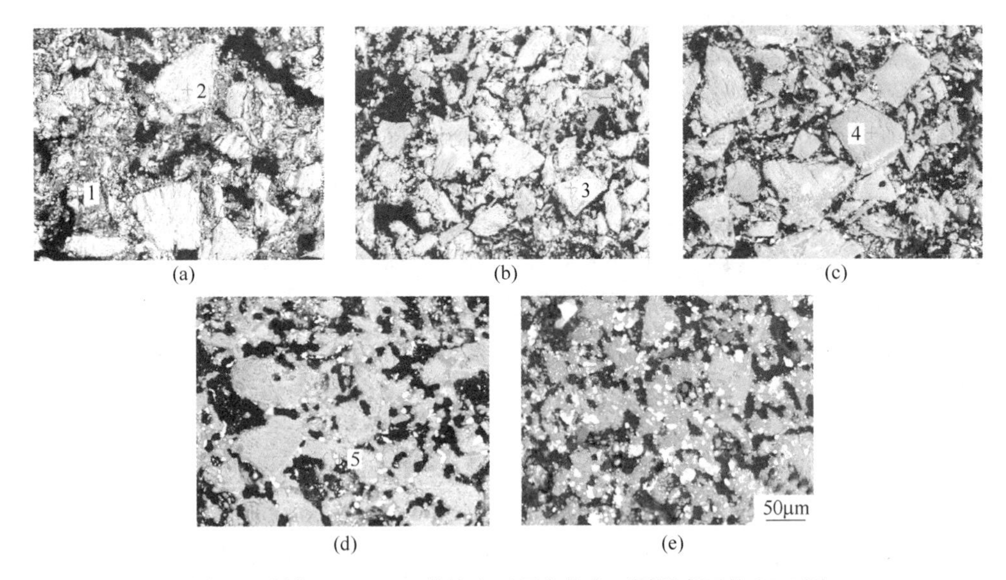

图 4-8　添加 8%$CaCO_3$ 的镍渣还原产物在不同温度下的 SEM 图

(a) 873K；(b) 1073K；(c) 1273K；(d) 1373K；(e) 1473K

表 4-2 添加 8% $CaCO_3$ 的镍渣在不同温度下还原后的 EDS 数据 (wt/%)

图 4-8 中的点序号	O	Mg	Si	Ca	Fe	C	S
1	37.28	10.02	15.32	—	33.55	3.83	2.71
2	39.27	0.79	3.36	28.98	8.16	17.31	—
3	45.70	—	23.28	6.90	14.60	—	0.44
4	38.20	0.78	19.01	11.98	23.36	2.48	1.56
5	—	—	1.22	—	95.36	1.83	—

表 4-2 的 EDS 分析结果表明，还原后的样品由 Fe、Mg、Si、Ca、C、O 和少量 S 组成。并且整个区域都含有铁，而亮白色区域铁的纯度较高。Ca、Mg、Si 和 O 仅存在于渣相中。

4.3.5 还原产物物相

图 4-9 为添加不同含量 $CaCO_3$ 的镍渣在 1473K 还原 45min 的产物 XRD 图谱[1]。

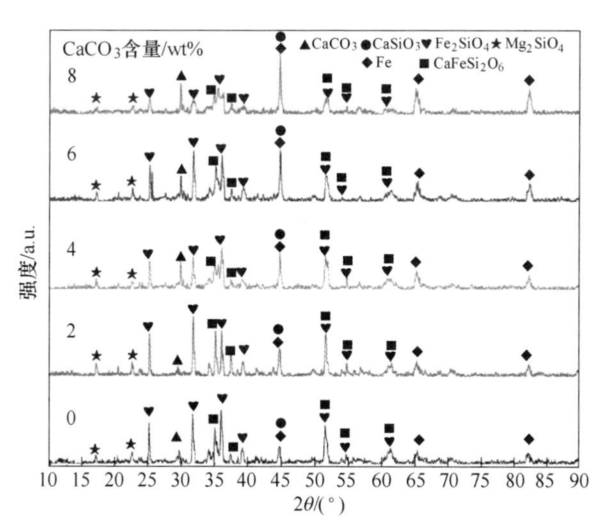

图 4-9 添加不同含量 $CaCO_3$ 的镍渣在 1473K 还原 45min 的还原产物 XRD 图谱

XRD 图谱显示，在 1473K 时，随着 $CaCO_3$ 添加量的增加，Fe_2SiO_4 衍射峰的强度逐渐降低，同时生成 Fe 和 Mg_2SiO_4 的衍射峰强度逐渐增加、$CaFeSi_2O_6$的衍射峰强度减小，主要化学反应如下：

$$Fe_2SiO_4 + 2MgO + 2C \longrightarrow Mg_2SiO_4 + 2Fe + 2CO \tag{4-3}$$

$$Fe_2SiO_4 + CaO + 2C \longrightarrow 2Fe + CaSiO_3 + 2CO \tag{4-4}$$

$$2Fe_2SiO_4 + CaO \longrightarrow CaFeSi_2O_6 + 3FeO \tag{4-5}$$

$$CaFeSi_2O_6 + CaO + C \longrightarrow Fe + 2CaSiO_3 + CO \tag{4-6}$$

添加8% $CaCO_3$ 的镍渣在不同还原温度下还原45min后的产物XRD图谱如图4-10所示。

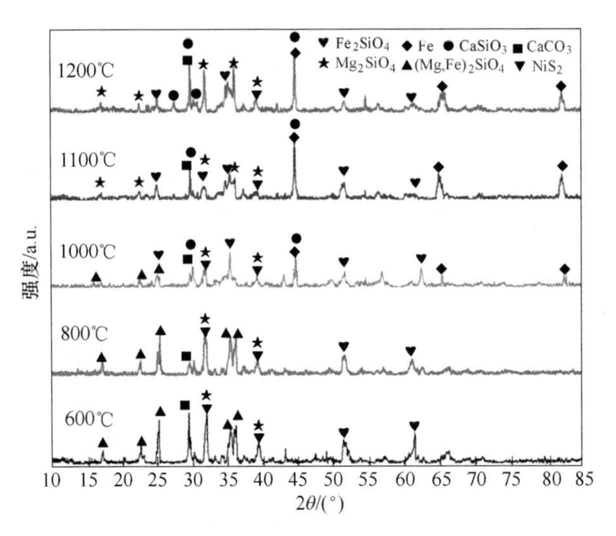

图4-10　添加8% $CaCO_3$ 的镍渣还原产物在不同温度下的XRD图谱

由图4-10可以看出，在873K时，$CaCO_3$ 衍射峰的强度明显高于其他温度，这是因为在此温度下 $CaCO_3$ 没有发生分解；1073K时由于部分 $CaCO_3$ 发生分解，其衍射峰强度在1073K时开始降低，主要化学反应如式（4-7）所示：

$$CaCO_3 \longrightarrow CaO + CO_2 \tag{4-7}$$

随着反应温度的升高，样品的结构逐渐从无定形相变为晶体，铁橄榄石和碳与 $CaCO_3$ 分解产生的CaO生成铁，主要化学反应如式（4-4）所示。

1273K时Fe的衍射峰出现。随着温度继续升高，Fe_2SiO_4 的衍射峰强度逐渐降低，同时开始出现 $CaSiO_3$ 的衍射峰，而 $(Mg,Fe)_2SiO_4$ 的衍射峰强度则随着温度的升高而逐渐降低，直至消失，这主要是由于 Fe_2SiO_4 与MgO反应会形成 Mg_2SiO_4，主要化学反应如式（4-8）所示：

$$Fe_2SiO_4 + 2MgO + 2C \longrightarrow Mg_2SiO_4 + 2Fe + 2CO \tag{4-8}$$

4.4　碳酸钠强化镍渣还原

本节探讨各参数对添加 Na_2CO_3 的镍渣还原产物中铁各项指标（还原度、金属化率、铁回收率和铁品位）影响。与添加 $CaCO_3$ 的镍渣还原实验类似，在探讨还原温度的影响时，固定 Na_2CO_3 配比为8%，保持还原时间为45min；在研究还原时间的影响时，保持还原温度为1473K，Na_2CO_3 配比为8%；在探讨 Na_2CO_3 配比对还原的影响时，固定还原温度和还原时间分别为1473K和45min。

4.4.1 还原温度的影响

在研究还原温度对添加 Na_2CO_3 的镍渣还原产物中铁各项指标（还原度、金属化率、铁回收率和铁品位）的影响时，固定 Na_2CO_3 配比为 8%，保持还原时间为 45min，设定还原温度为变量，选取 1373K、1423K、1473K 和 1523K 四个温度，实验结果如图 4-11 所示。添加 8% Na_2CO_3 的镍渣在 1100 ~1473K 还原 45min 时，随着还原温度的升高，还原产物中铁的还原度、金属化率、铁品位、铁的回收率逐渐增加。当样品从室温升温至 1373K 并保温还原 45min 后，此时还原产物中铁的还原度为 72.13%，金属化率为 65.77%，铁回收率为 58.49%；升温至 1423K 保温 45min 后铁的还原度为 79.37%，金属化率提高至 84.83%，铁回收率提高至 80.04%；当升温至 1473K 并还原 45min 后，还原产物中铁的各项指标均达到最大值，此时铁的还原度、金属化率和回收率分别为 85.42%、92.93% 和 91.37%。当温度继续上升至 1523K 并保温 45min 后，还原产物中铁的各项指标降低，其原因可能是球团熔化堵塞了气孔，阻碍了生成气体的扩散。

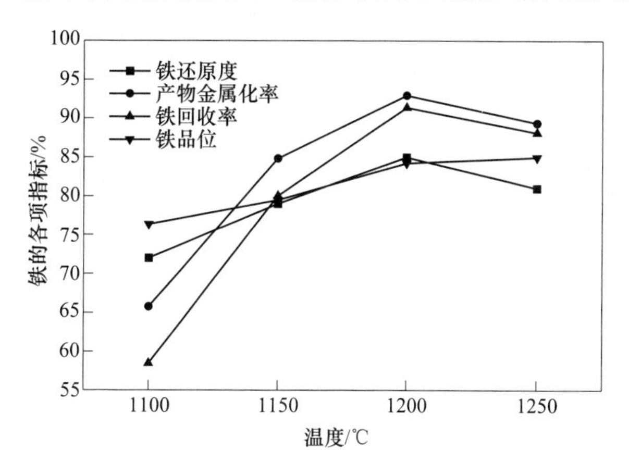

图 4-11 添加碳酸钠的镍渣还原后铁的各项指标随还原温度的变化

4.4.2 还原时间的影响

在研究添加 Na_2CO_3 的镍渣还原产物中铁各项指标（还原度、金属化率、铁回收率和铁品位）与还原时间的关系时，固定还原温度为 1473K，Na_2CO_3 配比为 8%，设定还原时间为变量，选取 0min、15min、30min、45min 和 60min，实验结果如图 4-12 所示。

从图 4-12 可以看出，含有 8% Na_2CO_3 的样品升温至 1473K 后，随着还原时间的增加，铁的还原度和回收率逐渐上升，铁品位基本保持不变，并且可以看出铁的还原度在 30min 前增加效果显著，从 72.53%增加至 84.92%；随后继续延长

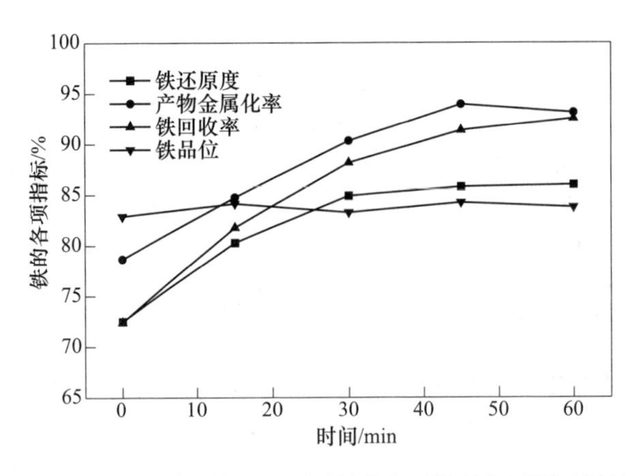

图 4-12　添加碳酸钠的镍渣还原后铁的各项指标与还原时间的关系

还原时间，铁的还原度增加幅度很小，还原 45min 和 60min 时铁的还原度分别为 85.81%和 86.07%；不保温时铁的回收率仅为 72.41%，延长还原时间至 15min、30min、45min 和 60min 时，还原产物中铁的回收率分别增加至 81.79%、88.17%、91.37%和 92.54%。产物金属化率在还原 45min 前逐渐增加，并在 45min 时达到最大值 93.93%，之后继续延长还原时间，金属化率呈下降趋势。

4.4.3　碳酸钠配比的影响

在研究 Na_2CO_3 配比对还原的影响时，固定还原温度和还原时间分别为 1473K 和 45min，设定碳酸钠配比为变量，分别选取 0%、2%、4%、6%和 8%。图 4-13 显示镍渣还原产物中铁的还原度、金属化率、铁品位和回收率与 Na_2CO_3 配比之间的关系。随着 Na_2CO_3 添加量增大，铁的还原度逐渐增加，铁品位小幅下降。当 Na_2CO_3 配比从 0 增加到 6%时，金属化率和回收率均显著上升，表明 Na_2CO_3 可促进镍渣中铁橄榄石还原，且促进效果随 Na_2CO_3 添加量增加而增强，原因是 Na_2CO_3 分解产生的 Na_2O 可在还原过程中加速电子从 Fe^{3+} 向 Fe^0 的传输，并且能够改善铁氧化物的晶格结构，降低其反应所需活化能，使反应更加容易进行，从而改善镍渣的还原。当 Na_2CO_3 配比进一步增至 8%时，金属化率和回收率均基本保持不变甚至略微下降，这是因为从 Na_2CO_3 解离出来的大量的 Na_2O 会由于其低熔点而出现在液相中，从而阻碍还原气体的内扩散，而 CO_2 从 Na_2CO_3 中解离出来降低了坩埚中 CO/CO_2 的比例，限制了铁氧化物的还原。因此在利用 Na_2CO_3 促进镍渣碳热还原时，添加剂 Na_2CO_3 的配比也不宜过高。

为了进一步说明 Na_2CO_3 对镍渣还原反应的促进作用，绘制了不同 Na_2CO_3 配比的镍渣失重速率与时间的关系图，如图 4-14 所示。由图 4-14 可以看出，样品的失重速率随温度的升高而增加，当温度在 1323～1373K 之间时，含有

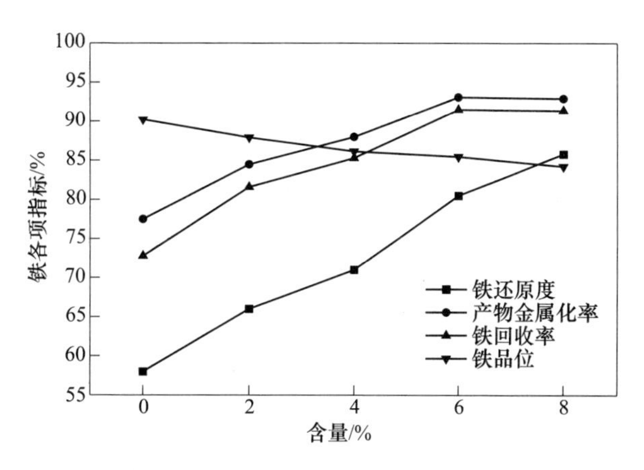

图 4-13 镍渣还原后铁的各项指标与碳酸钠配比的关系

Na_2CO_3 的样品的失重速率达到最大值，而不含 Na_2CO_3 的样品达到最大的失重速率的温度为 1473K。不同 Na_2CO_3 配比的样品达到失重速率峰值后，随着样品中氧化亚铁的减少和石墨的消耗，样品失重速率逐渐降低。此外，在给定的温度下，样品的失重速率随着 Na_2CO_3 配比的增加而增加。相同温度下含有 Na_2CO_3 的样品的失重速率明显高于不含 Na_2CO_3 的样品失重速率。以上结果表明，添加 Na_2CO_3 可以提高镍渣碳热还原反应速率并降低反应所需温度，改善镍渣的还原。

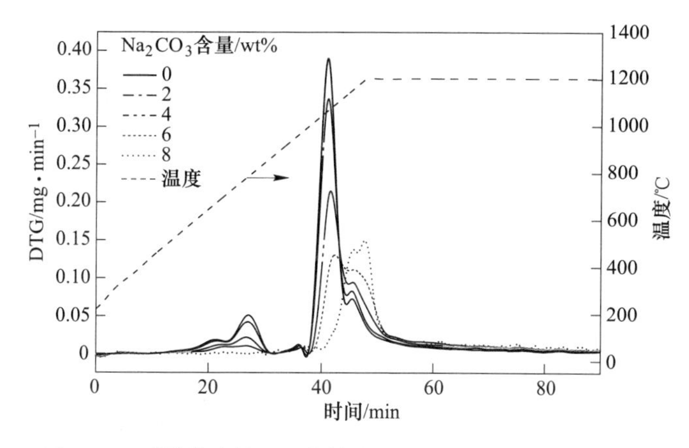

图 4-14 不同碳酸钠配比的镍渣还原失重速率与时间的关系

4.4.4 还原产物微观形貌

研究添加 Na_2CO_3 的镍渣还原产物的微观形貌时，还原产物为升温至 1473K 并保温 45min 后所得。图 4-15 为不添加及添加 6% Na_2CO_3（之前实验确定的最优配比）的镍渣还原后产物的 SEM 照片和 EDS 分析结果。可以看出，不添加

Na_2CO_3 的镍渣还原产物中铁粒分布较分散，粒径非常小，呈零星分布（见图 4-15（a））。添加 6% Na_2CO_3 的镍渣还原后产物中铁颗粒粒径更大、颗粒更聚集（见图 4-15（b））。通过 Image-Pro Plus 软件检测铁颗粒尺寸，可知不添加 Na_2CO_3 的镍渣还原后铁颗粒平均粒径为 8μm，加入 6% Na_2CO_3 的镍渣还原后铁颗粒的平均粒径增大至 19μm，同时产物中的孔隙明显大于不添加 Na_2CO_3 的产物。

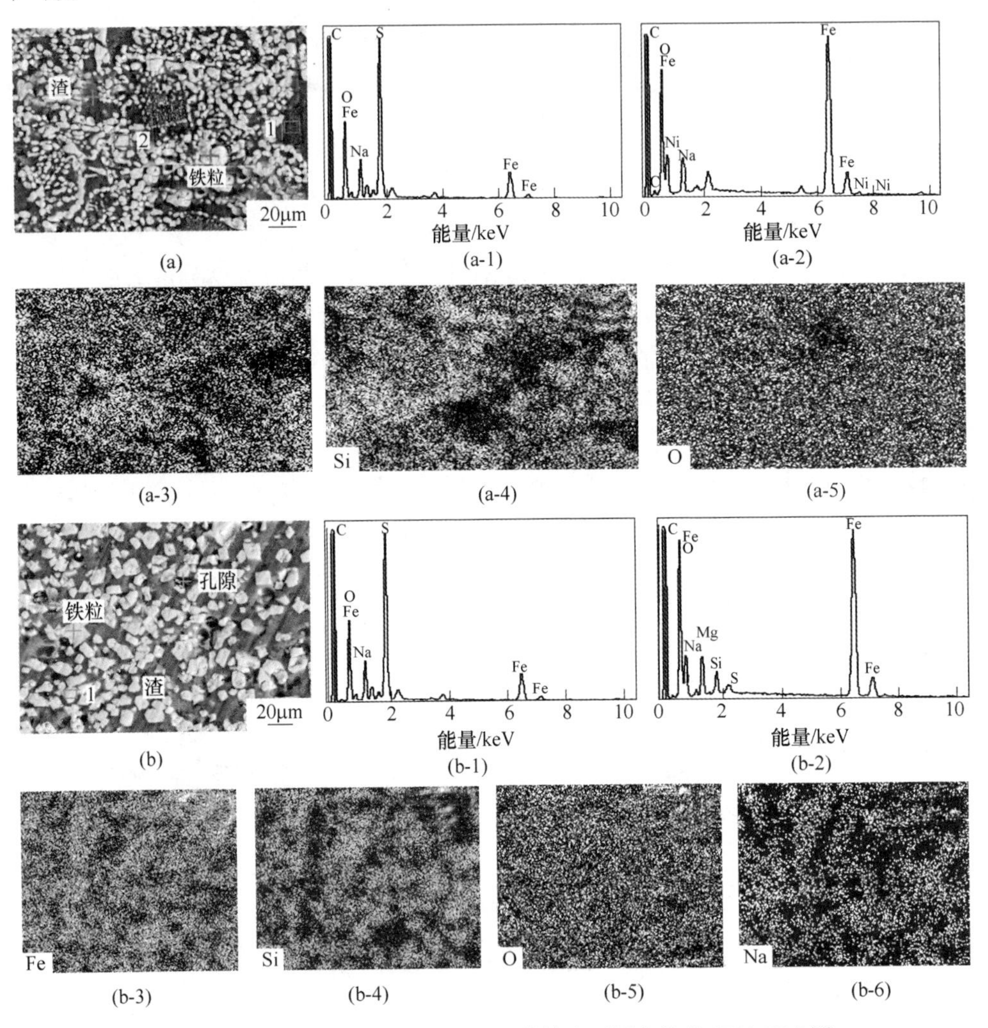

图 4-15　不添加及添加 6% Na_2CO_3 的镍渣还原产物的 SEM-EDS 图

（a）不添加 Na_2CO_3；（b）添加 6%Na_2CO_3

添加 Na_2CO_3 后的镍渣还原产物的元素分布情况分别如图 4-15（a-1）、（a-2）和（b-1）、（b-2）所示。EDS 分析表明产物中富含铁的相缺乏硅和氧，而富含硅的相缺乏铁。镍渣还原产物的面扫结果如图 4-15（a-3）~（a-5）和图 4-15（b-3）~（b-6）所示，表明氧均匀分布在产物的整个区域，不添加 Na_2CO_3 的还原产物中铁和硅分布更分散且较均匀，添加 6% Na_2CO_3 的镍渣还原产物中铁的分布更聚集，且硅和钠的分布相似。由此可推断，加入 Na_2CO_3 后，Na_2CO_3 与镍渣中的铁橄榄石反应生成了硅酸钠和氧化亚铁，从而促进金属铁的生成。由于镍渣中 SiO_2 含量高，导致铁粒难以生长和聚集，阻碍了铁与渣分离。镍渣中加入 Na_2CO_3 后，铁与渣的分离情况得到改善，这主要归因于 Na_2CO_3 的促进作用，使从镍渣中释放铁相变得更容易，有利于后续磁选分离。

4.4.5 还原产物物相

研究添加剂 Na_2CO_3 对镍渣还原产物物相组成的影响时，与微观形貌研究相对应，选取不同 Na_2CO_3 含量的镍渣还原产物 XRD 图谱进行分析。

添加不同含量 Na_2CO_3 的镍渣升温至 1473K 并保温 45min 后还原产物的 XRD 图谱如图 4-16 所示。在不同 Na_2CO_3 配比下，镍渣还原产物的物相组成基本相似，主要物相是 Fe_2SiO_4、SiO_2、Fe_3O_4 和 Fe 等。随着 Na_2CO_3 配比由 0 增加至 6%时，Fe 的衍射峰显著增强，铁橄榄石的衍射峰强度显著降低。当 Na_2CO_3 含量进一步增加至 8%时，Fe 的衍射峰强度趋于降低，这主要是因为 Na_2CO_3 分解形成的 Na_2O 处于液相，阻碍还原气体的内部扩散。此外，反应后多余的 Na_2O 可能会与 Fe_2O_3 反应生成高铁酸钠（$Na_2O \cdot Fe_2O_3$），从而影响镍渣的还原效果[2]。

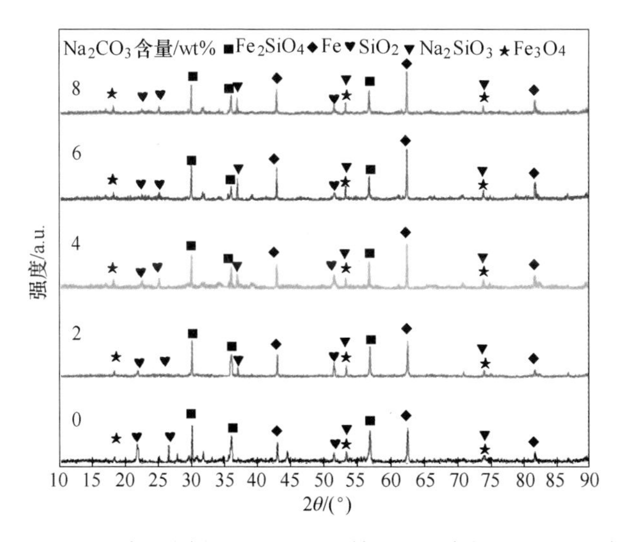

图 4-16 添加不同含量 Na_2CO_3 的镍渣还原产物的 XRD 图谱

4.5　氧化钙强化镍渣还原

本节探讨各参数对添加 CaO 的镍渣还原产物中铁各项指标的影响。在探讨还原温度的影响时，固定还原时间为 45min，CaO 的配比为 8%；在探讨还原时间的影响时，使用添加 8% CaO 的镍渣作为样品，保持还原温度为 1473K；而在研究 CaO 配比的影响时，还原温度和还原时间则分别为 1473K 和 45min。

4.5.1　还原温度的影响

在探讨添加 CaO 的镍渣还原产物中铁各项指标与还原温度的关系时，固定还原时间为 45min，CaO 的配比为 8%，设定还原温度为变量，选取 1373K、1423K、1473K 和 1523K 四个温度，添加 CaO 的镍渣还原产物中铁的各项指标与温度之间的关系如图 4-17 所示。铁的各项指标均在 1473K 时达到峰值。在温度低于 1473K 时，升高还原温度对还原产物中铁的各项指标均具有积极影响。随着还原温度从 1373K 升高到 1473K，铁的还原度从 61.08%提高至 78.57%，铁品位变化不明显，金属化率和回收率分别从 66.93% 和 60.73% 提高至 93.46% 和 92.63%。继续升温至 1523K 时，还原产物中铁的各项指标均有较为明显的下降。

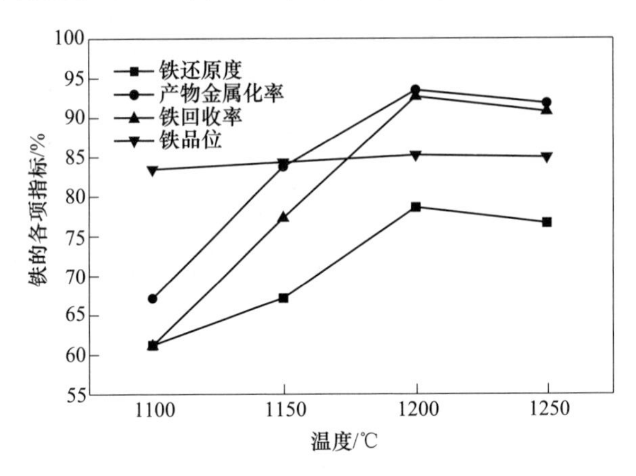

图 4-17　添加氧化钙的镍渣还原后铁的各项指标与温度的关系

4.5.2　还原时间的影响

在研究添加 CaO 的镍渣还原产物中铁各项指标与还原时间的关系时，使用添加 8% CaO 的镍渣作为样品，保持还原温度为 1473K，设定还原时间为变量，分别选取 0min、15min、30min、45min 和 60min，实验结果如图 4-18 所示。从图 4-18中可以看出，还原时间增加时，铁品位基本保持不变，铁的其他各项指标均有不同程度的增加。还原时间从 0min 增加到 45min，还原产物中铁的还原度从

68.21%上升至78.54%，上升趋势较为明显，继续保温还原15min，铁的还原度小幅上升至79.03%；金属化率和回收率在还原30min前显著增加，还原时间超过30min，金属化率和回收率继续上升，但趋势变缓。

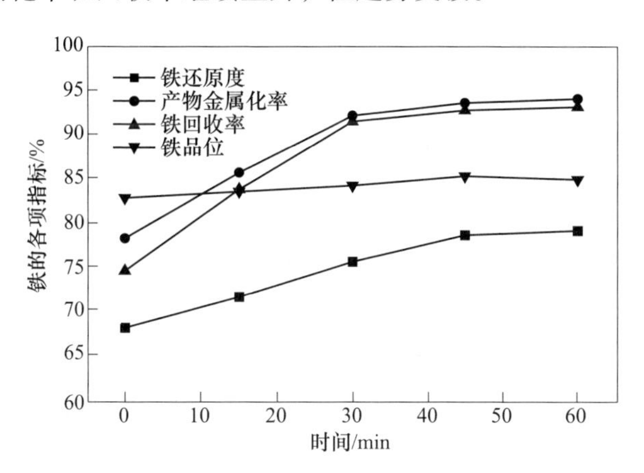

图4-18 添加氧化钙的镍渣还原后铁的各项指标与还原时间的关系

4.5.3 氧化钙配比的影响

在研究CaO配比的影响时，还原温度和还原时间分别固定为1473K和45min，CaO的配比分别选取0%、2%、4%、6%和8%，镍渣还原产物中铁的还原度、金属化率、回收率和铁品位与CaO配比的关系如图4-19所示。从图4-19中可以看出，在还原温度和还原时间保持不变时，随着CaO配比增加，铁品位小幅下降，还原产物中铁的其他指标逐渐上升。不添加CaO的样品中铁的还原度为58%，当添加的CaO含量分别为2%、4%、6%和8%时，铁的还原度分别增加至64.61%、69.83%、74.75%和80.68%，可以看出铁还原度的增加趋势逐渐变缓。还原产物的金属化率和回收率分别从最初的77.51%和72.87%增加至93.46%和92.63%，其中添加6% CaO时，金属化率和回收率分别为93.27%和92.39%，这一值仅略低于添加8% CaO时的结果，说明随着CaO含量的增加，其值达到一定含量时，对镍渣的还原促进程度逐渐变缓。

为了更直观说明CaO对镍渣还原反应的促进作用，绘制了不同CaO配比的镍渣失重速率与时间关系图，如图4-20所示。

不同于$CaCO_3$与Na_2CO_3，由于添加CaO的镍渣样品中不存在CO_3^{2-}，故不存在分解产生CO_2这一过程，所以样品失重速率在1273K之前始终保持不变。当温度升至1273K左右时，样品的失重速率曲线开始逐渐上升，不同CaO配比样品的失重速率分别在1373K和1473K之间陆续达到峰值，而后由于氧化亚铁含量的降低和还原剂石墨的减少，样品的失重速率曲线逐渐下降。

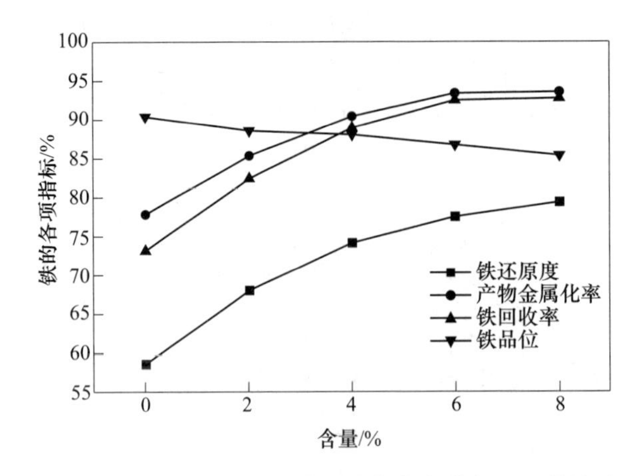

图 4-19　镍渣还原后铁的各项指标与氧化钙配比的关系

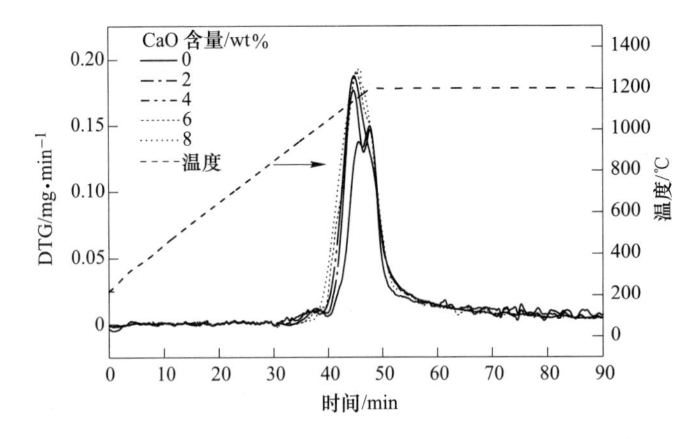

图 4-20　不同氧化钙配比的镍渣还原失重速率与时间的关系

与添加 $CaCO_3$ 与 Na_2CO_3 的样品相似，添加 CaO 后，样品的失重速率曲线明显高于未添加的样品，这说明 CaO 也提高了镍渣碳热还原反应速率，促进了镍渣碳热还原反应的进行。同时添加 CaO 的样品均早于不含 CaO 的样品开始反应，说明 CaO 也能小幅降低镍渣还原反应开始温度。

综上所述，CaO 对镍渣还原具有促进作用。

4.5.4　还原产物微观形貌

研究添加剂 CaO 对镍渣还原产物微观形貌的影响时，选取添加不同含量 CaO 的镍渣升温至 1473K 并保温还原 45min 后所得产物的微观形貌图进行分析，结果如图 4-21 所示。随着 CaO 配比的增加，还原产物中金属铁颗粒的尺寸逐渐增大。CaO 配比较低（0~2%）时，还原产物内部明显较疏松，灰色的渣相区域较为分散，在渣相区域内部有亮白色的金属铁分布，还原后的金属铁在氧化物表面形成少量且较小的聚集体；当 CaO 配比相对较高（4%～6%）时，还原产物的渣相区域连接，渣相中有气孔生成，金属铁在渣相的内部呈带状或片状聚集生长，并且颗粒表面明显更光滑；当 CaO 配比继续增加至 8%时，渣中的部分铁相聚集成完整的面域存在于渣中。以上结果表明适量的 CaO 可以促进还原，在相同的还原温度和还原时间内，随着 CaO 含量的增加，渣中铁相逐渐聚集，铁颗粒粒径逐渐增大。

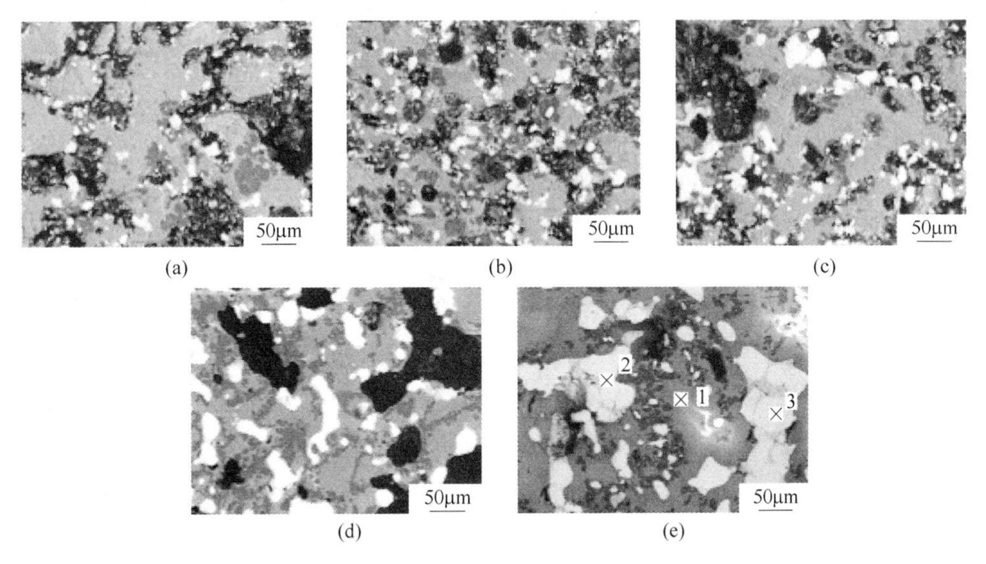

图 4-21 添加不同含量 CaO 的镍渣还原产物的 SEM 图谱
（a）0%；（b）2%；（c）4%；（d）6%；（e）8%

采用 Image-Pro Plus 软件对图 4-21 中铁颗粒的粒径进行测量，结果表明在不添加 CaO 的情况下（见图 4-21（a）），镍渣还原产物中铁颗粒的平均粒径为 8μm，随着 CaO 配比的增加，镍渣还原产物中铁颗粒的平均粒径逐渐增加，当 CaO 配比为 8%（见图 4-21（e））时，铁颗粒的平均粒径增加至 29μm。

对图 4-21（e）中的不同区域进行 EDS 分析，并对图 4-22 中的扫描电镜图片 4-22（a）进行能谱分析，结果如表 4-3 和图 4-22（b）所示。

从能谱图中可看出还原产物有 O、Fe、Ca、Mg、S 等元素，其分布见矩形区域的面扫描结果。由图 4-21、图 4-22 及表 4-3 可以看出还原产物区域 1 为剩余的渣相，区域 2 为 FeS，区域 3 为 Fe 相。渣中整个区域中均含有 C 元素，而 Fe 元素与 S 元素有部分重合，说明 Fe 与 S 反应生成了 FeS，Si、O、Ca、Mg、Al 等元素均存在于渣相中。由于 FeS 可与 Fe 发生反应生成熔点较低的共溶体 Fe-FeS，从而降低还原体系的熔点，在 1473K 这一温度下还原体系基本处于熔融状态，这降低了渣相的黏度，提高了渣的流动性，对金属相扩散有利，从而促进了渣中金属铁的聚集和长大。

表 4-3　图 4-21（e）中不同区域的 EDS 分析结果

点 1			点 2			点 3		
元素	质量/%	原子/%	元素	质量/%	原子/%	元素	质量/%	原子/%
C K	3.27	5.92	C K	14.32	37.84	Fe K	100.00	100.00
O K	45.35	61.61	S K	32.00	31.66			
Mg K	1.09	0.97	Fe K	53.68	30.50			
Al K	1.61	1.29						
Si K	24.85	19.24						
K K	0.39	0.22						
Ca K	10.56	5.73						
Fe K	12.88	5.01						
总量	100.00		总量	100.00		总量	100.00	

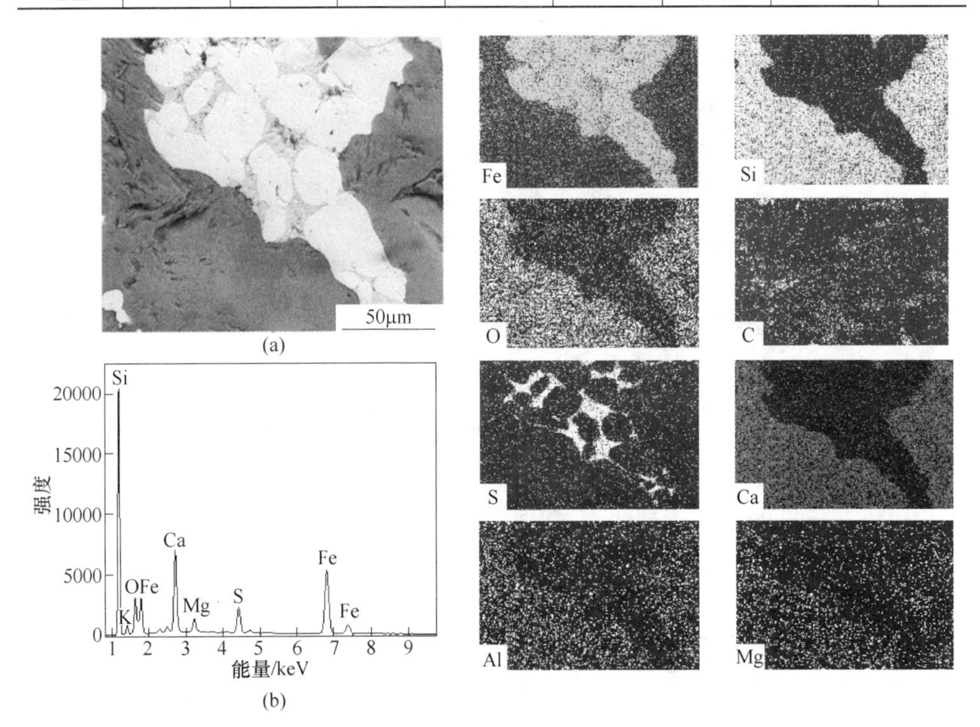

图 4-22　添加氧化钙的镍渣还原产物的区域面扫图

4.5.5　还原产物物相

添加不同含量 CaO 的镍渣升温至 1473K 并保温 45min 后还原产物的 XRD 图谱如图 4-23 所示。

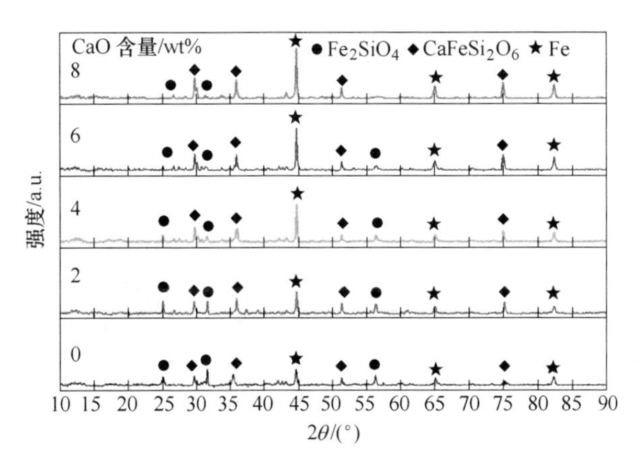

图 4-23 添加不同含量 CaO 的镍渣还原产物的 XRD 图谱

由图 4-23 可得，在不同的 CaO 配比下，还原产物的物相组成相近，主要物相均是 Fe、$CaFeSi_2O_6$和 Fe_2SiO_4。

在不添加 CaO 的情况下，样品中 Fe_2SiO_4 的质量分数较大，峰值明显较高，其原因是 Fe_2SiO_4 碳还原较困难。随着 CaO 含量从 2%增加到 8%，XRD 图谱中 Fe 的衍射峰显著增加，同时镍渣中 Fe_2SiO_4 的特征峰逐渐变小。表明添加适量的 CaO 对渣中 Fe_2SiO_4 的分解具有积极作用，从而促进了镍渣碳热还原反应的进行。

4.6 添加剂效果对比分析

对含有三种不同添加剂的镍渣还原后铁的各项指标（还原度、金属化率、铁回收率）进行对比分析，当还原温度、还原时间和添加剂配比分别为 1473K、45min 和 8%时，铁的各项指标结果均较为优良，由于铁品位的变化趋势不明显，对比分析时仅对铁的其他三项指标结果进行对比，结果如图 4-24 所示。

从图 4-24 中可以看出，添加 $CaCO_3$ 的样品还原产物中铁的各项指标最优，此时铁的还原度为 88.03%，金属化率和回收率分别为 94.27%和 93.11%。而添加 Na_2CO_3 的还原产物中铁的还原度为 85.83%，这一结果仅次于添加 $CaCO_3$ 的样品，而添加 CaO 的还原产物中铁的还原度则明显低于另外两种添加剂的样品，这主要是由于本研究中的还原度是利用气体的质量损失来表征的，而由于 CaO 不含有 CO_3^{2-}，不会发生分解反应释放出 CO_2，这导致添加 CaO 的样品的气体质量损失较小，所以计算出的还原度明显较低，因此 CaO 的样品还原度较低并不能说明 CaO 对镍渣还原的促进作用弱于另外两种添加剂，具体还需进一步分析。

在金属化率和回收率方面，图 4-24 中添加 Na_2CO_3 的样品的值分别为 92.93%和 91.37%；而添加 CaO 的样品的值分别为 93.46%和 92.63%，均略高于

添加 Na_2CO_3 的样品，所以可以认为在促进镍渣还原提铁方面，CaO 的作用效果略优于 Na_2CO_3。

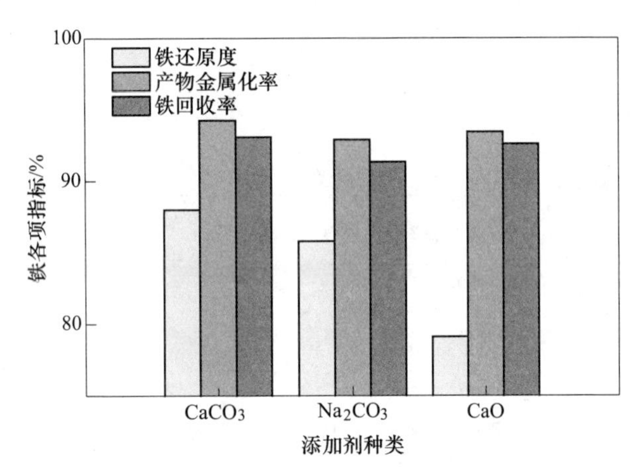

图 4-24　含有不同添加剂的镍渣还原后铁的各项指标

综上所述，在利用添加剂强化镍渣碳热还原提铁时，$CaCO_3$、Na_2CO_3 和 CaO 三种添加剂中效果最好的是 $CaCO_3$，其次是 CaO，最后是 Na_2CO_3，但三种添加剂均能对镍渣还原提铁起到良好的促进作用，促进作用差别不大；同时考虑到经济效益，Na_2CO_3 的成本通常高于 $CaCO_3$ 和 CaO，故推荐 $CaCO_3$ 和 CaO 作为镍渣还原提铁的添加剂[3]。

4.7　添加剂强化作用机理

由于镍渣中的金属铁主要是以铁橄榄石的形式存在，其碳热还原较为困难。同时，在还原反应进行过程中，金属铁将在铁橄榄石界面上生成，这会导致还原剂与铁橄榄石之间相隔离无法接触，从而使得铁橄榄石的还原更加困难。而加入添加剂后，由于 Ca^{2+} 或 Na^{2+} 对 SiO_4^{2-} 的结合能力强，从而减弱了 SiO_4^{2-} 对铁橄榄石中 FeO 的束缚，使其更容易与还原剂碳反应生成金属铁。加入添加剂 $CaCO_3$、Na_2CO_3 或 CaO 后，镍渣的还原反应机理如图 4-25 所示[1~4]。

由于三种添加剂促进镍渣中铁还原的机理较为相似，所以示意图以 Na_2CO_3 和 CaO 为例。当添加剂（$CaCO_3$、Na_2CO_3 或 CaO）与 Fe_2SiO_4 接触时，Ca^{2+} 或 Na^{2+} 的存在会削弱 SiO_4^{2-} 与 Fe^{2+} 之间的键能，形成 FeO 和 $CaSiO_3$ 或 Na_2SiO_3。FeO 则通过还原剂碳进一步还原为铁。主要化学反应如下：

$$CaO + Fe_2SiO_4 \longrightarrow 2FeO + CaSiO_3 \tag{4-9}$$

$$FeO + C \longrightarrow Fe + CO \tag{4-10}$$

$$Na_2O + Fe_2SiO_4 = 2FeO + Na_2SiO_3 \tag{4-11}$$

应当注意的是，当体系反应温度过高时，镍渣在还原过程中会发生烧结行

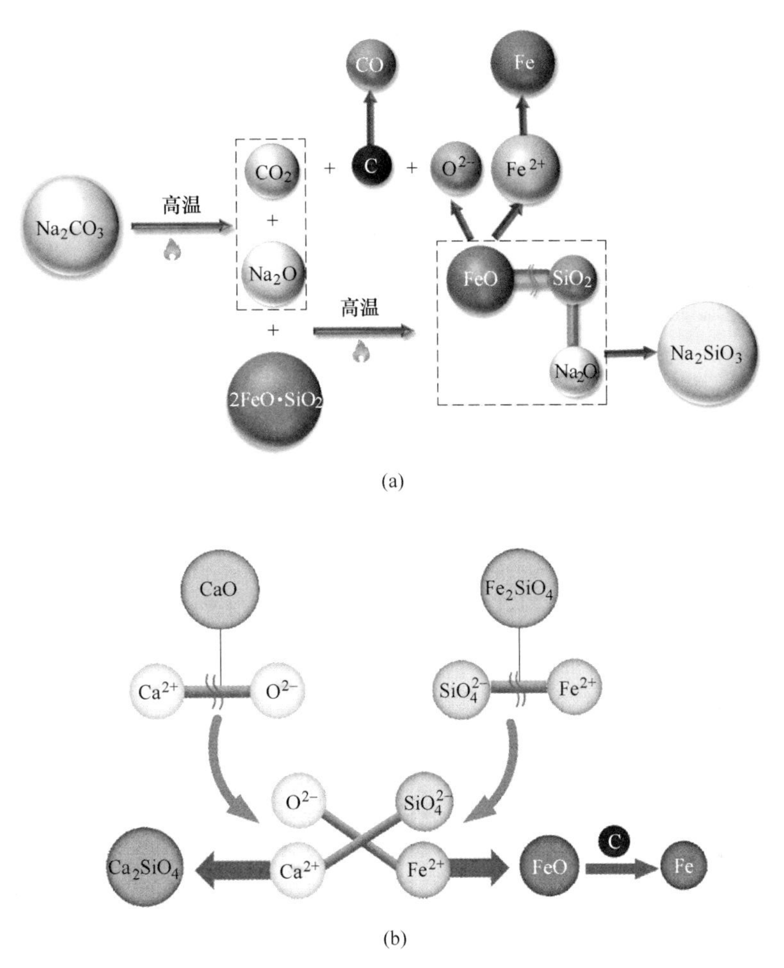

图 4-25　添加剂促进镍渣中铁还原机理图

（a）Na_2CO_3 催化镍渣碳热还原机理；（b）CaO 催化镍渣碳热还原机理

为，导致还原后的 FeO 与 SiO_2 结合形成液相 $FeO \cdot SiO_2$，影响还原动力学，从而阻碍还原。而 $CaCO_3$ 和 Na_2CO_3 热解产生的 CaO 和 Na_2O 活性高，与 SiO_2 的结合能力强于 FeO，而 CaO 与 SiO_2 结合形成 $CaSiO_3$，Na_2O 与 SiO_2 结合形成 Na_2SiO_3，这些反应均阻碍了液相 $FeO \cdot SiO_2$ 的形成，改善了镍渣的还原条件。随着还原反应的进行，所产生的炉渣在一定程度上阻碍了碳与铁氧化物的接触，并且化学反应更接近于基于气体的反应。此外，$CaCO_3$ 和 Na_2CO_3 在高温下分解产生的 CO_2 加速了碳的熔融损失，使 C 发生了气化反应，并且通过反应增加了气体还原剂 CO 的含量，同时分解产生的 CO_2 气体提高了炉渣的孔隙率，优化了整体反应的动力学条件，从而改善了镍渣的还原。

添加剂（$CaCO_3$、Na_2CO_3 或 CaO）的添加量有限，过多添加会影响炉渣碱度和熔点。为了说明添加剂配比对炉渣碱度和熔点的影响，绘制了 $CaO-SiO_2-MgO$ 的三元渣系相图，如图 4-26 所示。

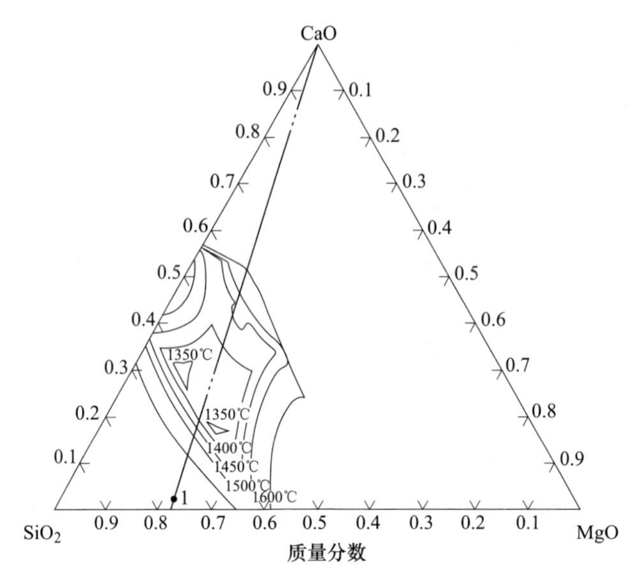

图 4-26　$CaO-SiO_2-MgO$ 渣系相图

当体系的碱度较低时，炉渣的熔点较高。而当 SiO_2 和 MgO 的含量恒定并且添加少量的 $CaCO_3$ 或 CaO 时，随着添加 $CaCO_3$ 或 CaO 含量的增加，样品的碱度逐渐增加，这降低了炉渣的熔点，并且在还原过程中会有更多的炉渣熔化，使得样品中的杂质增加，这在某种程度上对还原过程有所影响。熔渣会阻塞样品的孔隙率，降低镍渣的孔隙率并阻碍还原。

与添加 $CaCO_3$ 和 CaO 的研究相似，在加入 Na_2CO_3 的镍渣中，Na_2CO_3 解离出来的大量的 Na_2O 会由于其低熔点而出现在液相中，阻碍了还原气体的内部扩散，大量的炉渣在还原过程中被熔化，使得样品的杂质增多，降低了炉渣的孔隙率，阻碍了还原，同时从 Na_2CO_3 中解离出来的 CO_2 降低了坩埚中 CO/CO_2 的比例，限制了铁氧化物的还原。

4.8　本章小结

（1）三种添加剂均能够降低镍渣还原反应所需温度，$CaCO_3$、Na_2CO_3 和 CaO 参与反应的初始温度相应为 931.37K、953.09K 和 801.07K。还原温度高于 800℃时，$CaCO_3$ 和 Na_2CO_3 对镍渣中 Fe_2SiO_4 还原的促进作用强于 CaO。

（2）在 1373~1473K 的范围内，提高还原温度有助于提高还原产物中铁的各项指标，若继续升温，还原产物中铁的各项指标逐渐降低。

（3）还原时间长短对镍渣还原有明显影响，在 1473K 下保温从 0 延长至

45min 时，三种不同添加剂的还原产物中铁的各项指标持续上升，继续保温至60min 时，添加 $CaCO_3$ 和 CaO 的还原产物中铁的各项指标继续上升，但上升趋势逐渐平缓；添加 Na_2CO_3 的还原产物的金属化率小幅下降，而铁的还原度和回收率小幅上升。

（4）提高添加剂配比，还原产物中铁的各项（还原度、金属化率、铁回收率）指标逐渐上升，还原产物中金属铁颗粒的尺寸逐渐增大。$CaCO_3$ 和 Na_2CO_3 的最优添加量为 6%，CaO 的最优添加量为 8%。

（5）利用添加剂强化镍渣碳热还原的机理主要是，加入添加剂后由于 Ca^{2+} 或 Na^{2+} 对 SiO_4^{2-} 的吸引能力强，从而减弱了 SiO_4^{2-} 对铁橄榄石中 FeO 的束缚，使其更容易与还原剂碳反应生成金属铁。

参 考 文 献

[1] Li Xiaoming, Wen Zhenyu, Li Yi, Yang Haibo, Xing Xiangdong. Improvement of carbothermic reduction of nickel slag by addition of $CaCO_3$ [J]. Transactions of Nonferrous Metals Society of China, 2019, 29 (12): 2658-2666.

[2] 李小明，闻震宇，李怡，王伟安，邢相栋．碳酸钠对镍渣碳热还原的催化作用［J］．过程工程学报，2020，20（2）：182-188.

[3] 闻震宇．添加剂对镍渣碳热还原提铁的影响研究［D］．西安：西安建筑科技大学，2020.

[4] 李小明，张馨艺，李怡，邢相栋．添加剂氧化钙对镍渣强化还原的影响［J］．中国有色金属学报，2020，30（4）：887-895.

5 镍渣机械活化强化还原

机械活化通过机械力作用使固体物质的晶体结构及理化特性发生改变，使部分机械能转变成物质的内能存储起来，促使物质活性提高，降低还原的起始温度和活化能，加快矿物还原，缩短还原时间。本章系统介绍机械活化对镍渣物相组成、微观参数、机械储能的影响，以及活化镍渣的还原效果和影响因素，为镍渣机械活化强化还原提供理论依据。

5.1 材料及研究方法

5.1.1 实验原料

所用镍渣同第 3 章，其成分及物相分析见表 3-1 和图 3-1。

5.1.2 实验设备

行星球磨机为 QM-3SP2，四只球磨罐容积各为 200mL，磨球直径包括 4mm、6mm、8mm 以及 10mm。在真空环境下设置转速为 400r/min，活化时间分别设置为 4h、6h、8h、10h、12h。

X 射线衍射仪为 BRUKER D8-ADVANCE-A25，检测的原料磨成小于 200μm 的粉末。扫描角度为 10°~90°，扫描速度为 4°/min。

扫描电子显微镜型号为 Gemini-SEM-300，将拍摄样品（块、粉末）镶样，喷金处理后分析。

SetSys Evo-ThermoStar 热重分析仪，用于分析镍渣碳热还原的起始温度和还原结束时的失重量，并结合热重分析结果，设置碳热还原的温度区间、时间等参数。

FTIR-1500 傅里叶漫反射红外光谱，主要分析镍渣相中 Fe_2SiO_4 的 Si—O—Si 键和 Si—O 键在机械活化后的活化效应。

采用真空管式炉进行还原实验，加热区长度 260mm，控温精度为 ±1K，升温速率最高可达 10K/min。设置温度区间为 873~1273K，保温时间为 30~70min。

采用 DZF-6050 真空干燥箱对实验样品进行干燥，干燥温度为 383K，时间为 8~12h。

JW-B K222 型比表面积及孔径分析仪测试全过程在液氮温度下进行，通过氮气吸附对样品粒度及比表面积进行测定，比表面积测量范围不小于 0.01m^2/g，孔径范围 0.035~400nm，测试精度为±1%。

采用 Rise-2002 激光粒度分析仪对活化后镍渣进行粒度分析检测，测量范围为 0.1~600μm，采用频率为 40kHz，功率为 60W 的超声搅拌，用无水乙醇做样品分散剂。准确性误差±1%（国家标准样品 D_{50}值）。

采用 ALC210-4 型电子天平称量，称量范围 0~210g，可读性 0.1mg，误差为 0.1mg，秤盘尺寸为 ϕ115mm。

5.1.3 研究方案与流程

5.1.3.1 研究方案

A 不同机械活化时间后的镍渣化学成分、物相组成以及机械储能变化

对混匀后的镍渣进行机械活化，所用仪器为行星球磨机，球磨罐和小球均为氧化锆材质。设置固定转速，将镍渣原料进行不同时间的机械活化。对活化后的镍渣分别测定化学成分、物相组成，进行微观参数和机械储能计算。

B 不同机械活化时间后的镍渣碳热还原及相关影响因素研究

对不同活化时间的镍渣分别进行碳热还原实验，通过对还原产物的成分分析计算金属化率；对产物进行 XRD 和 SEM 分析；得出最佳活化时间、最适宜还原温度以及最佳还原时间等参数，为镍渣资源综合利用提供理论支撑。

实验流程如图 5-1 所示[1]。

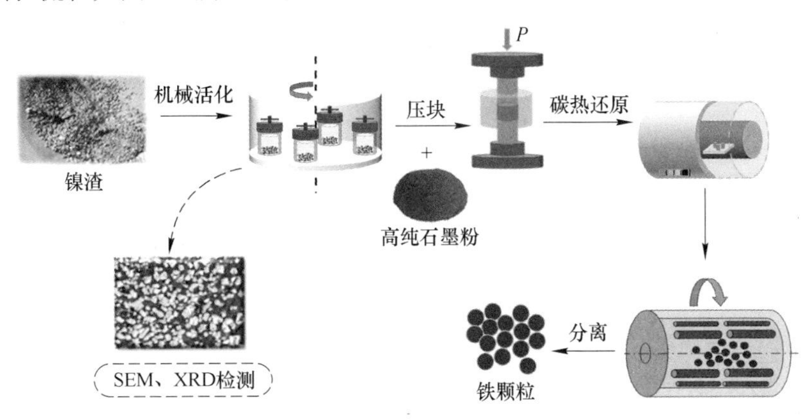

图 5-1 实验流程简图

5.1.3.2 机械活化实验

镍渣的机械活化实验在 QM-3SP2 行星式球磨机中进行。在每个球磨实验中，

镍渣原料（约 20g）加入到一个球磨罐中，每个球磨罐中含有直径为 4mm、6mm、8mm 以及 10mm 的氧化锆小球，罐中的球渣质量比为 20：1，然后将镍渣原料在干燥真空环境下进行球磨，转速设置为 400r/min。球磨活化时间分别为 4h、6h、8h、10h 以及 12h。活化后的镍渣在真空中冷却至室温后取出。

5.1.3.3　活化后镍渣表征

机械活化后镍渣的相应微观参数包括微观结构参数以及机械力储能。微观结构参数包括位错密度、晶格畸变、晶块尺寸以及无定形化分数等。机械力储能主要包括表面吉布斯自由能、晶界储能、位错储能、无定形化储能及总储能。这些参数影响后续碳热还原效果。

A　微观结构参数

机械活化对晶格尺寸和结构微应变产生影响，更为重要的是改变了晶体的位错密度和产生大量无定形相。其中位错密度 ρ 表达式为式（5-1），无定形化分数 χ 的估算式为（5-2）：

$$\rho = (\rho_d \rho_\varepsilon)^{\frac{1}{2}} = (3k)^{\frac{1}{2}} \langle \varepsilon_L^2 \rangle^{\frac{1}{2}} (db) \tag{5-1}$$

式中，ρ 为位错密度；ρ_d 为晶块大小引入的位错密度；ρ_ε 为微观应变引入的位错密度；$K=0.9$；$<\varepsilon_L^2>^{\frac{1}{2}}$为均方根应变；$\varepsilon$ 为积分应变；d 为晶块尺寸；b 为柏氏矢量，这里取 $b=0.503$nm。

$$\chi = \frac{A_0 - A_m}{A_0} \tag{5-2}$$

式中，χ 为无定形化分数；A_0和A_m分别为未经和经过机械力作用的同一衍射峰的面积。

B　机械力储能

机械活化除了对镍渣各组分结构产生影响，更重要的是产生了机械力储能，而机械力储能又影响到化学反应热力学。以镍渣中的主要物相铁橄榄石为考察对象，行星球磨活化条件下 1mol 铁橄榄石的表面吉布斯自由能、晶界储能、位错储能、无定形化储能及总储能的计算公式分别表达为式（5-3）~式（5-7）[2,3]：

$$\Delta G_s = \frac{3\gamma_s M_v}{2d} \tag{5-3}$$

式中，ΔG_s 为表面吉布斯自由能；γ_s 为比表面能；M_v 为摩尔体积；d 为颗粒粒度。

$$\Delta G_{Gb} = \frac{3\gamma_{Gb} M_v}{2d} \tag{5-4}$$

式中，ΔG_{Gb}为晶界储能；γ_{Gb}为单位面积上的晶界能；d 为晶粒粒度。

$$\Delta G_d \approx \Delta H_d = (\rho M_v)\frac{b^2 \mu_s}{4\pi}\ln\left(\frac{2}{b\sqrt{\rho}}\right) \tag{5-5}$$

式中，ΔG_d 为位错储能；ΔH_d 为位错焓；μ_s 为弹性剪切模量；b 为柏氏矢量。

$$(\Delta G_{am})_T = xH_F T_m^{-1}(T_m - T) \tag{5-6}$$

式中，$(\Delta G_{am})_T$为在温度 T 下的无定形化储能；H_F为熔点T_m下的熔化焓。

$$\Delta G = (1 - \chi)(y_s\Delta G_s + y_{Gb}\Delta G_{Gb} + y_d\Delta G_d) + \Delta G_{am} \tag{5-7}$$

式中，ΔG 为总储能；y_s、y_{Gb}、y_d 分别为表面吉布斯自由能、晶界能和位错能，在晶态吉布斯自由能中占比$y_s+y_{Gb}+y_d=1$。

铁橄榄石的计算参数如下：$\gamma_s = 1.962J/m^2$，$\gamma_{Gb} = 0.51J/m^2$，$M_v = 4.633 \times 10^{-5}m^3$，$H_F = 92.05kJ/mol$，$T_m = 1493K$，$\mu_s = 50.9GPa$。

5.1.3.4 镍渣碳热还原实验

五种不同机械活化时间的镍渣分别配加高纯石墨粉（含碳量99.99%，用作还原剂），配碳量按还原镍渣中氧化物的理论需碳量的1.2倍配入。

首先采用热重分析镍渣碳热还原的起始温度和还原结束时的失重，实验在氩气（99.999%纯度）气氛下进行，试样重量为10mg。热重装置的检测精度为0.01mg，温度测量的准确度为±1K。参考热重实验分析结果，设置碳热还原的温度区间、时间等参数。

然后将不同时间活化后的镍渣与石墨的混合物放入磨具中进行压块，每个块重量约5g，在压强2000~2500kPa下压成圆柱形小块。将制备好的混合物小块置于石墨坩埚中，并放置于真空管式炉中，实验相关参数参考热重实验数据设定。实验开始前先通氩气洗炉，保证整个实验在惰性气体下进行，实验全程通Ar气作为保护气，流量为600mL/min。以10K/min的升温速率进行升温。活化12h的样品分别在873K、973K、1073K、1173K还原50min，还原完成后，将试样随炉并在氩气气氛（600mL/min）下冷却到室温后取出。活化12h的样品在1273K分别还原时间30min、40min、50min、60min以及70min后，按以上方式冷却后取出。4h、6h、8h、10h以及12h活化后的样品在1273K还原50min后，按以上方式冷却后取出。

5.2 镍渣机械活化效应

镍渣的机械活化效应分别从物理活化效应和化学活化效应两方面表征。物理活化效应包括活化后镍渣的粒度组成以及其颗粒形貌变化；化学活化效应包括物相组成变化和微观参数变化，涵盖晶格畸变、位错密度、晶块尺寸、无定形化分数的变化和表面官能团的变化，以及最核心的机械力储能变化。

5.2.1　物理活化效应

5.2.1.1　粒度组成

机械活化后的镍渣粒度分布如图 5-2 所示。机械活化 4h 后，镍渣粒度范围为 12~100μm，粒度分布不均匀，大小差异较大。随着机械活化时间由 4h 延长至 6h，镍渣颗粒整体变细，粒度范围达到 9~74μm，粒度分布较活化 4h 均匀，但大小差异仍较大；当活化时间延长至 8h，镍渣颗粒持续变细，粒度范围达到 5~49μm，粒度分布变得更加均匀，粒度大小差异较小；当机械活化时间达到 12h 时，镍渣粒度明显降低，且分布更加均匀，镍渣粒度范围缩小到 0.1~1.8μm，粒度分布趋于均匀，粒度大小差异变得很小[1,4]。

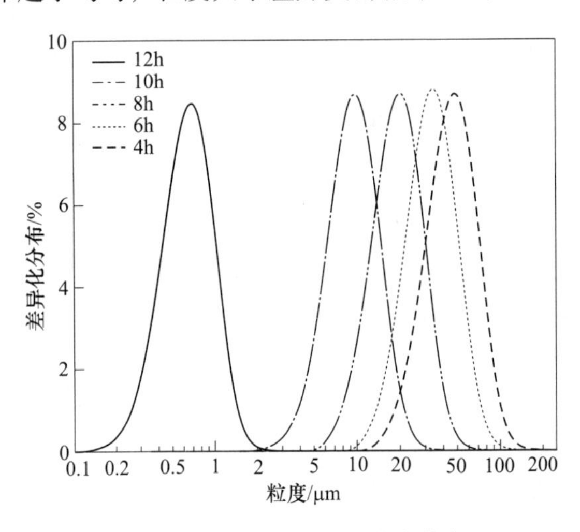

图 5-2　机械活化镍渣的粒度分布

图 5-3 为机械活化后镍渣的比表面积分布曲线。可以看出，随着机械活化时间的延长，镍渣颗粒粉末比表面积增大，当活化时间超过 8h 后，增幅减缓。其中，镍渣经过 4h 机械活化后，比表面积达到 0.996m^2/g；当活化时间延长至 6h、8h、10h 和 12h 后，镍渣在机械力的持续作用下比表面积增加至 2.194m^2/g、3.826m^2/g、4.552m^2/g、5.144m^2/g。活化时间超过 8h 后，比表面积增幅有所减弱，这是由于镍渣粉末持续在球磨小球的机械力碰撞下产生了表面静电，出现了团聚现象。

图 5-4 为机械活化后镍渣的平均粒径分布曲线。镍渣机械活化 4h 后，平均粒径为 37.51μm。当活化时间增加至 6h、8h、10h 和 12h 后，平均粒径分别降低至 27.21μm、15.78μm、7.77μm 和 1.03μm。当活化时间超过 8h 后，镍渣颗粒的平均粒径虽仍持续减小，但减小幅度降低，表面机械活化效应减弱。

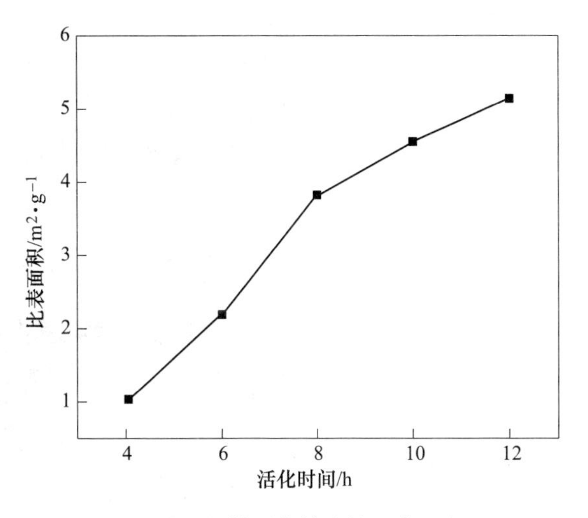

图 5-3　机械活化镍渣的比表面积

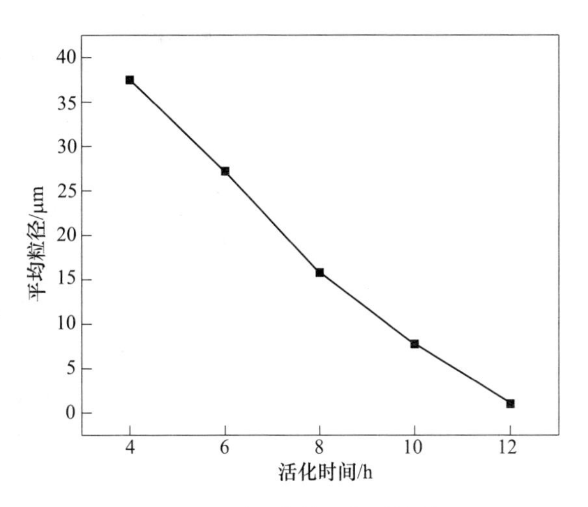

图 5-4　机械活化镍渣的平均粒径

镍渣不同时间活化后的典型粒度分布见表 5-1，其中 d_{10}表示累计体积分数为10%时对应的颗粒粒径，d_{50}表示累计体积分数为 50%时对应的颗粒粒径，d_{90}表示累计体积分数为 90%时对应的颗粒粒径。

表 5-1　镍渣粒径随机械活化时间的变化

活化时间/h	4	6	8	10	12
d_{10}/μm	26.57	19.22	10.59	5.23	0.35
d_{50}/μm	45.63	33.02	18.19	8.99	0.61
d_{90}/μm	71.66	51.87	31.27	15.45	1.05

机械活化过程可以有效地减小镍渣颗粒尺寸，活化时间越长，颗粒尺寸越小，粒度分布更趋于均匀。机械活化时间延长虽能使颗粒尺寸持续降低，但当活化时间超过 8h 后，变化幅度降低，这是由于较长的活化时间，镍渣颗粒中存在的过剩表面能、表面静电及微塑性变形的作用，使得微粒间发生了聚集。

5.2.1.2　颗粒形貌

图 5-5 为不同活化时间下的镍渣 SEM 图。由图 5-5（a）可以看出当机械活

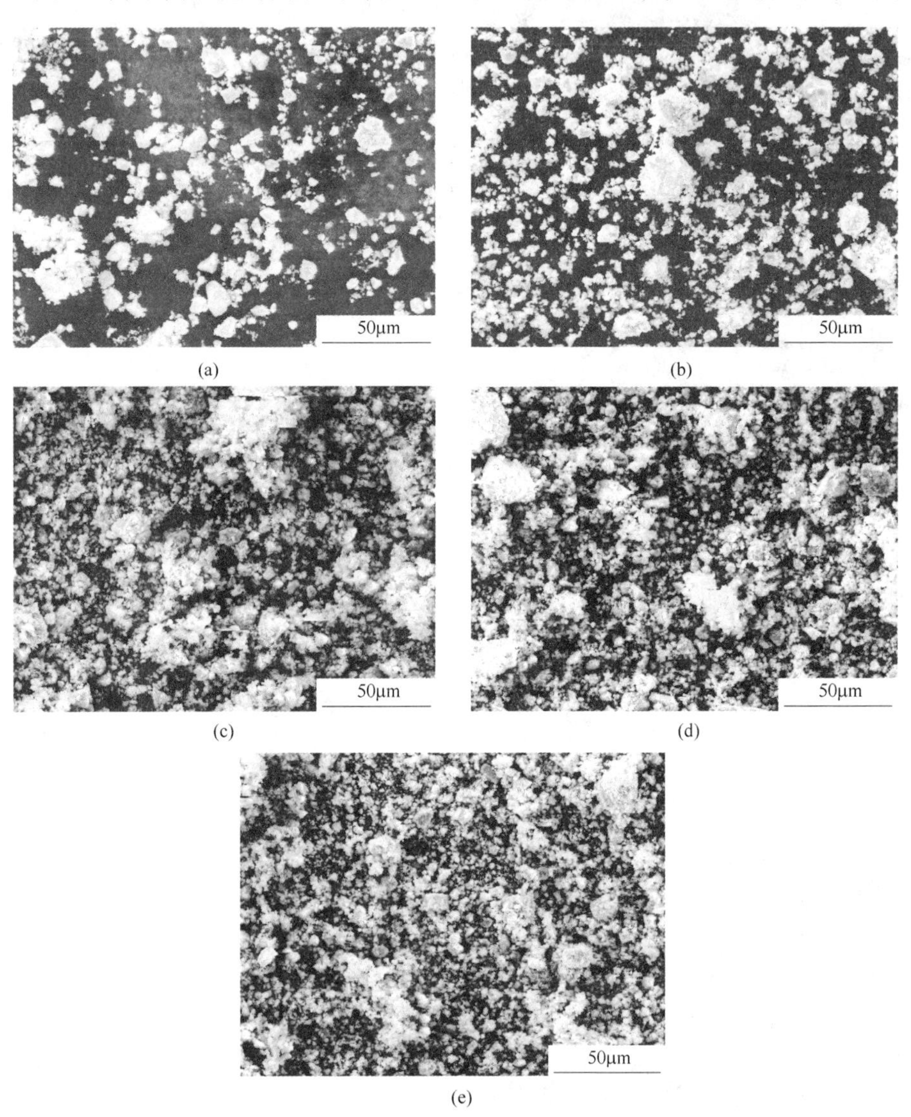

图 5-5　经不同时间机械活化后的镍渣 SEM 形貌
（a）4h；（b）6h；（c）8h；（d）10h；（e）12h

化 4h 后，镍渣中颗粒尺寸大小相对一致，分布较为分散，镍渣形貌呈现无规则形状且变化明显。随着机械活化时间的延长，镍渣颗粒明显变细（见图 5-5（b）和（c）），比表面积变大，孔隙率降低。当机械活化时间延长至 10~12h 后（见图 5-5（d）和（e）），镍渣中大部分颗粒变得细小、分布较为弥散均匀，其中存在少量的大颗粒，这是由于无定形化的增加，在形貌上看起来类似于由很多颗粒组成的团聚体。

5.2.2 化学活化效应

5.2.2.1 物相组成

镍渣不同时间活化后的物相组成如图 5-6 所示。当机械活化时间由 4h 增加到 6h，各相的衍射峰强度减小，衍射峰变宽；尤其当机械活化时间延长至 8h 时，各相的衍射峰强度明显降低，机械活化通过球的冲击和碰撞造成了结晶相的减少，微晶尺寸的变化和晶格畸变。当时间继续延长至 10h 以及 12h，衍射峰强度继续减弱，但减弱幅度较 6~8h 的变化小，这表明机械活化的效应虽持续存在，但对各相的结晶相影响降低[1,4]。

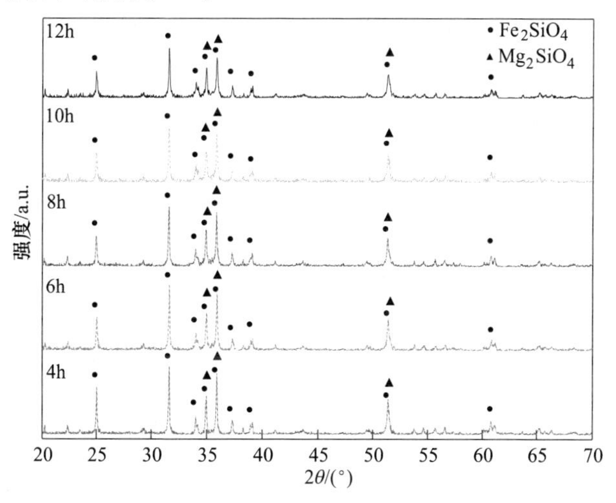

图 5-6 不同时间机械活化后镍渣的 X 射线衍射图

5.2.2.2 微观参数

选取 Fe_2SiO_4 衍射峰中的较强衍射峰进行谱线宽的拟合分析，计算 Fe_2SiO_4 物相的晶块尺寸和晶格畸变。镍渣不同时间活化后粉末中 Fe_2SiO_4 相的微观参数变化见表 5-2。随着活化时间的增加，镍渣粉末中的 Fe_2SiO_4 物相晶块尺寸逐渐减小，晶格畸变率、位错密度和无定形化分数逐渐增大，表明 Fe_2SiO_4 物相非晶化程度不断增大。

表 5-2　镍渣不同时间活化后粉末中 Fe_2SiO_4 相的微观参数变化

活化时间/h	晶块尺寸 d/nm	晶格畸变 ε/%	位错密度 ρ/m^{-2}	无定形化分数 x/%
4	1063.5	0.098	21.2×10^{14}	6.8
6	771.6	0.106	80.6×10^{14}	11.4
8	447.6	0.152	121.3×10^{14}	26.2
10	223.3	0.236	146.8×10^{14}	31.9
12	16.3	0.243	168.3×10^{14}	35.5

5.2.2.3　表面官能团

经过不同时间机械活化后的镍渣粉末红外光谱如图 5-7 所示。位于 700cm^{-1} 到 1200cm^{-1}之间的 Si—O—Si 的伸缩振动和弯曲振动吸收峰以及 Si—O 间的复杂结构吸收峰随着活化时间的增加逐渐降低直至消失。这表明 Si—O—Si 键以及 Si—O 的复杂结构已被打破，并且最强吸收峰逐渐向右偏移，表明 Si—O 键的结构变得简单。位于 400cm^{-1}到 480cm^{-1}的 Si—O—Si 摇摆振动衍射峰呈现出向右偏移的趋势，且吸收峰强度降低。从位于 400cm^{-1}到 480cm^{-1}的 Si—O—Si 摇摆振动衍射峰的变化可以进一步证明机械活化可以有效地打破 Si—O 键，使得镍渣中难还原的 Fe_2SiO_4 结构被破坏，变成了游离状的 FeO 和 SiO_2，从而达到促进碳热还原的效果。

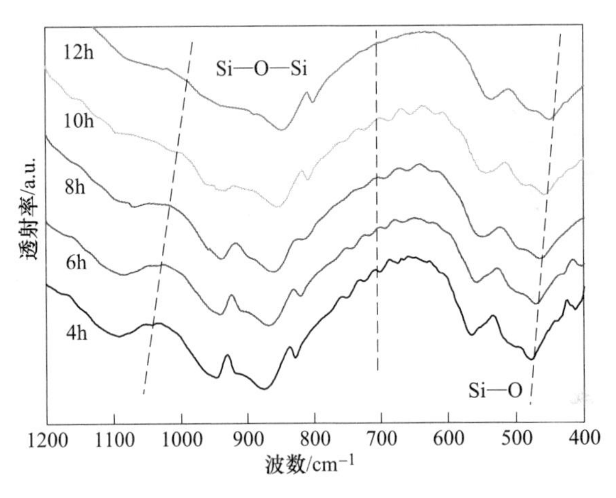

图 5-7　机械活化镍渣的红外光谱

5.2.2.4　机械力储能

镍渣粉末活化后的机械力储能见表 5-3。在机械力作用下，镍渣中的 Fe_2SiO_4

颗粒高度活化，总储能以位错储能占主导，无定形化储能次之，而表面吉布斯自由能和晶界储能的贡献很小，几乎可以忽略不计。随着机械活化时间的延长，活化后的 Fe_2SiO_4 的表面吉布斯自由能、晶界储能、位错储能、无定形化储能以及总储能均增大。

表 5-3　机械活化镍渣中 Fe_2SiO_4 的机械力储能变化

活化时间/h	ΔG_s/ kJ · mol^{-1}	ΔG_{Gb}/kJ · mol^{-1}	ΔG_d/kJ · mol^{-1}	$(\Delta G_{am})_{298K}$ /kJ · mol^{-1}	ΔG/ kJ · mol^{-1}
4	0.004	0.0009	449.1	5.01	413.6
6	0.005	0.0013	1451.1	8.40	1294.1
8	0.009	0.0022	2065.8	19.30	1543.9
10	0.018	0.0046	2433.1	23.50	1680.4
12	0.257	0.0667	2735.3	26.16	1790.4

5.3　机械活化镍渣直接还原

本节对机械活化后的镍渣进行碳热还原，对还原产物进行分析表征，从机械活化时间、还原温度、还原时间三个影响因素分析机械活化强化镍渣碳热还原的效应，获得适宜的实验参数，为镍渣还原提铁提供实验数据支撑。

5.3.1　镍渣直接还原热力学

镍渣中的 Fe 主要存在于铁橄榄石相中，Fe_2SiO_4 还原反应总方程如下：

$$Fe_2SiO_{4(s)} + 2C_{(s)} = 2Fe_{(s)} + SiO_{2(s)} + 2CO_{(g)},\quad \Delta G_m = 335400 - 321.3T \tag{5-8}$$

镍渣中 Fe_2SiO_4 的碳热还原理论上在 1044K（此处为查阅有关书籍后的热力学数据推导获得，按 4.2 节 FactSage 的计算结果为 1085K）时开始，但由于镍渣物相结构复杂，实际还原开始温度可能还会超过 1044K，而通过机械活化处理后的镍渣，由于增加了镍渣中 Fe_2SiO_4 的机械储能，破坏了 Fe_2SiO_4 相中 Si—O—Si 的复杂结构，使得难还原的铁橄榄石变得更易还原。

5.3.2　机械活化对镍渣碳热还原的影响

经过不同时间机械活化后的镍渣失重曲线如图 5-8 所示[1,4]。镍渣样品的失重从 773K 开始，直至温度升至 1273K，样品的失重持续进行。样品最终失重量因机械活化时间不同而不同。活化时间 4h、6h、8h、10h 和 12h 的镍渣，实验结束时总失重率分别为 10.58%、11.78%、12.96%、14.55%和 15.93%。活化时间越长，最终的重量损失越大，说明还原效果越佳。通过 TG 曲线也可以看到，不同活化时间（所得粒径不同）其反应速率不同，机械活化时间越长的镍渣，反应速率越快，表明机械活化可以有效促进镍渣的碳热还原速率。还原时间 70min 后，镍渣的重量损失逐渐减小，质量损失曲线趋于平缓。另外，未经过机械活化的样品，由于铁橄榄石的粒径较大，与还原剂的接触面积少，C 原子和 O 原子扩散到接触面的传质阻力较大，导致反应初期受到扩散抑制和影响。而经过机械活化的样品，破坏了镍渣中铁橄榄石的大颗粒，使得铁橄榄石颗粒粒径和单位体积的反应接触面积增大，C 原子和 O 原子的扩散阻力变小，反应初始阶段的化学阻力变为主要控制因素，反应速率与未反应铁橄榄石浓度直接相关。

综合热重曲线和热力学计算，可以看出机械活化可以有效降低镍渣中各物相的还原温度。

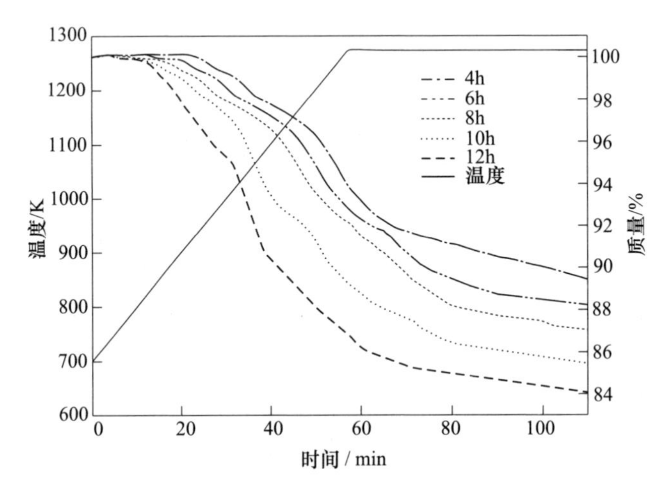

图 5-8 不同时间机械活化后镍渣的失重曲线及其随还原温度的变化

5.3.3 影响镍渣直接还原的主要因素

5.3.3.1 还原温度

温度是影响镍渣还原的重要因素，图 5-9 为机械活化不同时间的镍渣在不同还原温度下还原 50min 的金属化率。不同活化时间的镍渣随着还原温度的升高，金属化率呈现相同的趋势，机械活化时间越长，最终金属化率越大。机械活化 4h 的镍渣，在 873K、973K、1073K、1173K 和 1273K 还原 50min 后金属化率分别为 16%、22%、25%、35%和 47%。机械活化 12h 的镍渣，在以上各温度还原 50min 后，相应的金属化率分别为 20%、40%、60%、70%、79%[1,4]。

机械活化时间越长，镍渣颗粒越细，镍渣的碳热还原反应速率越高，相应的其金属化率增大。升高还原温度能增大反应物分子中活化分子的百分数，有效碰撞增加，所以反应速率以及金属化率都明显增加。

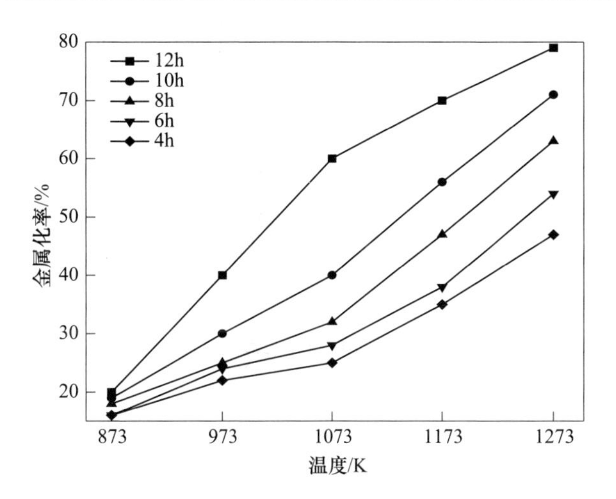

图 5-9 不同时间机械活化后的镍渣金属化率与还原温度的关系

机械活化 12h 后的镍渣在不同还原温度（873K、973K、1073K、1173K 和 1273K）还原 50min 后的产物物相如图 5-10 所示。随着还原温度的升高，Fe_2SiO_4 的衍射峰逐渐降低直至消失。在 1073K 的还原温度下 Fe 的峰值出现，随着还原温度的升高，Fe 的衍射峰显著增强，出现强 Fe 峰。当温度升高至 1173K 时，出现玻璃相 SiO_2，Fe 的衍射峰持续增强。Fe 的衍射峰在 1273K 时达到最大。这表明升高温度可以有效地促进镍渣还原反应的进行，提高还原产物的金属化率。

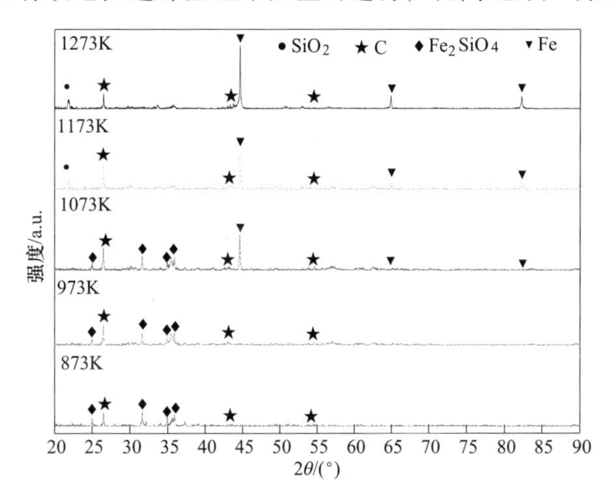

图 5-10 活化 12h 后的镍渣在不同还原温度保温还原 50min 后的产物 XRD 图谱

5.3.3.2 还原时间

不同时间机械活化后的镍渣在 1273K 保温还原不同时间的金属化率如图 5-11 所示。随着还原时间的延长，各组镍渣均快速被还原，金属化率快速提高，但不同时间机械活化后的镍渣金属化率差异较大。机械活化4h的镍渣，在1273K的还原温度下保温30min、50min、70min后，其金属化率分别为40%、47%、52.43%。机械活化8h的镍渣，在以上相同的还原温度和还原时间条件下，金属化率分别为59%、63%、66.31%。机械活化12h的镍渣，其金属化率相应提升到72%、79%和83.12%。活化时间越长，同样的还原时间，其金属化率越大，其原因是活化时间长的镍渣粒度更细，反应接触面积更大[1,4]。

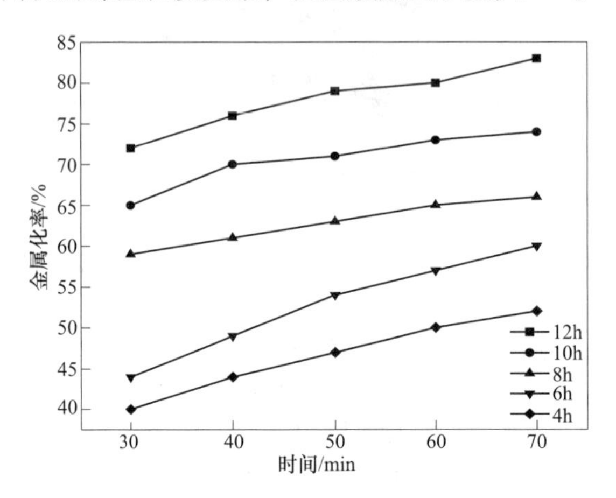

图5-11　不同活化时间的镍渣在1273K保温还原不同时间的金属化率

机械活化12h后的镍渣，在1273K还原30min、40min、50min、60min及70min后的产物形貌如图5-12所示，图中白色区域为还原产生的铁颗粒。还原时间为30min时，产物中的Fe出现但含量较少；还原时间从30min增加到40min，铁颗粒逐渐增多；当还原时间达到50min时，出现许多细小的铁颗粒并且出现了聚集；当还原时间进一步增加至60min时，铁颗粒持续增加，细小的铁颗粒减少，聚集较为明显；当还原时间增加至70min时，出现大量的铁颗粒，且聚集明显。延长还原时间，可以促使镍渣更充分的还原，为还原产物的聚集长大提供了更多的机会，更有利于镍渣的还原[4]。

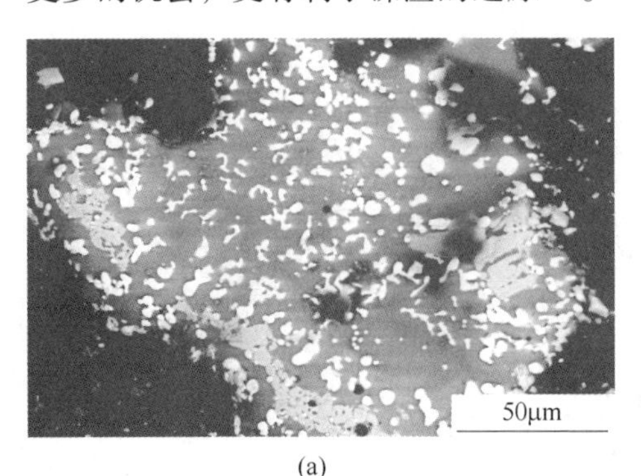

(a)

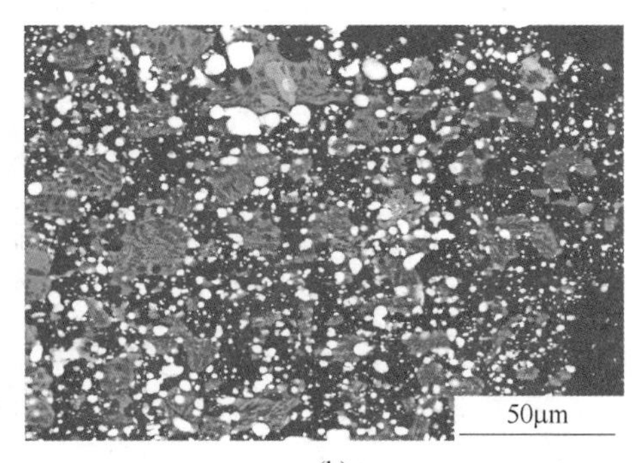

(b)

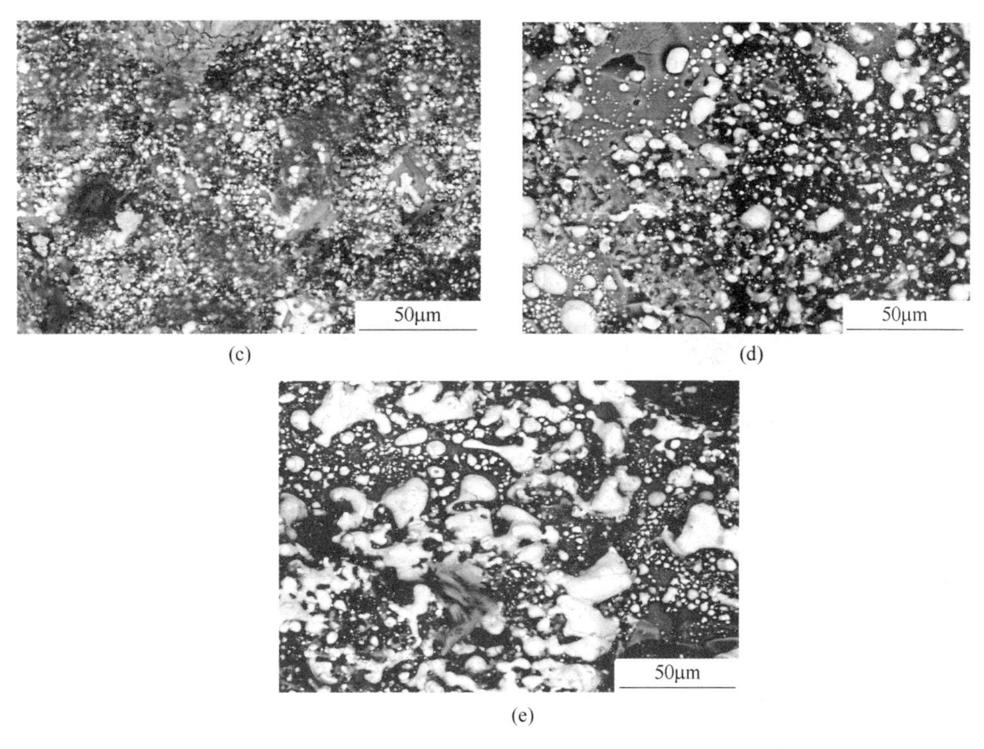

图 5-12 机械活化 12h 后的镍渣 1273K 还原不同时间的 SEM 图谱

（a）30min；（b）40min；（c）50min；（d）60min；（e）70min

机械活化 12h 后的镍渣，在 1273K 下还原 30~70min 后的产物 XRD 物相如图 5-13 所示。当还原时间为 30min 时，出现 Fe 的衍射峰，随着还原时间延长，Fe

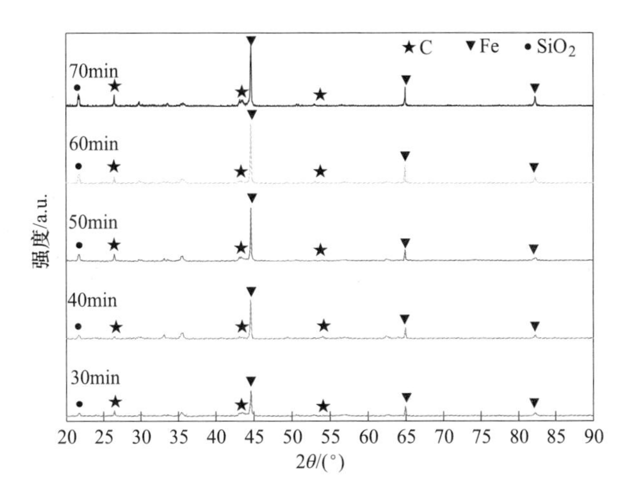

图 5-13 机械活化 12h 后的镍渣 1273K 还原不同时间的产物 XRD

的衍射峰增强，还原时间增加至 70min 时，Fe 的衍射峰增幅变弱，且 SiO_2 峰值相对增大。表明延长还原时间可以使镍渣还原更充分，更利于还原产物 Fe 的生成。

5.3.3.3 活化时间

不同时间机械活化后的镍渣在 1273K 还原 50min 后的形貌如图 5-14 所示。机械活化时间越长的镍渣，由于其粒度更细，具有更高的机械储能，更利于镍渣

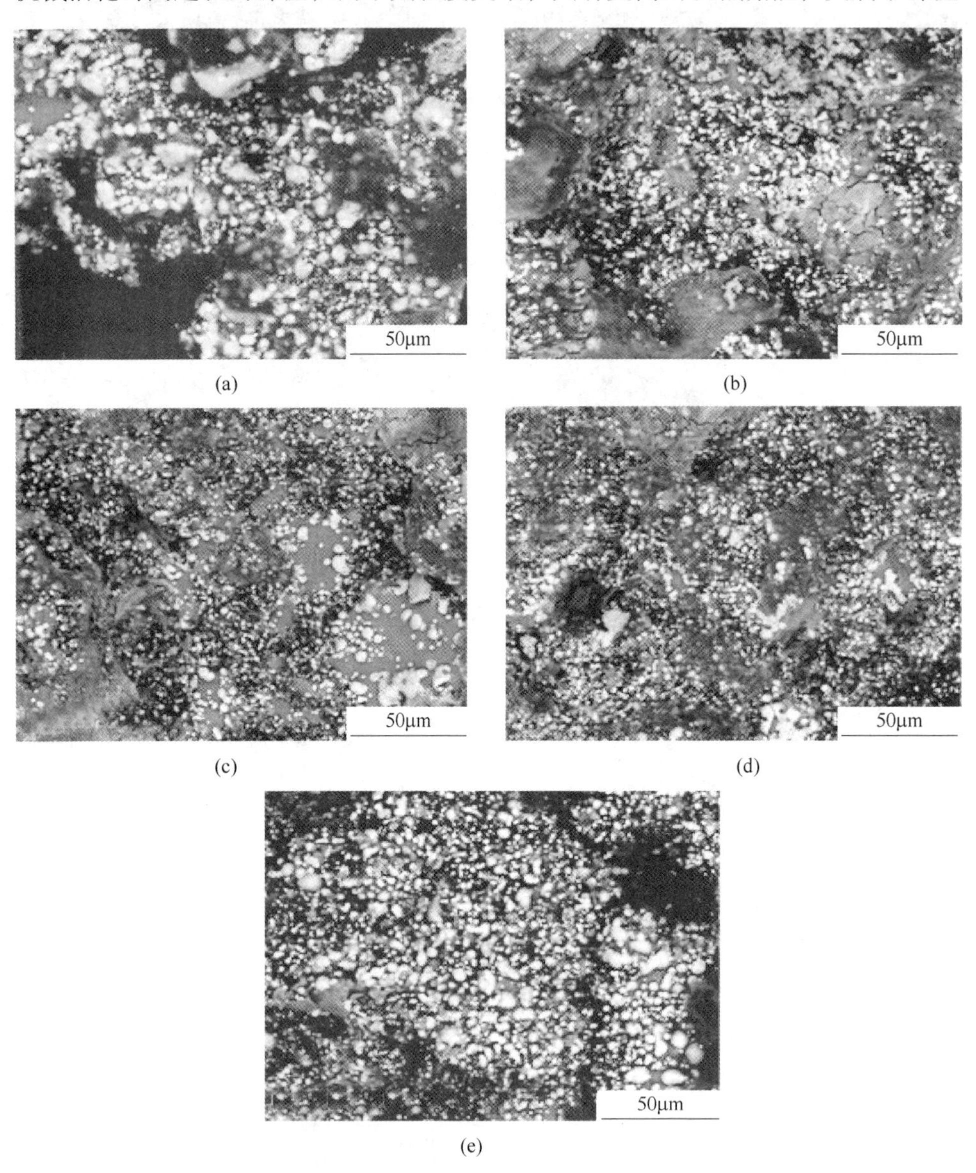

图 5-14 不同时间机械活化后的镍渣 1273K 还原 50min 后的产物 SEM 图谱
(a) 4h; (b) 6h; (c) 8h; (d) 10h; (e) 12h

的还原及还原产物中铁颗粒的聚集长大。由图 5-13 可以看出，机械活化 4h 的镍渣，在 1273K 还原 50min 后其还原产生的 Fe 颗粒较少且分布不均匀。随着活化时间的延长，还原产生的铁颗粒增多，且聚集明显，当机械活化时间由 6h 增加至 8h 时，还原产生的铁颗粒明显增多，当时间进一步延长至 10h、12h 时，还原产生的铁颗粒虽持续增加但增幅减弱，聚集现象更为明显。这表明机械活化可以有效强化镍渣碳热还原的效果[1,4]。

镍渣经 4h、6h、8h、10h、12h 机械活化后，在 1273K 还原 50min 的产物物相如图 5-15 所示。在相同的还原温度和还原时间的条件下，机械活化时间越长的镍渣还原效果越好。当活化时间由 4h 增加至 6h 时，Fe 的衍射峰逐渐增强。特别是当活化时间从 6h 增加到 8h，还原效果显著提高，Fe 衍射峰强度显著增加。当活化时间进一步增加至 12h，铁的衍射峰持续增强，但增强幅度较 6~8h 的幅度减弱。机械活化处理镍渣，可以有效促进镍渣还原反应的进行。

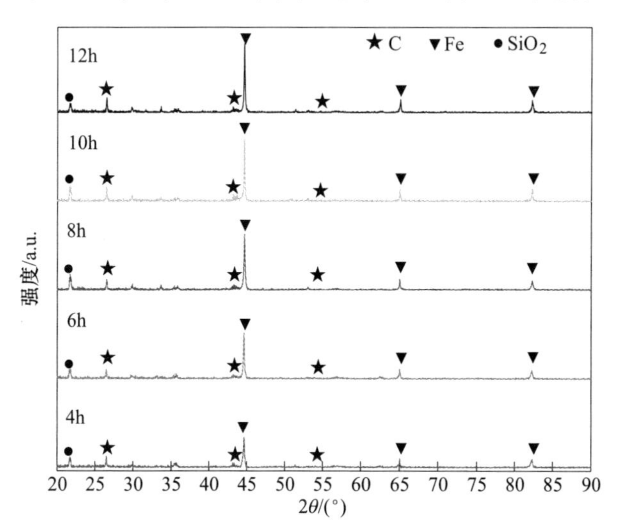

图 5-15 不同活化时间的镍渣 1273K 还原 50min 后的产物 XRD 图谱

5.4 本章小结

（1）镍渣通过机械球磨改变了机械储能。在机械球磨 4h 后，得到平均粒径 37.5μm 的镍渣，折合总储能 413.6kJ/mol。在机械球磨 12h 后，得到平均粒径为 0.531μm 的镍渣，折合总储能 1790.4kJ/mol。

（2）机械活化破坏了镍渣中 Fe_2SiO_4 相的 Si—O—Si 键以及 Si—O 键，使得难还原的 Fe_2SiO_4 结构变得简单，变成 FeO 和 SiO_2，更易还原。Si—O—Si 吸收峰以及 Si—O 间的复杂结构吸收峰随着活化时间增加逐渐降低直至消失。位于 $400cm^{-1}$ 到 $480cm^{-1}$ 的 Si—O—Si 衍射峰呈现出向右偏移的趋势。

（3）活化时间 4h、6h、8h、10h 和 12h 的镍渣，总失重率分别为 10.58%、11.78%、12.96%、14.55%和 15.93%。机械活化时间越长的镍渣，反应速率越快，最终重量损失越大，表明机械活化可以有效促进镍渣的碳热还原。

（4）温度是影响镍渣碳热还原的重要因素。随着温度由 873K 升至 1273K，活化 4h 的镍渣金属化率由 16%增至 47%，活化 12h 的镍渣在 1273K 还原 50min 后金属化率为 79%。

（5）还原时间也是影响镍渣碳热还原的重要因素。机械活化 4h 的镍渣，在还原 30min 时金属化率为 40%，还原 70min 时，提升至 52.43%，活化 12h 的镍渣在 1273K 还原 30min 后金属化率可达 72%，当还原 70min 后，可提升到 83.12%。

参考文献

[1] 杨海博．机械活化对镍渣结构及碳热还原的影响研究［D］．西安：西安建筑科技大学，2020.

[2] 曾见华．新疆区域低品位铁矿制备氧化球团的研究［D］．重庆：重庆大学，2016.

[3] Tromans D，Meech J A. Enhanced dissolution of minerals：stored energy，amorphism and mechanical activation［J］. Minerals Engineering，2001，14（11）：1359-1377.

[4] Li Xiaoming，Yang Haibo，Ruan Jinbang，Li Yi，Wen Zhenyu，Xing Xiangdong. Effect of mechanical activation on enhancement of carbothermal reduction of nickel slag［J］. Journal of Iron And Steel Research International，2020，27（11）：1311-1321.

6　镍渣熔融氧化磁选提铁

熔融氧化是处理冶金固废的绿色节碳技术，可实现镍渣中铁、镍、钴等有价金属元素的共同富集提取。本章研究熔融氧化法富集镍渣中的铁组元到磁铁矿相中，并磁选回收的相关理论和工艺控制，探讨高温矿相重构热力学机制、动力学行为，考察镍渣组分、温度控制、反应气氛等条件对镍渣熔融特性、反应活度、物相平衡及磁铁矿晶体生长过程、形貌的影响规律，同时对磨选解离工艺条件进行优化，为镍渣中有价金属的高效回收提供新思路。

6.1　工艺构想及实验方法

6.1.1　工艺构想

熔融氧化磁选提铁工艺首先将镍渣进行改质，通过加入 CaO 促使熔态镍渣中的铁橄榄石释放 FeO，然后氧化处理使其高温矿相重构，将渣中的铁橄榄石（Fe_2SiO_4）氧化为磁铁矿（Fe_3O_4），从而使铁元素由橄榄石相富集转变为磁铁矿相富集，通过缓冷降温使磁铁矿相优先析出，在不破坏 Fe—O 键的情况下实现 Fe-Si 分离，形成的磁铁矿通过磁选回收，最终达到高效提铁目的[1,2]。通过氧化法回收的含铁产品为磁铁矿粉，具有优异的磁性能，可用于制备磁性材料或电磁功能材料等高附加值产品[3]；同时，氧化法获得的磁铁粉中硫、磷等有害元素低，且保留镍、钴等有价金属元素，作为铁精矿原料对钢铁产品生产有利。镍渣提铁后产生的二次渣中铁等金属元素含量大大降低，可应用于建材、路面材料等无机胶凝材料的制备。熔融氧化磁选提铁工艺流程图如图 6-1 所示。

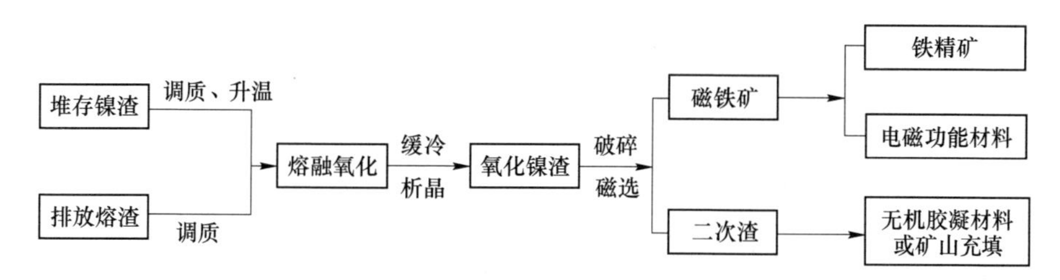

图 6-1　熔融氧化磁选提铁工艺流程图

镍冶炼排渣的温度约 1400~1450℃，现行工艺排渣一般都进行水淬处理，熔渣携带的潜热得不到有效利用，造成热能浪费。利用镍冶炼排渣自带潜热，通过控制降温条件和通入弱氧化性气体，直接将液态渣进行氧化处理，使渣中铁元素以磁性铁氧化物形式存在，同时有效富集回收镍、钴等元素，既有利于渣中有价金属的回收，又可有效利用生产余热，对镍冶炼企业绿色持续发展具有重大意义。

6.1.2　理论依据

6.1.2.1　镍渣熔融改质的理论依据

镍渣中的铁元素主要以铁橄榄石相（Fe_2SiO_4）存在，而 Fe_2SiO_4 实际可以看成是 $2FeO \cdot SiO_2$，即一个 SiO_2 和两个 FeO 的结合。通过图 6-2 热力学分析可知，无论是 Ca_2SiO_4 或 $CaSiO_3$，在高温下其生成吉布斯自由能均比 Fe_2SiO_4、Mg_2SiO_4 和 $MgSiO_3$ 小，且差值较大，证明 CaO 与 SiO_2 的结合力远大于 FeO、MgO 与 SiO_2 的结合力[4]。因此，镍渣中存在适量的 CaO 可以促使铁橄榄石释放 FeO，有利于氧化反应进行。

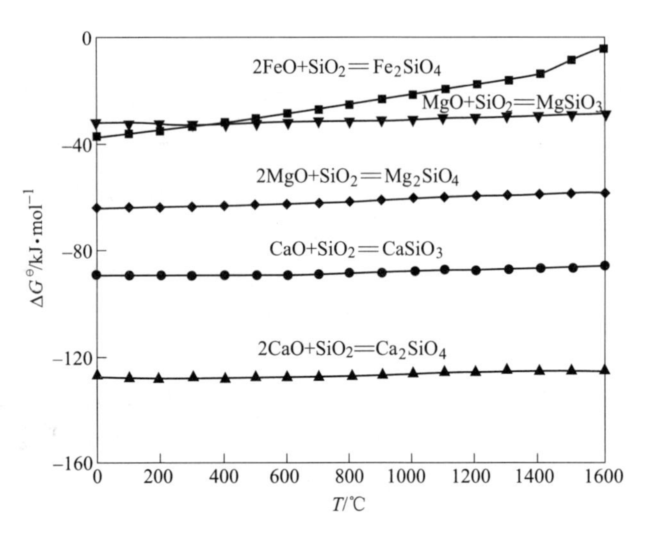

图 6-2　五种硅酸盐的 $\Delta G^{\ominus}$ 随温度的变化

6.1.2.2　磁铁矿相生成的理论依据

在熔融状态下，氧化物一般有两种不同的存在状态：以简单分子存在的自由氧化物，以复杂分子存在的结合化合物。铁橄榄石结构稳定，只有离解或被置换出自由氧化物（FeO）后，氧化反应才会发生。以调质渣中 CaO、FeO、SiO_2、MgO 组分含量为计算依据绘制 CaO-FeO-SiO_2-MgO 四元渣系在空气气氛下的三元相图，如图 6-3 所示。由相图可以看出，镍渣成分点位于尖晶石相区中心，说明在合适的温度条件下，调质镍渣在氧化性气氛中可以形成稳定的磁铁矿（Fe_3O_4）相。

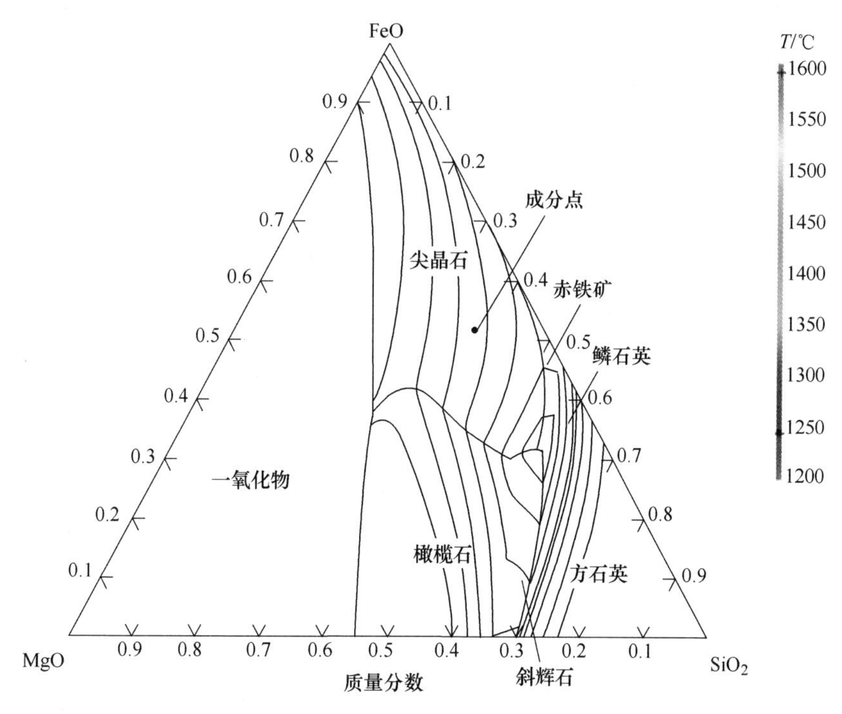

图 6-3 CaO-FeO-SiO_2-MgO 四元渣系相图（R=0.6，P_{O_2}=0.21kPa）

6.1.2.3 磁铁矿晶体优先析出的理论依据

通过热力学模拟计算绘制镍渣成分在不同温度下的物相组成，如图6-4所

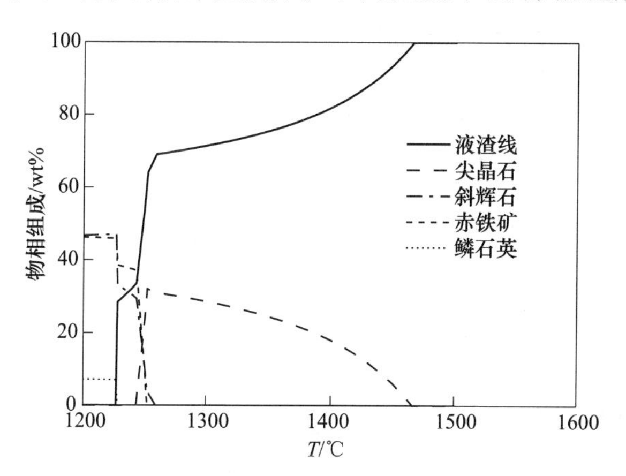

图 6-4 CaO-FeO-SiO_2-MgO 四元渣系在不同温度下的物相组成（R=0.6，P_{O_2}=0.21kPa）

示。在镍渣 CaO-FeO-SiO_2-MgO 四元熔渣体系中，尖晶石相的理论初始析晶温度在 1466℃附近，析晶温度范围约在 1250~1466℃，而在此温度区间只有液相与尖晶石相存在。据此可知，控制合适的析晶温度范围可以保证熔渣中磁铁矿相优先选择性析出。

6.1.3　实验方法

6.1.3.1　原料

实验原料为某镍冶炼企业闪速炉排放的水淬镍渣（成分见表 6-1），呈黑色不规则颗粒，粒径 2~5mm，实验前将其破碎至粒径小于 200 目（74μm）备用。镍渣中全铁（TFe）含量 36.7%，同时还富含微量镍、钴、铜等有价金属元素，主要物相为铁镁橄榄石相（$(Fe, Mg)_2SiO_4$）。调质剂使用分析纯 CaO，在马弗炉中 1000℃煅烧 2h 后备用。

表 6-1　镍渣的化学成分表　　(wt%)

成分	TFe	SiO_2	MgO	CaO	Ni	Co	Cu	S	其他
含量	36.74	34.78	9.93	1.18	0.38	0.1	0.28	0.76	15.85

6.1.3.2　热力学计算

FactSage 热力学软件拥有比较完善的炉渣热力学数据库，用于计算渣系固相线与液相线温度、黏度以及进行相应相图的绘制。

6.1.3.3　镍渣熔化特性测定

炉渣的熔化特性主要包括熔化温度和黏度。熔化温度利用热态显微镜（见图 6-5（a））实时记录样品在升温过程中的高度变化来测定。当温度达到设定值后，计算机自动采集第一张轮廓图作为样品的参比高度，其高度定为 100%（见图 6-5（b））；将温度升高到使样品高度降低为 75%、50%和 35%时的温度分别定义为软化温度（Softening temperature，T_s，图 6-5（c））、半球温度（Hemispherical temperature，T_h，图 6-5（d））和流淌温度（Fluid temperature，T_f，图 6-5（e））。

炉渣黏度采用柱体旋转法测定，测量之前须保证熔渣成分均匀。

6.1.3.4　镍渣熔融氧化-析晶试验

实验所用主原料为镍渣，改质剂为分析纯氧化钙，氧化剂为空气。镍渣熔融氧化试验在高温管式炉或马弗炉中进行，通过加入 CaO 对原渣进行调质。实验按照以下步骤进行：（1）将镍渣破碎筛分至粒径小于 74μm。称取一定质量的镍渣与 CaO 配制碱度为 0.38~1.50 的改质镍渣，混合均匀后压片，盛于刚玉坩埚中。

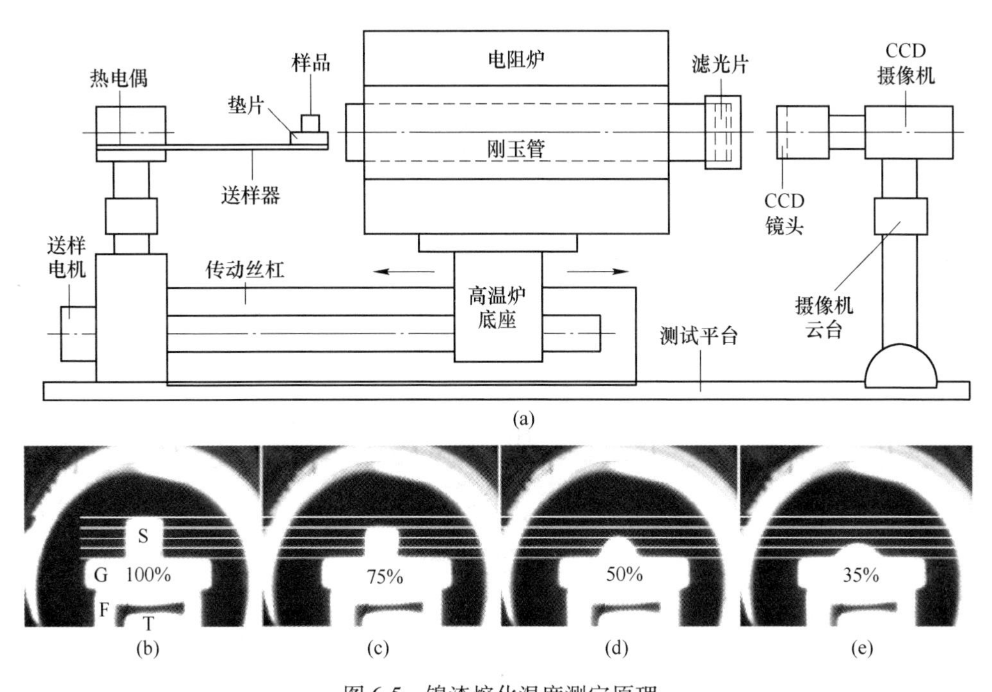

图 6-5 镍渣熔化温度测定原理

（a）热态显微镜示意图；（b~e）样品熔化过程中的轮廓图

（图（b）中的 F、G、S 和 T 分别对应图（a）中的送样器、垫片、样品和热电偶）

(2) 将坩埚放置于高温炉中，以 5℃/min 的速率升温至设定氧化温度（1350~1550℃)。(3) 在空气气氛中静态保温，或采用刚玉管向熔渣内部通入流量为 200mL/min 的空气，保持一定时间使熔渣在保温过程中进行弱氧化。(4) 保温结束后以 1~10℃/min 的冷却速率降温至 1000℃后，自然冷却至室温。然后对氧化渣取样分析。

6.1.3.5 熔渣中磁铁矿晶体析出及生长的高温共聚焦显微镜原位观察

采用高温激光共聚焦显微镜（HT-CLSM，VL2000DX-SVF17SP，Yonekura，Japan）对熔渣连续冷却过程进行原位观察，获取磁铁矿晶体析出和生长的直观图像表征。图 6-6 为 HT-CLSM 的原理示意图。

试验过程包括以下几个阶段：(1) 将装有调质镍渣的铂金坩埚置于 CSLM 的观察仓平台上，观察仓抽真空后用 200mL/min 的高纯氩气吹扫 20min，然后在 300℃/min 的升温速率下迅速升温至 1550℃，保证镍渣处于完全熔融状态。(2) 关闭系统氩气通道，同时解除 CSLM 观察仓的密封状态，使样品暴露在空气气氛中，保温 30min，熔融镍渣接触空气后充分氧化。(3) 以设定冷却速率（5℃/min、10℃/min、15℃/min、25℃/min、50℃/min）匀速降温至 1100℃，原位观察磁铁矿

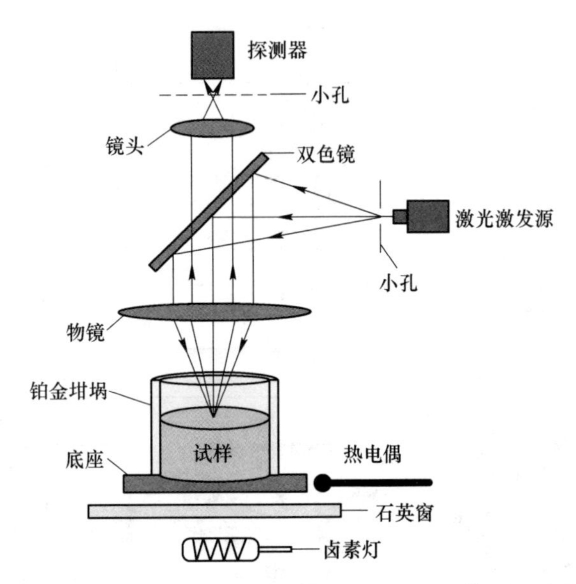

图 6-6　高温激光共聚焦显微镜（HT-CLSM）工作原理示意图

晶体在熔体中析出和生长的过程。（4）以 500℃/min 迅速降至室温。实验结束后，将冷却样品回收用于 SEM 和 XRD 表征。记录降温过程中晶体生长的完整过程图像，利用 Image J 图像分析软件测量并计算不同时间（温度）点单个晶体颗粒的面积，并将其等效为圆面积，得到等效晶体颗粒半径，即单个晶体颗粒的平均生长半径。将首次观察到该晶体颗粒的时间标记为时间零点，得到时间-生长半径曲线和温度-生长半径曲线，对时间-生长半径曲线微分后还可获取不同温度点晶体瞬时生长速率。

6.1.3.6　样品的检测与表征

研究涉及常用的检测表征方法和手段见表 6-2。

表 6-2　检测表征方法

检测类型	仪器/方法
亚铁含量和全铁含量/wt%	化学滴定容量法（GB/T 6730. 8—2016 和 GB/T 6730. 70—2013）
痕量和微量元素分析/wt%	电感耦合等离子发射光谱仪（ICP-OES，ICAP-7400，美国）
物相分析	X 射线衍射仪（XRD，RIGAKU D/Max 2400，日本）
显微结构与微区成分分析	扫描电子显微镜（SEM，SU-6600，HITACHI，日本）
熔化特征温度	热态显微镜（LZ-Ⅲ，东北大学，中国）
黏度测试	高温熔体物性测试仪（RTW-16，东北大学，中国）
高温共聚焦显微镜原位观察	高温共聚焦显微镜（VL2000DX-SVF17SP，Yonekura，日本）
显微硬度	全自动显微硬度测试系统（W1102D37，标乐公司，美国）

6.2　镍渣熔融氧化热力学

镍渣主要成分可简化为 FeO、SiO_2、MgO、CaO 等氧化物，因此在表征镍渣成分基础上，研究 FeO-SiO_2-MgO-CaO 四元渣系的热力学性质，对镍渣熔融氧化-析晶过程具有重要的指导意义。熔渣的熔化特性、黏度变化会直接影响镍渣的熔融氧化析晶条件，而熔渣中 FeO 的活度（α_{FeO}）直接关系到磁铁矿 Fe_3O_4 的生成和富集，碱度、氧分压变化对活度以及渣系相平衡都有很大影响。本节涉及的热力学理论数据均采用 FactSage 6.1 热力学软件进行模拟计算。

6.2.1　熔渣特性

熔化温度和黏度是熔渣典型的物理性质。熔化温度体现了渣系熔化的难易程度，黏度关系到熔渣的流动性，两者直接影响熔渣中化学反应、传质速率、晶体析出及长大，是镍渣熔融氧化过程磁铁矿相生成、析出及长大的重要影响因素，其研究结果可指导实验、确定实验条件。

6.2.1.1　熔化温度

A　CaO-SiO_2-FeO-MgO 渣系固相线和液相线温度的理论计算值

熔融特性包括液含率、固相线温度和液相线温度。熔渣中液含率指熔渣处于固液共存时，液相的质量百分数；固相线温度指熔渣升温过程中固相向液相转变时开始出现液相的温度；液相线温度（又称初晶温度）指熔渣降温过程中液相向固相转变时开始出现固相结晶的温度。利用 FactSage 热力学软件计算了不同碱度下 CaO-SiO_2-FeO-MgO 渣系的液-固相转化理论温度。图 6-7（a）为液相含量与温度之间的关系曲线，图 6-7（b）展示了碱度对 CaO-SiO_2-FeO-MgO 渣系固相线

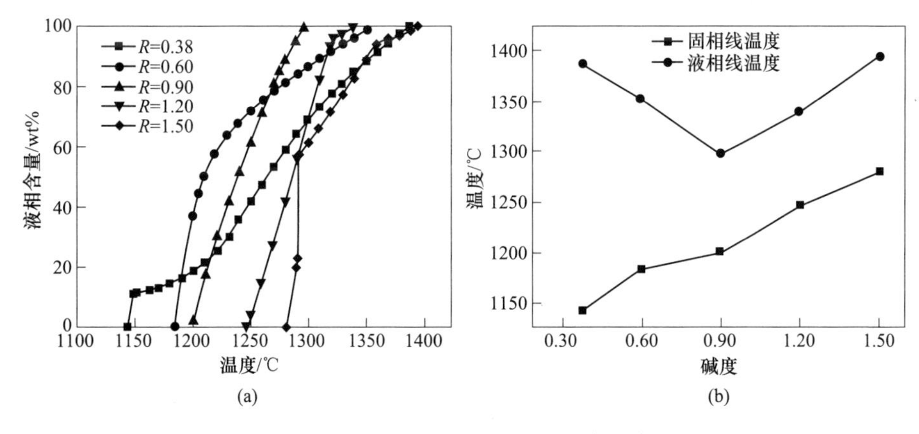

图 6-7　CaO-SiO_2-FeO-MgO 渣系熔融特性

（a）不同碱度液相含量随温度的变化曲线；（b）碱度对固相线温度与液相线温度的影响

温度与液相线温度的影响规律。四元渣系的固相线温度随碱度的增加呈增大的趋势，这主要是因为 CaO 属于高熔点氧化物，加入后会提高渣的熔点。液相线温度随碱度的增加先减小后增加，碱度为 0.90 时，液相线温度最低，此阶段 CaO 的加入将起到助熔效果，降低液相线温度；但当 CaO 加入过多时，CaO 易与 $CaO-SiO_2-FeO-MgO$ 渣系中其他物质形成高熔点物质，使渣系的液相线温度升高。

B　熔化温度的实测值

熔化温度可由软化温度 T_s、半球温度 T_h 和流淌温度 T_f 三个温度指标定义，并由实验测定。图 6-8（a）中给出了不同碱度 $CaO-SiO_2-FeO-MgO$ 配渣的熔化温度变化，图 6-8（b）中给出了不同碱度镍渣原渣的熔化温度变化。通过对比可以看出，配渣和原渣的软化温度、半球温度与流动温度均随着碱度变化影响规律一致，均呈先降低后增加的趋势。当碱度为 0.90 时，三者均达最低；当碱度超过 1.20 后，由于高熔点物相的生成，导致流动温度急剧升高，不利于渣的流动；原渣的流动温度远高于软化温度与半球温度。由于原渣的成分复杂，存在 Ni、Co、Cu、S 等多种杂质元素，会形成一些高熔点物质，导致原渣实测熔化温度高于 $CaO-SiO_2-FeO-MgO$ 配渣的熔化温度。

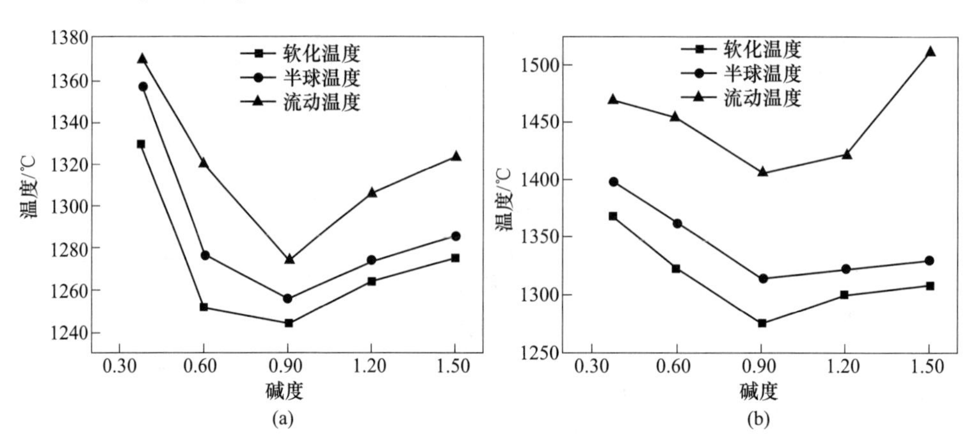

图 6-8　碱度对 $CaO-SiO_2-FeO-MgO$ 渣系熔化温度的影响

（a）配渣熔化温度；（b）原渣熔化温度

6.2.1.2　黏度

A　黏温曲线

不同碱度的 $CaO-SiO_2-FeO-MgO$ 配渣和原渣在不同温度下的黏温曲线如图 6-9 所示。图 6-9（a）为不同碱度下配渣的黏温曲线，碱度为 0.38~1.20，熔渣黏度高于 0.25Pa · s 时，熔渣黏度随温度的降低迅速增加；碱度为 1.50，熔渣黏度值为 0.25~0.75 Pa · s 时，熔渣黏度随温度的降低其黏度升高幅度较缓，当黏度高于0.75Pa·s时，随着温度的降低，熔渣黏度开始急剧上升。图6-9（b）为不同碱度下原渣的黏温曲线，当温度在1400℃以上时，在相同碱度条件下，随着温度的降低，镍渣的黏度值变化较小，黏度值在0~0.25Pa·s之间，具有较好的流动性，此时主要是熔渣结构影响熔渣的黏度；当温度低于1400℃时，随着温度的降低，不同碱度的镍渣在不同的温度下黏度值产生突变，这主要与渣系析出的固相种类和数量有关；同时可以看出不同碱度下镍渣的黏温曲线都具有结晶渣特性。图6-9（c）为碱度为0.90时配渣与原渣的黏温曲线对比，可以看出当温度高于1400℃时，两者的黏度近似相等；但由于原渣成分复杂，元素种类较多，降温过程中一些高熔点物质首先析出，导致原渣的临界黏度温度高于配渣。

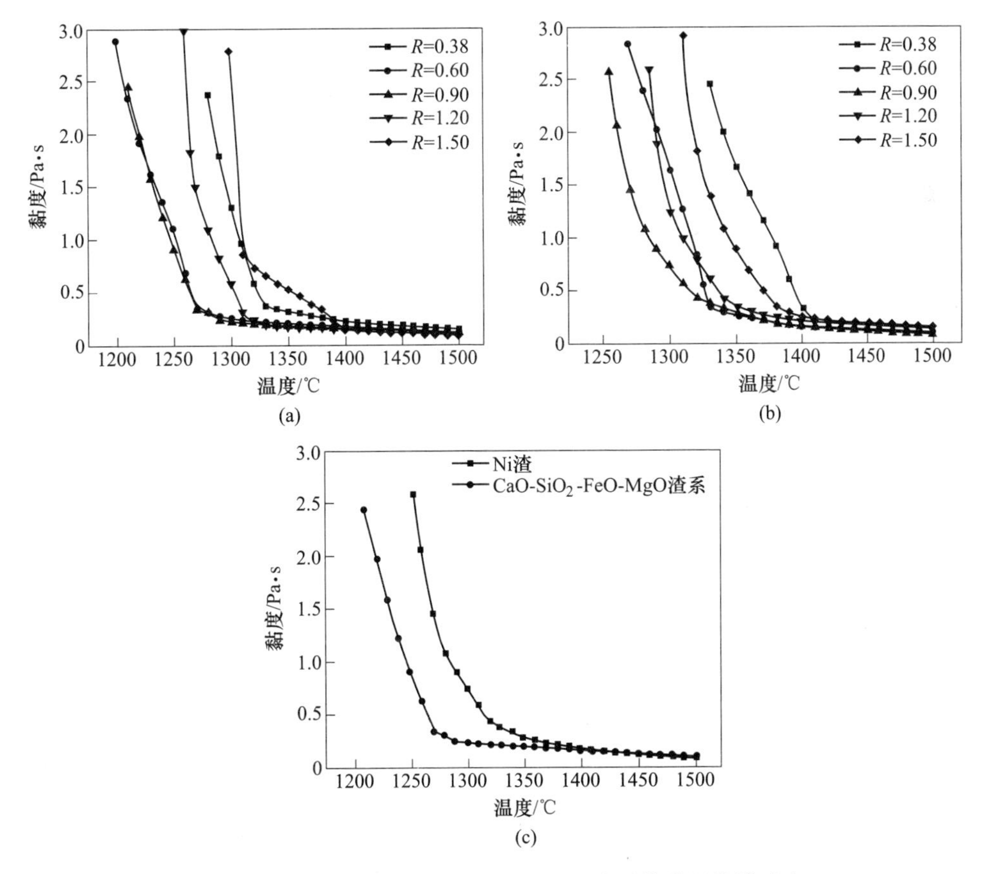

图6-9 不同碱度下 $CaO-SiO_2-FeO-MgO$ 渣系的黏温曲线对比

（a）配渣；（b）原渣；（c）碱度0.9配渣与原渣对比

图6-10为配渣和原渣在1400℃、1450℃和1500℃三种温度下黏度随碱度的变化规律。从图6-10（a）中可以看出，随着碱度的增加，配渣在三个温度下的黏度逐渐降低，趋势一致；同一碱度下，随着温度的升高，熔渣的黏度逐渐减

小；在 1500℃下，当碱度由 0.38 增加到 0.60 时，黏度值由 0.142Pa · s 迅速降低到 0.111Pa · s，当碱度由 0.60 增加到 1.50 时，黏度值由 0.111Pa · s 缓慢降低到 0.080Pa · s。由图 6-10（b）可以看出，三个温度下原渣的黏度随着碱度的增加，呈现先降低后增加的趋势，碱度为 0.60～0.90 时黏度最低。当碱度较低的原渣中加入适量改质剂 CaO 时，铁橄榄石网状结构（SiO_2-FeO-SiO_2）被破坏，促进了氧化进行，磁铁矿的生长导致原渣黏度急剧降低。但当碱度超过 0.90 以后，CaO 将与原渣中的其他组分生成高熔点的物质，使镍渣的熔化温度急剧升高，此时 CaO 虽仍具有破坏铁橄榄石结构的作用，但高熔点固相的析出对黏度的影响更显著。因此，当氧化温度低于 1500℃时，可选择在碱度条件为 0.60～0.90 对镍渣进行熔融氧化，此时熔化温度最低，黏度最小，有利于氧化反应的进行以及磁铁矿相的析出与长大。

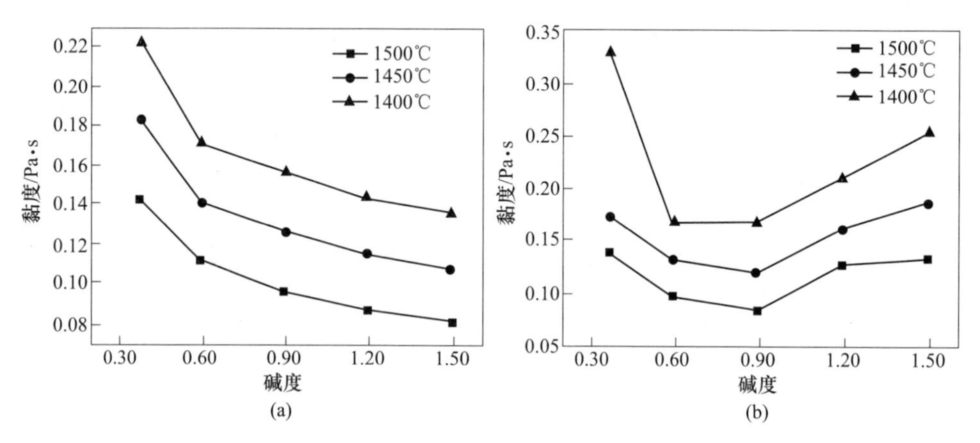

图 6-10　黏度随碱度在不同温度下的变化曲线

（a）配渣；（b）原渣

B　临界黏度温度

在冶金生产过程中，炉渣熔化温度不能过高，有些成分的炉渣虽然熔化温度不高，但是熔化后的黏度较高，熔渣的流动性差，不能满足冶炼的要求，需进一步提高温度才能改善熔渣的流动性。因此，为了保证改质镍渣在熔融氧化过程中具有良好的流动性，使铁元素更好地富集于磁铁矿相中，有必要对改质过程中熔渣的临界黏度温度的演变规律进行研究。Nicholls 等[5]首先提出临界黏度温度 T_{cv} 的定义：液态熔渣随着温度的降低突然由液态流动变为塑性流动，同时黏度突然增加时的温度。Sage 等[6]对大量煤灰样品的黏度进行实验时发现，当熔渣由真液相状态逐渐降温时，黏度逐渐增加，且黏度与温度呈对数关系，但当温度降低到某一点后，黏度将急剧增加，称这个温度点为临界黏度温度 T_{cv}。临界黏度温度的确定方法是在黏温曲线上分别作曲线的两条切线，两切线的交点所对应的温度即为临界黏度温度；同时还应保证熔渣临界黏度温度所对应的黏度值小于 2.5Pa · s。

根据黏温曲线确定的配渣和原渣在不同碱度下的临界黏度温度如图 6-11 所示。由图 6-11（a）、（b）可知，配渣和原渣的临界黏度温度都随碱度的增加呈先降低后增加的趋势，当碱度为 0.90 时，临界黏度温度最低。由图 6-11（c）可知，实测配渣的流动温度高于其临界黏度温度，实验结果与理论预期的结论相符。

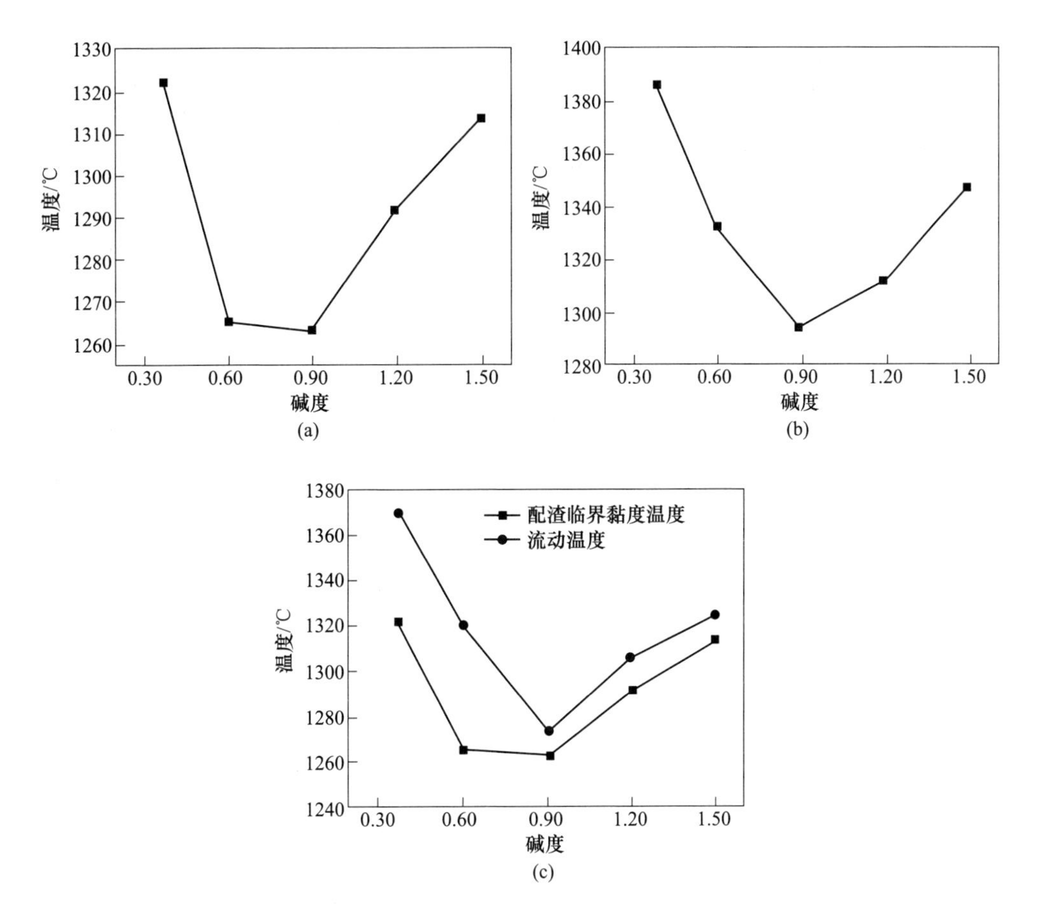

图 6-11 不同碱度条件的临界黏度温度
（a）配渣；（b）原渣；（c）配渣临界黏度温度与流动温度比较

6.2.2 CaO-FeO-MgO-SiO_2 渣系活度模型及 FeO 活度预测

采用离子-分子共存理论为基础，建立 CaO-FeO-MgO-SiO_2 渣系的活度模型，通过计算预测四元渣系中 FeO 活度（α_{FeO}）的变化，研究碱度、FeO 含量、MgO 含量对其影响规律。

6.2.2.1　$CaO\text{-}FeO\text{-}MgO\text{-}SiO_2$ 渣系活度模型的建立

查阅 $CaO\text{-}SiO_2$、$FeO\text{-}SiO_2$、$CaO\text{-}MgO\text{-}SiO_2$、$FeO\text{-}MgO\text{-}SiO_2$、$CaO\text{-}MgO\text{-}SiO_2$ 等相图[7]，$CaO\text{-}FeO\text{-}MgO\text{-}SiO_2$ 四元渣系中存在的结构单元有：CaO、FeO、MgO、SiO_2、$CaO \cdot SiO_2$、$3CaO \cdot 2SiO_2$、$2CaO \cdot SiO_2$、$3CaO \cdot SiO_2$、$2MgO \cdot SiO_2$、$MgO \cdot SiO_2$、$2FeO \cdot SiO_2$、$2CaO \cdot MgO \cdot 2SiO_2$、$3CaO \cdot MgO \cdot 2SiO_2$、$CaO \cdot MgO \cdot SiO_2$、$CaO \cdot MgO \cdot 2SiO_2$ 和 $CaO \cdot FeO \cdot SiO_2$。

设 $b_1=\sum x_{FeO}$，$b_2=\sum x_{CaO}$，$b_3=\sum x_{MgO}$，$a_1=\sum x_{SiO2}$，其中 b_1、b_2、b_3、a_1 分别为 FeO、CaO、MgO、SiO_2 的物质的量，$\sum x$ 为假定 100g 炉渣平衡时各结构单元物质的量；而每个组元在平衡时的作用浓度为：$N_1=N_{FeO}$，$N_2=N_{CaO}$，$N_3=N_{MgO}$，$N_4=N_{SiO_2}$，$N_5=N_{CaO \cdot SiO_2}$，$N_6=N_{3CaO \cdot 2SiO_2}$，$N_7=N_{2CaO \cdot SiO_2}$，$N_8=N_{3CaO \cdot SiO_2}$，$N_9=N_{2MgO \cdot SiO_2}$，$N_{10}=N_{MgO \cdot SiO_2}$，$N_{11}=N_{2FeO \cdot SiO_2}$，$N_{12}=N_{2CaO \cdot MgO \cdot SiO_2}$，$N_{13}=N_{3CaO \cdot MgO \cdot 2SiO_2}$，$N_{14}=N_{CaO \cdot MgO \cdot SiO_2}$，$N_{15}=N_{CaO \cdot MgO \cdot 2SiO_2}$，$N_{16}=N_{CaO \cdot FeO \cdot SiO_2}$。则有化学平衡如下：

$$(Ca^{2+}+O^{2-})+(SiO_2)=\!=\!=(CaO \cdot SiO_2)$$

$$\Delta G^{\ominus}=(-825935-9.79T/K),J/mol \qquad N_5=K_1 \cdot N_2 \cdot N_4 \tag{6-1}$$

$$3(Ca^{2+}+O^{2-})+2(SiO_2)=\!=\!=(3CaO \cdot 2SiO_2)$$

$$\Delta G^{\ominus}=(-236973+9.63T/K),J/mol \qquad N_6=K_2 \cdot N_2^3 \cdot N_4^2 \tag{6-2}$$

$$2(Ca^{2+}+O^{2-})+(SiO_2)=\!=\!=(2CaO \cdot SiO_2)$$

$$\Delta G^{\ominus}=(-160431+4.106T/K),J/mol \qquad N_7=K_3 \cdot N_2^2 \cdot N_4 \tag{6-3}$$

$$3(Ca^{2+}+O^{2-})+(SiO_2)=\!=\!=(3CaO \cdot SiO_2)$$

$$\Delta G^{\ominus}=(-93366-23.03T/K),J/mol \qquad N_8=K_4 \cdot N_2^3 \cdot N_4 \tag{6-4}$$

$$2(Mg^{2+}+O^{2-})+(SiO_2)=\!=\!=2(MgO \cdot SiO_2)$$

$$\Delta G^{\ominus}=(-86670+16.81T/K),J/mol \qquad N_9=K_5 \cdot N_3^2 \cdot N_4 \tag{6-5}$$

$$(Mg^{2+}+O^{2-})+(SiO_2)=\!=\!=(MgO \cdot SiO_2)$$

$$\Delta G^{\ominus}=(-30013-5.02T/K),J/mol \qquad N_{10}=K_7 \cdot N_1 \cdot N_4 \tag{6-6}$$

$$2(Fe^{2+}+O^{2-})+(SiO_2)=\!=\!=(2FeO \cdot SiO_2)$$

$$\Delta G^{\ominus}=(-28596+3.349T/K),J/mol \qquad N_{11}=K_7 \cdot N_1^2 \cdot N_4 \tag{6-7}$$

$$2(Ca^{2+}+O^{2-})+(Mg^{2+}+O^{2-})+2(SiO_2)=\!=\!=(2CaO \cdot MgO \cdot 2SiO_2)$$

$$\Delta G^{\ominus}=(-73688+63.69T/K),J/mol \qquad N_{12}=K_8 \cdot N_2^2 \cdot N_3 \cdot N_4^2 \tag{6-8}$$

$$3(Ca^{2+}+O^{2-})+(Mg^{2+}+O^{2-})+2(SiO_2)=\!=\!=(3CaO \cdot MgO \cdot 2SiO_2)$$

$$\Delta G^{\ominus}=(-315469+24.78T/K),J/mol \qquad N_{13}=K_9 \cdot N_2^3 \cdot N_3 \cdot N_4^2 \tag{6-9}$$

$$(Ca^{2+}+O^{2-})+(Mg^{2+}+O^{2-})+(SiO_2)=\!=\!=(CaO \cdot MgO \cdot SiO_2)$$

$$\Delta G^{\ominus}=(-124766+3.38T/K)\ J/mol \qquad N_{14}=K_{10} \cdot N_2 \cdot N_3 \cdot N_4 \tag{6-10}$$

$$(Ca^{2+}+O^{2-})+(Mg^{2+}+O^{2-})+2(SiO_2)=\!=\!=(CaO \cdot MgO \cdot 2SiO_2)$$

$$\Delta G^{\ominus}=(-80387-51.91T/\mathrm{K}),\mathrm{J/mol} \qquad N_{15}=K_{11}\cdot N_2\cdot N_3\cdot N_4^2 \tag{6-11}$$

$$(Ca^{2+}+O^{2-})+(Fe^{2+}+O^{2-})+(SiO_2)=\!=\!=(CaO\cdot FeO\cdot SiO_2)$$

$$\Delta G^{\ominus}=(-72997-29.31T/\mathrm{K}),\mathrm{J/mol} \qquad N_{16}=K_{12}\cdot N_1\cdot N_2\cdot N_4 \tag{6-12}$$

根据物料平衡可得:

$$\sum_{i=1}^{16} N_i = 1 \tag{6-13}$$

$$即 N_1 + N_2 + N_3 + N_4 + \cdots + N_{15} + N_{16} = 1 \tag{6-14}$$

$$b_1 = (0.5N_1 + 2N_{11} + N_{16})\sum x \tag{6-15}$$

$$b_2 = (0.5N_2 + N_5 + 3N_6 + 2N_7 + 3N_8 + 2N_{12} + 3N_{13} + N_{14} + N_{15} + N_{16})\sum x \tag{6-16}$$

$$b_3 = (0.5N_3 + 2N_9 + N_{10} + N_{12} + N_{13} + N_{14} + N_{15})\sum x \tag{6-17}$$

$$a_1 = (N_4 + N_5 + 2N_6 + N_7 + N_8 + N_9 + N_{10} + N_{11} + N_{12} + 2N_{13} + N_{14} + 2N_{15} + N_{16})\sum x \tag{6-18}$$

分别联立式(6-15) 和式(6-16)、 式(6-16) 和式(6-17)、 式(6-17) 和式(6-18) 可得:

$$b_1(0.5N_2 + N_5 + 3N_6 + 2N_7 + 3N_8 + 2N_{12} + 3N_{13} + N_{14} + N_{15} + N_{16}) = b_2(0.5N_1 + 2N_{11} + N_{16}) \tag{6-19}$$

$$b_2(0.5N_3 + 2N_9 + N_{10} + N_{12} + N_{13} + N_{14} + N_{15}) = b_3(0.5N_2 + N_5 + 3N_6 + 2N_7 + 3N_8 + 2N_{12} + 3N_{13} + N_{14} + N_{15} + N_{16}) \tag{6-20}$$

$$b_3(N_4 + N_5 + 2N_6 + N_7 + N_8 + N_9 + N_{10} + N_{11} + N_{12} + 2N_{13} + N_{14} + 2N_{15} + N_{16}) = a_1(0.5N_3 + 2N_9 + N_{10} + N_{12} + N_{13} + N_{14} + N_{15}) \tag{6-21}$$

联立式 (6-14) 及式 (6-19)~式 (6-21) 即为 CaO-FeO-MgO-SiO_2 渣系的活度计算模型。以上述计算模型为依据，利用 Matlab 程序建立模型，输入已知数据即可求得 CaO-FeO-MgO-SiO_2 四元渣系中各组元的活度。

由于高温条件下，通过实验测定 CaO-FeO-MgO-SiO_2 渣系中组元活度的条件较为苛刻，且操作困难。因此，本书将 Kim 等[8]通过实验测定的 1500℃时 CaO-FeO-MgO-SiO_2 渣系的 α_{FeO}与本模型计算值进行对比。如表 6-3 所示，计算结果与实验数值吻合良好。

表 6-3 1500℃时 CaO-FeO-MgO-SiO_2 渣系中 α_{FeO} 实验值与计算值

编号	组成/%				α_{FeO}	
	CaO	MgO	SiO_2	FeO	实验	计算
1	4.90	47.70	44.20	3.20	0.09	0.07
2	9.00	44.30	43.20	3.30	0.09	0.08

续表 6-3

编号	组成/%				α_{FeO}	
	CaO	MgO	SiO_2	FeO	实验	计算
3	16.00	40.20	39.80	4.00	0.13	0.10
4	4.80	45.40	41.60	8.10	0.20	0.20
5	9.10	41.30	43.30	5.90	0.15	0.12
6	16.30	39.60	37.50	6.60	0.20	0.20
7	8.80	38.20	35.80	16.70	0.38	0.34
8	15.60	41.60	31.00	11.90	0.38	0.33
9	24.70	33.20	31.00	11.00	0.33	0.32
10	5.20	42.10	79.00	24.70	0.56	0.52
11	9.10	36.90	27.30	26.60	0.58	0.54
12	20.80	26.60	26.50	26.20	0.54	0.54

α_{FeO}的计算值与实验值的标准偏差（S_i^*）以及平均相对误差（S_i）的表达式如式（6-22）、式（6-23）所示：

$$S_i^* = \pm\left[\frac{1}{m}\sum_{i=1}^{m}(\alpha_{i,\exp} - \alpha_{i,\mathrm{clu}})^2\right]^{\frac{1}{2}} \tag{6-22}$$

$$S_i = \frac{1}{m}\sum_{i=1}^{m}\left|\frac{\alpha_{i,\exp} - \alpha_{i,\mathrm{clu}}}{\alpha_{i,\exp}}\right| \times 100\% \tag{6-23}$$

式中，$\alpha_{i,\exp}$为实验测出的活度值；$\alpha_{i,\mathrm{clu}}$为利用模型计算的活度值。

代入表 6-2 中数据，计算可得 $S_i^* = \pm 0.028$，$S_i = 10\%$，误差在可接受范围之内。因此，熔融镍渣中 α_{FeO}可通过本模型进行计算。

6.2.2.2　不同条件 CaO-FeO-MgO-SiO_2 渣系中 FeO 的活度变化

依据离子-分子理论所建立的 CaO-FeO-MgO-SiO_2 渣系的活度模型，通过 Matlab 程序计算熔渣碱度、FeO 含量、MgO 含量对 FeO 活度（α_{FeO}）的影响规律。

A　碱度对 FeO 活度（α_{FeO}）的影响

基于镍渣实际组成，设计 CaO-FeO-MgO-SiO_2 渣系组成：w(Fe)/w(SiO_2)为 1.26、MgO 的质量分数 w(MgO)为 8.40%、FeO 的质量分数 w(FeO)为 54%。1500℃时，α_{FeO}随三元碱度 R[R=(CaO%+MgO%)/SiO_2%，以下简称碱度,%表示质量百分比］的变化规律如图 6-12 所示。由图 6-12 可知，α_{FeO}随碱度的不断增加呈先增加后减小的趋势，当碱度为 1.10 时，α_{FeO}达到最大值。碱度在 0.20 到

1.10 范围内，熔渣中 α_{FeO} 随碱度的增加而增加，但增加趋势逐渐减小；碱度在 1.10 到 1.50 范围内，α_{FeO} 随碱度的增加而缓慢降低。分析其原因，CaO 的碱性比 FeO 的碱性强，CaO 能破坏铁橄榄石的稳定结构，从铁橄榄石中置换出 FeO，致使熔渣中 FeO 的含量增加，α_{FeO} 也就不断增大，CaO 则不断与熔渣中的 SiO_2 形成 $CaO \cdot SiO_2$、$3CaO \cdot 2SiO_2$、$2CaO \cdot SiO_2$ 等复杂硅酸钙化合物；当碱度大于 1.10 时，随碱度的继续增加，过量的 CaO 会与铁氧化物结合而生成铁酸钙 $CaO \cdot Fe_2O_3$，使得渣系中自由 FeO 的含量下降，α_{FeO} 减小。此现象也可从离子理论解释，因为在 FeO-SiO_2 体系内存在较复杂的 Si_xO_{z-y}，当碱度增加时，O^{2-} 的数量增加，既使得 Si_xO_{z-y} 解体而形成较为简单的结构，又可与 Fe^{2+} 形成强离子对 $Fe^{2+} \cdot O^{2-}$，致使 α_{FeO} 增加；当碱度达到 1.10 时，Si_xO_{z-y} 以最简单的 SiO_4^{4-} 形式存在，不再消耗 O^{2-}，而 α_{FeO} 也达到了最大值；当碱度继续增加时，熔渣中有近似于铁酸钙组成的铁氧络离子形成，引起 Fe^{2+} 和 O^{2-} 浓度下降，导致 α_{FeO} 减小。以上分析表明，在镍渣中加入适量 CaO 作为改质剂，可以显著提高渣中 α_{FeO}，为后续 Fe_3O_4 的析出长大提供有利条件。

B FeO 含量对其活度（α_{FeO}）的影响

1500℃时，当 CaO-FeO-MgO-SiO_2 渣系中 w(MgO) 为 8.4%，碱度分别为 0.20、0.50、0.80 和 1.10 时，熔渣中 α_{FeO} 随 w(FeO) 变化规律如图 6-13 所示。由图 6-13 可知，碱度不同时 w(FeO) 对渣系中 α_{FeO} 的影响趋势基本相同，均随 w(FeO) 的增加，α_{FeO} 呈现线性增加的趋势。当 w(FeO) 一定时，随碱度增加，α_{FeO} 有所增大，但当碱度增大至 0.80 后，α_{FeO} 增大的趋势逐渐变缓。上述结果说明，当其他条件一定时，随着渣中 w(FeO) 的增加，渣中的 Fe^{2+} 和 O^{2-} 增多，自由 FeO 的浓度升高，从而使得 α_{FeO} 增大。因此，尽量促使 FeO 生成，增大熔渣中 FeO 含量，进而提高 α_{FeO}。

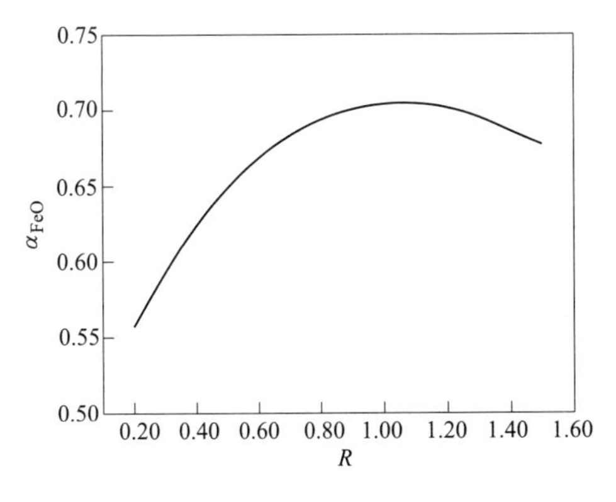

图 6-12 熔渣中 α_{FeO} 与碱度的关系

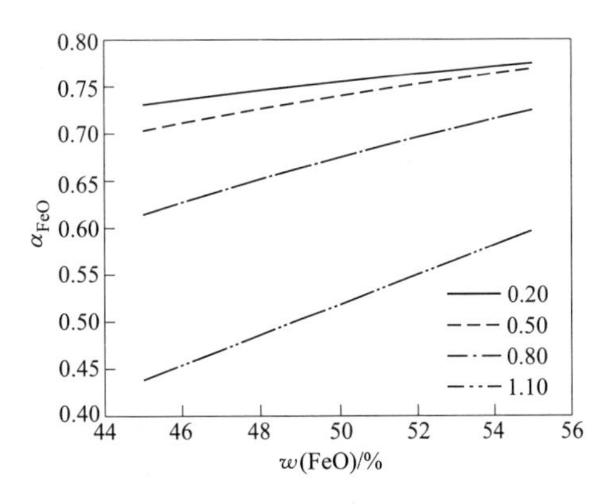

图 6-13 熔渣中 α_{FeO} 随 w(FeO) 的变化规律

C　MgO 含量对 FeO 活度（α_{FeO}）的影响

当 CaO-FeO-MgO-SiO_2 渣系中 w(FeO) 为 54%，w(CaO)/w(SiO_2) 分别为 0.20、0.50、0.80 和 1.10，1500℃时熔渣中 α_{FeO}随 w(MgO) 变化规律如图 6-14 所示。由图 6-14 可以看出，w(CaO)/w(SiO_2) 为 0.20 时，α_{FeO}随 w(MgO) 的增加而增大，因为 MgO 与 CaO 同为碱性氧化物，在熔渣中同样可提供 O^{2-}，但提供 O^{2-}的能力比 CaO 弱。当熔渣中 w(CaO)/w(SiO_2) 值较低，CaO 含量不足时，MgO 提供 O^{2-}占主导地位，随着 w(MgO) 增加，熔渣中的自由 O^{2-}增多，促使结构复杂的 Si_xO_{z-y}解体，游离出自由 FeO，故 α_{FeO}随之增大；w(CaO)/w(SiO_2) 为 0.50 时，α_{FeO}较为稳定，w(MgO) 对其影响较小；w(CaO)/w(SiO_2) 为 0.80～1.10 时，α_{FeO}随 MgO 的质量分数增加反而减小，分析其原因，可能是由于随着熔渣中 w(MgO) 的增多，MgO 与 CaO、SiO_2 等发生反应生成一系列高熔点物质，如镁黄长石（2CaO · MgO · $2SiO_2$，熔点 1500℃）和镁硅钙石（3CaO · MgO · $2SiO_2$，熔点 1823℃），造成熔渣中与铁橄榄石反应的 CaO 减少，部分 Si_xO_{z-y}无法解体，且 O^{2-} 减少，自由 FeO 浓度降低，致使 α_{FeO}有所减小。现场镍渣中 w(CaO)/w(SiO_2) 为 0.11，w(MgO) 较高，对提高渣中 α_{FeO}有利，本书采用 CaO 为改质剂，随着 w(CaO)/w(SiO_2) 的增大，MgO 逐渐对 α_{FeO}产生不利影响。因此，渣系中不宜增加 w(MgO)。

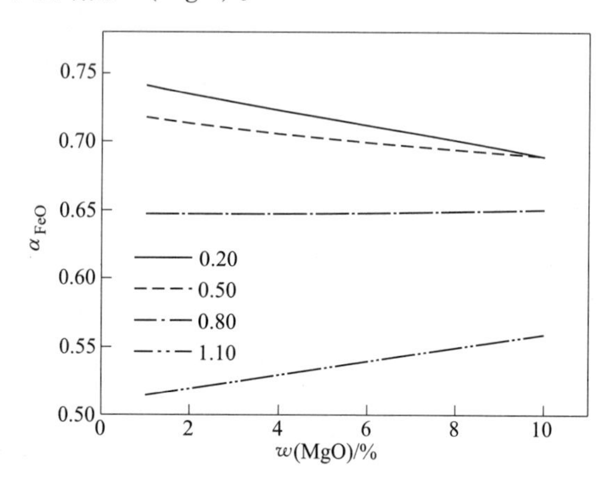

图 6-14　熔渣中 α_{FeO}随 w(MgO) 的变化规律

6.2.3　镍渣熔融氧化过程中相关热力学计算

6.2.3.1　熔融氧化热力学计算

氧化过程中涉及的主要化学反应如下：

$$Fe_2SiO_4 \xlongequal{} 2FeO + SiO_2 \tag{6-24}$$

$$3Fe_2SiO_4 + O_2 \xlongequal{\quad} 2Fe_3O_4 + 3SiO_2 \tag{6-25}$$

$$3Fe_2SiO_4 + 6CaO + O_2 \xlongequal{\quad} 2Fe_3O_4 + 3Ca_2SiO_4 \tag{6-26}$$

$$Fe_2SiO_4 + 2CaO \xlongequal{\quad} 2FeO + Ca_2SiO_4 \tag{6-27}$$

$$6FeO + O_2 \xlongequal{\quad} 2Fe_3O_4 \tag{6-28}$$

$$4Fe_3O_4 + O_2 \xlongequal{\quad} 6Fe_2O_3 \tag{6-29}$$

用 FactSage 6.1 的 Reaction 模块计算了不同反应的 $\Delta G^{\ominus}$ 随温度的变化情况，如图 6-15 所示。由图 6-15 可知，Fe_2SiO_4 分解（反应(6-24)）的 $\Delta G^{\ominus}$ 的变化很小，并且一直都是正值，说明即便温度升高到 1600℃(1873K) 时，Fe_2SiO_4 也不能自发分解。然而，Fe_2SiO_4 可以与 O_2 直接反应生成 Fe_3O_4（反应(6-25)）；当同时引入 CaO 时，Fe_2SiO_4 和 O_2 反应（反应(6-26)）的趋势要远远强于未加入 CaO 时（反应(6-25)）。这主要是由于 Ca_2SiO_4 的 $\Delta G^{\ominus}$ 比 Fe_2SiO_4 小很多，导致 CaO 与 SiO_2 的亲和力比 FeO 与 SiO_2 的亲和力更大、结合能力更强，所以碱性更强的 CaO 可以将 FeO 从其硅酸盐中置换出来（反应(6-27)），置换出来的 FeO 继而与 O_2 反应生成 Fe_3O_4（反应(6-28)）。尽管 Fe_3O_4 可以与 O_2 反应（反应(6-29)）生成 Fe_2O_3，但是该反应的高温反应趋势较弱，其 $\Delta G^{\ominus}$ 在 1350℃(1623K) 时为-3.25kJ/mol，并且当温度继续升高后 $\Delta G^{\ominus}$ 变为正值，表明该反应在温度大于 1350℃(1623K) 后难以进行。

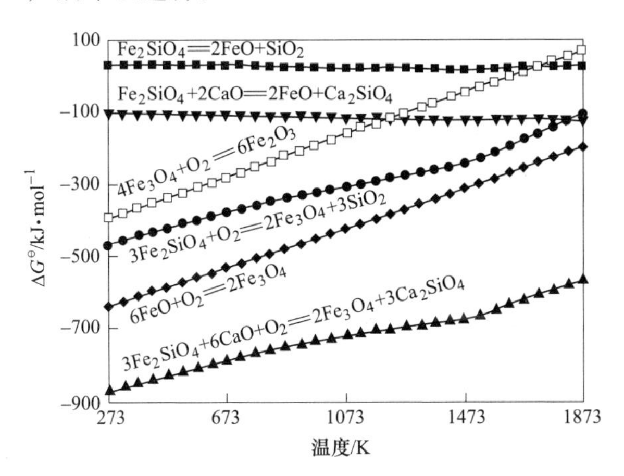

图 6-15 镍渣熔融氧化涉及化学反应的 $\Delta G^{\ominus}$ 与温度关系图

有文献认为这种 Fe_3O_4 未能过氧化为 Fe_2O_3 的现象是由于体系内存在 MgO 的作用，Fe_2O_3 的形成受到抑制，而更有利于形成 Fe_3O_4 和 $MgFe_2O_4$[9]；也有可能 Fe_3O_4 并非不能过氧化为 Fe_2O_3，而是生成的 Fe_2O_3 随后又与体系内的 FeO 反应生成 Fe_3O_4，或者在 MgO 的作用下形成 $MgFe_2O_4$[10]；还有文献认为 Fe_2O_3 可以在高温条件下分解为 FeO 和 O_2[11]或者分解为 Fe_3O_4 和 O_2[12]。本书用 FactSage 7.1 分别计算了不同化学反应的自由能，如图 6-16 所示。

$$4FeO + O_2 = 2Fe_2O_3 \tag{6-30}$$

$$4FeO + 2MgO + O_2 = 2MgFe_2O_4 \tag{6-31}$$

$$Fe_2O_3 + MgO = MgFe_2O_4 \tag{6-32}$$

$$Fe_2O_3 + FeO = Fe_3O_4 \tag{6-33}$$

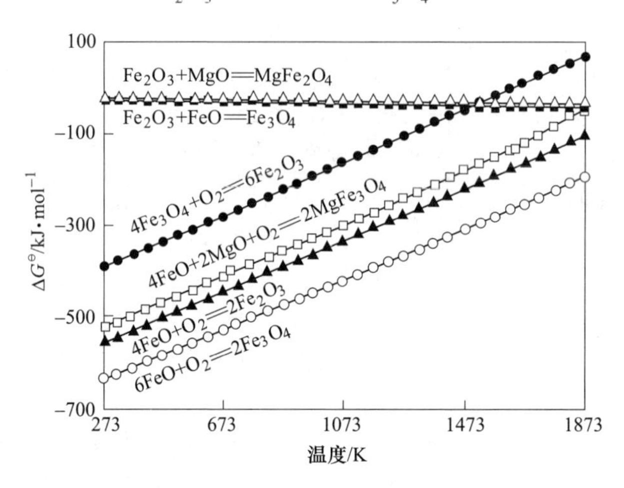

图 6-16　不同反应的 $\Delta G^{\ominus}$ 与温度关系图

根据 FeO 与 O_2 的反应（反应(6-28) 和反应(6-30)）可知，前者的反应趋势更强一些；而 Fe_3O_4 向 Fe_2O_3 的氧化（反应（6-29））趋势要更弱一些，在温度高于1300℃后其 $\Delta G^{\ominus}$将变为正值，说明了 Fe_3O_4 在 1300℃以上的高温下过氧化为 Fe_2O_3 的反应是很难进行的。反之，当温度超过 1350℃后，Fe_2O_3 分解为 Fe_3O_4 和 O_2（反应（6-29）的逆反应）的吉布斯自由能为负数，但是即便温度升高到 1600℃时，其 $\Delta G^{\ominus}$也仅仅达到-68kJ/mol，要比反应（6-30）的 $\Delta G^{\ominus}$高出不少，说明 Fe_2O_3 在 1350℃以上分解为 Fe_3O_4 和 O_2 的可行性也并不高。此外，MgO、FeO 和 O_2 反应生成 $MgFe_2O_4$（反应 6-31）的 $\Delta G^{\ominus}$随温度升高而增加，且在 1400℃时为-132.15kJ/mol，说明该反应在高温下发生的趋势较弱，且该反应进行的趋势要比 FeO 与 O_2 的反应（反应（6-28）和反应（6-30））更弱一些。此外，由于 FeO 和 O_2 反应生成 Fe_2O_3（反应 6-30）的 $\Delta G^{\ominus}$在 0 ~1600℃范围内均小于-100kJ/mol，所以其逆反应的 $\Delta G^{\ominus}$就是相应的正值（大于 100kJ/mol），说明其逆反应从热力学角度难以实现，即 Fe_2O_3 分解为 FeO 和 O_2 是难以实现的。

综上所述，根据相关化学反应的热力学计算可知，富铁镍渣中的 Fe_2SiO_4 与 O_2 反应生成 Fe_3O_4 在热力学上是可行的，并且生成的 Fe_3O_4 很难在高温时进一步氧化为 Fe_2O_3，Fe_3O_4 是体系内最稳定的含铁氧化物；CaO 的存在会促进 Fe_2SiO_4 与 O_2 反应生成 Fe_3O_4。

6.2.3.2 析晶过程热力学计算

随着镍渣熔融氧化反应的进行，FeO 逐渐转化为 Fe_3O_4，渣中 Fe_3O_4 浓度达至其饱和浓度时（$\alpha_{Fe_3O_4}=1$）开始平衡析出。如果以纯物质为标准态，反应(6-28)的平衡常数可由式（6-34）计算得到：

$$\ln K = \ln \frac{\alpha_{Fe_3O_4}}{\alpha_{FeO}^{3}\left(\frac{p_{O_2}}{p^{\ominus}}\right)^{1/2}} = \frac{70579}{T} - 30.70 \tag{6-34}$$

假设磁铁矿析出时其 $\alpha_{Fe_3O_4}$ 为 1，分别计算氧气（$p_{O_2}=100kPa$）与空气（$p_{O_2}=21kPa$）条件下，熔渣中析出磁铁矿相的临界 FeO 活度（$\alpha_{FeO,c}$）随温度的变化关系，计算结果如图 6-17 所示。可以看出，氧分压一定时，随温度降低，渣中的磁铁矿不断饱和析出，直至 $\alpha_{FeO,c}$降至其平衡值。温度较高时，渣中析出磁铁矿所对应的 $\alpha_{FeO,c}$较大，这是由于高温条件下 FeO 会以非化学计量的浮氏体 $FeO_{(1+x)}$存在于渣中，而降温过程中则以磁铁矿和铁硅酸盐（如果有过剩的 FeO 则会与 SiO_2 结合形成铁橄榄石）形式析出。此外，温度一定时，为保证熔渣中有磁铁矿析出，空气气氛下析出磁铁矿相的 $\alpha_{FeO,c}$要高于氧气条件下的 $\alpha_{FeO,c}$。

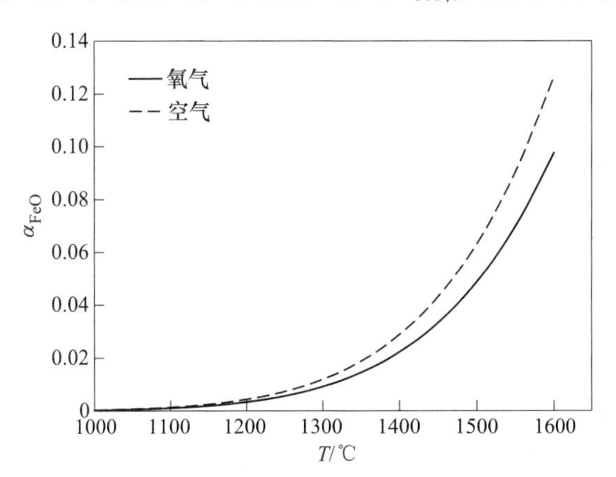

图 6-17 不同温度下熔渣中析出磁铁矿的 $\alpha_{FeO,c}$

6.2.4 CaO-FeO-MgO-SiO_2 渣系相平衡

6.2.4.1 CaO-FeO-MgO-SiO_2 渣系相图绘制

根据实际镍渣成分，基于 CaO-SiO_2-FeO-MgO 渣系相图，在不同碱度及氧分压条件下，分析磁铁矿相形成及析出热力学条件。相图计算通过 FactSage 软件的 Phase Diagrm 模块和 Equilib 模块计算，考虑碱度、氧分压、温度对渣系相平衡及液相线的影响规律，具体设置条件如下：

（1）计算时温度单位为摄氏度（℃），质量单位为克（g），热量单位为焦耳（J），物质的量单位为摩尔（mol），其他均为国际标准单位；

（2）数据库：FactPS、FToxide；

（3）化合物相设置：Ideal gas、Pure soild；

（4）溶液相设置：FToxide-Slaga、FToxide-Spinel、FToxide-MeO、FToxide-cPyr、FToxide-oPyr、FToxide-Wollastonite、FToxide-bC2SA，FToxide-aC2SA、FToxide-Mel_A、Ftoxid-OlivA；

（5）气氛设定：熔融改质镍渣氧化法的模拟计算设置氧分压为100kPa、21kPa和0.1kPa。

计算结果以图片形式导出后利用图像软件编辑处理。

6.2.4.2　碱度对 CaO-FeO-MgO-SiO_2 渣系相平衡图的影响

假设100g镍渣中的铁元素全部赋存橄榄石中，FeO全部转化为 Fe_3O_4，可求得理论消耗CaO的量。通过反应（6-26）计算可得理论上每100g镍渣在氧化过程中消耗CaO的量为24.50g，则可得出理论碱度约为0.90，因此在计算过程中着重研究了碱度分别为0.38（现场镍渣）、0.60、0.90、1.20及1.50时CaO-FeO-MgO-SiO_2 渣系相图，依据原渣中CaO、FeO、MgO、SiO_2 各组分占比，四元渣系的三元相图理论计算中四种物质质量百分数见表6-4。

表6-4　不同碱度 CaO-SiO_2-FeO-MgO 渣系的化学成分组成　　（wt%）

试样编号	CaO	MgO	SiO_2	FeO	碱度
S1	3.77	8.86	33.31	54.06	0.38
S2	10.36	8.26	31.03	50.35	0.60
S3	17.99	7.75	28.39	46.07	0.90
S4	24.43	6.96	26.15	42.46	1.20
S5	29.93	6.45	24.25	39.37	1.50

利用FactSage软件，绘制空气（$p_{O_2}=21kPa$）气氛下，不同碱度条件CaO-FeO-MgO-SiO_2 渣系三元相图，如图6-18所示，图中 n 点为不同碱度条件下改质镍渣的成分点。从图6-18中可以看出，当氧分压为21kPa时，改质镍渣的成分点均落在尖晶石相的初晶区内，这表明以空气为氧化剂可将渣中的铁元素氧化为磁铁矿相，在降温过程中首先析出。当碱度为0.38时，CaO-SiO_2-FeO-MgO渣系中主要存在方英石、鳞石英、斜方辉石、橄榄石、方镁石和尖晶石相的初晶区，随着碱度增大至0.60时，出现 Fe_2O_3 的初晶区，液相区域面积减小，尖晶石相区和方镁石相区扩大，相区整体向高 SiO_2 区域移动。当碱度增大至0.90时，液

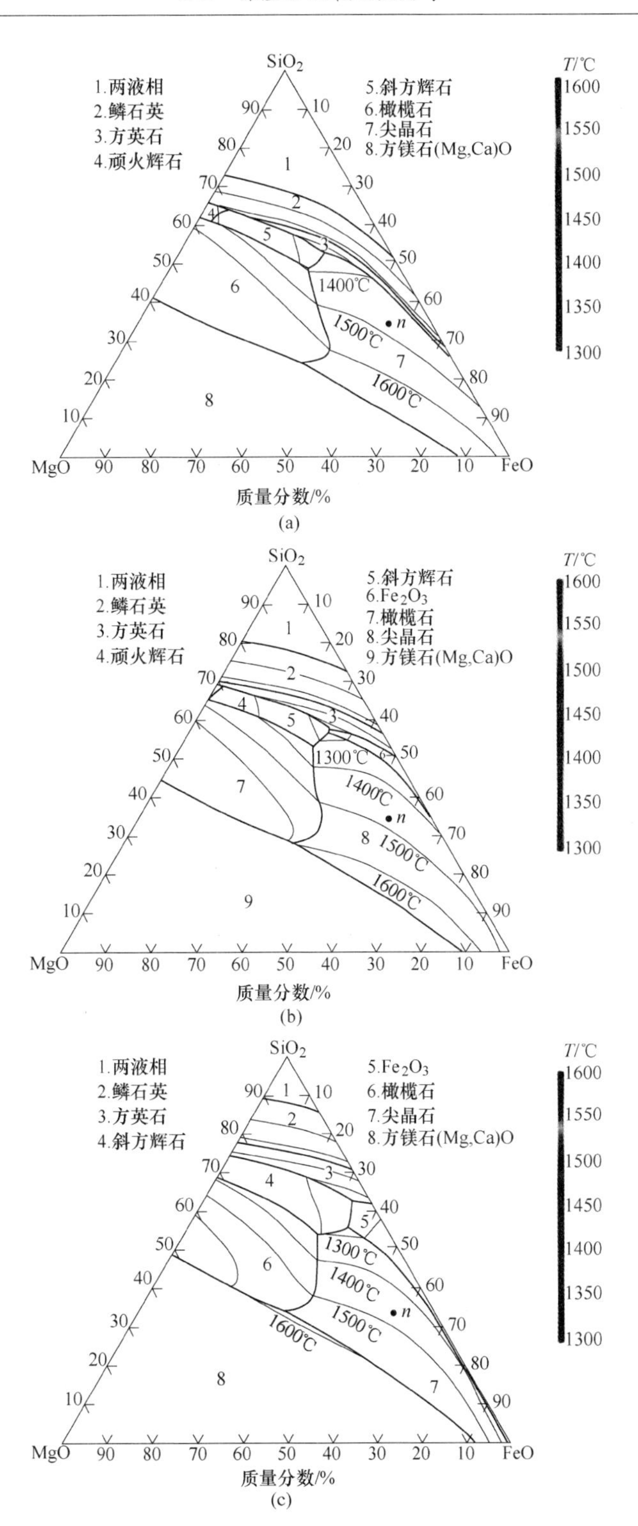

SiO2
1.两液相
2.鳞石英
3.方英石
4.顽火辉石
5.斜方辉石
6.橄榄石
7.尖晶石
8.方镁石(Mg,Ca)O
T/℃
1600
1550
1500
1450
1400
1350
1300
1400℃
1500℃
1600℃
n
MgO
FeO
质量分数/%
(a)
SiO2
1.两液相
2.鳞石英
3.方英石
4.顽火辉石
5.斜方辉石
6.Fe2O3
7.橄榄石
8.尖晶石
9.方镁石(Mg,Ca)O
1300℃
1400℃
1500℃
1600℃
n
MgO
FeO
质量分数/%
(b)
SiO2
1.两液相
2.鳞石英
3.方英石
4.斜方辉石
5.Fe2O3
6.橄榄石
7.尖晶石
8.方镁石(Mg,Ca)O
1300℃
1400℃
1500℃
1600℃
n
MgO
FeO
质量分数/%
(c)

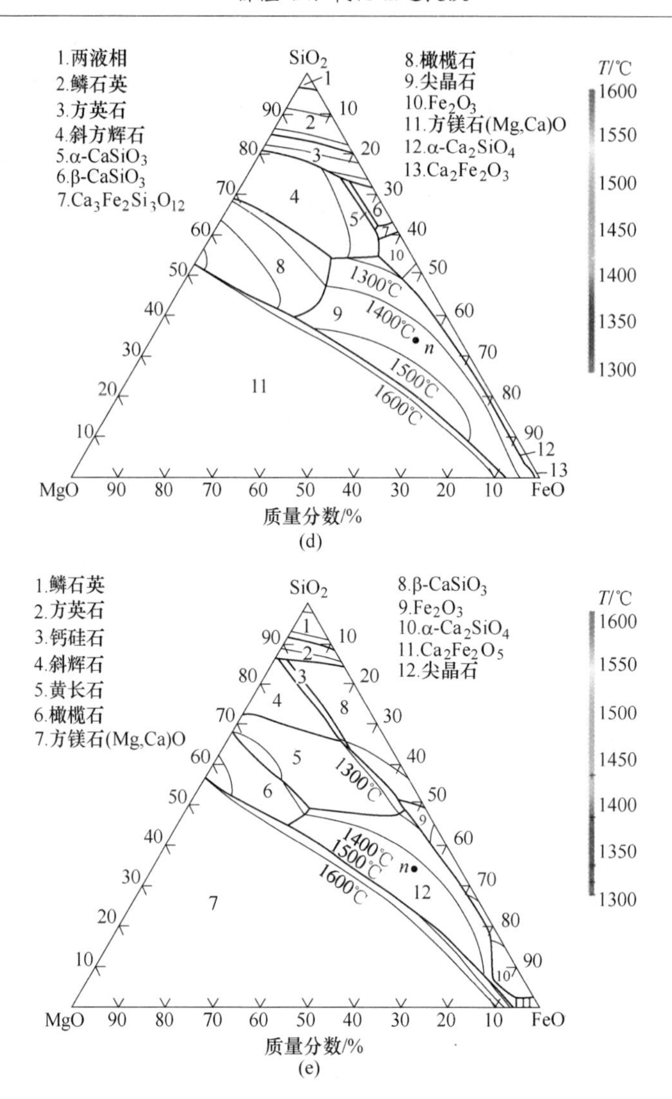

图 6-18　碱度对 CaO-FeO-MgO-SiO$_2$ 系相图相区的影响

(a) 0.38；(b) 0.60；(c) 0.90；(d) 1.20；(e) 1.50

相区域继续减小，Fe_2O_3 和方镁石相区扩大，相区整体继续向高 SiO_2 区域移动。当碱度分别为 1.20 和 1.50 时，渣系中出现了 $CaSiO_3$、α-Ca_2SiO_4 和 $Ca_2Fe_2O_5$ 新相区，且随着碱度的升高，相区明显增大，尖晶石相区面积减小。碱度的升高，意味着渣中 CaO 的质量分数增加，CaO 的熔点较高，易于和熔渣中的 MgO、SiO_2 和 FeO 形成（Mg，Ca）O、$CaSiO_3$、α-Ca_2SiO_4 和 $Ca_2Fe_2O_5$，使其相区显著地扩大。所以当熔渣中 CaO 的质量分数过大（碱度为 1.20）时，渣中部分铁元素会以 $Ca_2Fe_2O_5$ 的形式析出，降低了铁元素在尖晶石相中的富集程度，而且 $CaSiO_3$、α-Ca_2SiO_4 的生成会增大熔渣黏度。

6.2.4.3 氧气分压对 $CaO-FeO-MgO-SiO_2$ 渣系相平衡的影响

当碱度为 0.60 时，不同氧分压条件下 $CaO-FeO-MgO-SiO_2$ 渣系相图如图 6-19 所示，图中 n 点为该碱度下改质镍渣的成分点。从图 6-19 中可以看出 $CaO-FeO-MgO-SiO_2$ 渣系相图中主要存在不同晶型的 SiO_2、$CaSiO_3$、单斜辉石、Fe_2O_3、尖晶石、黄长石、α-Ca_2SiO_4、$Ca_3MgSi_2O_8$ 和石灰 (Ca,Mg)O 相的初晶区。改质镍渣的成分点 n 均落在尖晶石相的区域内，说明可以利用熔融氧化法富集渣中的铁元素。氧分压对该渣系相平衡的影响较小，随着氧分压从 0.1kPa 提高到 100kPa，渣系中的 Fe_2O_3 区域略有增大。另外，FeO 的存在可降低渣系中熔点与黏度，随着氧分压的升高，FeO 转化 Fe_3O_4，渣系的液相线温度随之升高。因此，在空气气氛下，在改质镍渣成分范围内，渣系冷却过程中有磁铁矿相析出。

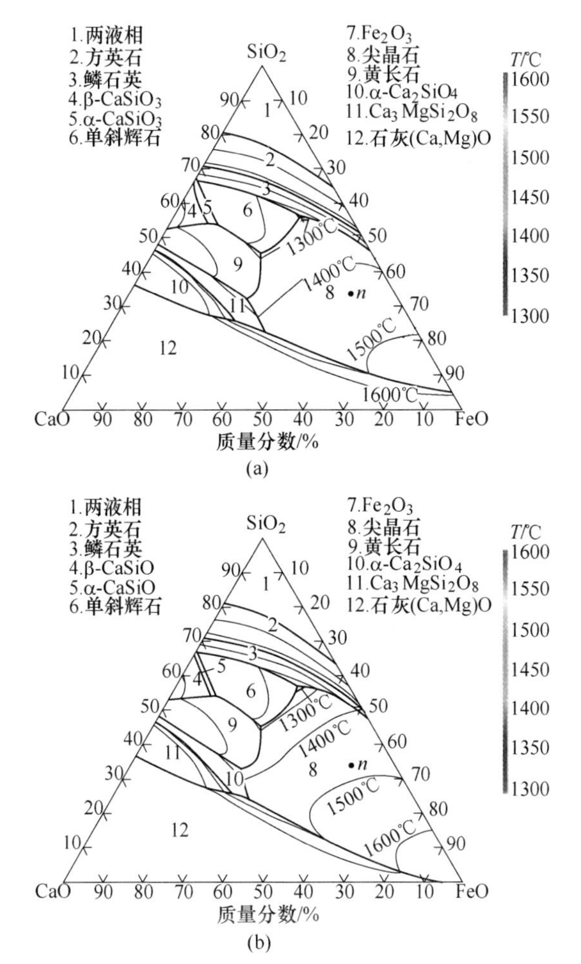

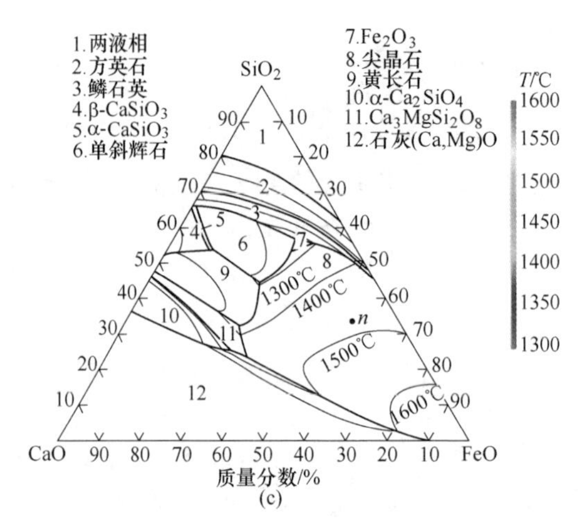

图 6-19　氧分压对 CaO-FeO-MgO-SiO_2 系相图相区的影响

(a) 0.1kPa; (b) 21kPa; (c) 100kPa

6.3　镍渣熔融氧化-析晶动力学

6.3.1　铁橄榄石（Fe_2SiO_4）等温氧化动力学

熔融镍渣中 Fe_2SiO_4 氧化实质是熔体中 Fe^{2+} 与氧气反应生成 Fe^{3+}，即

$$4Fe^{2+} + O_2 = 4Fe^{3+} + 2O^{2-} \tag{6-35}$$

由于反应速率会受到反应物浓度的影响，测定了镍渣在不同温度氧化下渣中 Fe^{2+} 浓度随时间的变化。试验过程如下：

(1) 装有镍渣的刚玉坩埚置于卧式管式炉中；用 500mL/min 的高纯氮气吹扫炉膛 1h 后关闭进气阀门，在氮气保护气氛下以 5℃/min 的升温速度加热至氧化温度；

(2) 保温并通入 100mL/min 压缩空气氧化一定时间；

(3) 保温期结束自然降温，立即停止通入压缩空气并切换为 500mL/min 的高纯氩气再次吹扫 1h，之后关闭进气阀门；

(4) 待样品在炉内冷却至室温后，得到氧化镍渣，用化学容量法测定 TFe 浓度和 Fe^{2+} 浓度。

熔渣等温氧化过程中 Fe^{2+} 浓度随时间的变化关系如图 6-20 所示。

假定镍渣中 Fe_2SiO_4 与 O_2 的反应为一级反应，以 c 表示 $w(Fe^{2+})$，则 Fe^{2+} 的氧化速率可以表示为

$$-dc/dt = kc \tag{6-36}$$

式中，k 为化学反应的速率常数。

两边积分可得

$$\ln c = -kt + B \tag{6-37}$$

式中的积分常数 B 可以根据反应时间 $t=0\text{min}$ 时 $w(Fe^{2+})$ 计算：

$$B = \ln c_0 \tag{6-38}$$

将式（6-38）代入式（6-37），得

$$\ln c = -kt + \ln c_0 \tag{6-39}$$

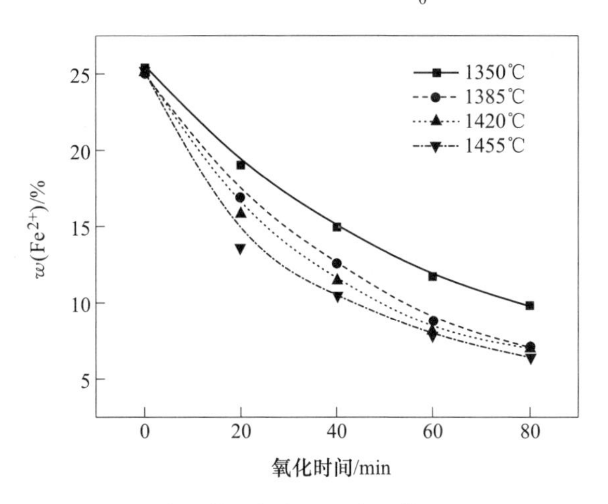

图 6-20　熔渣等温氧化过程中 Fe^{2+} 浓度随时间的变化

将图 6-20 中数据代入式（6-39）进行线性拟合，可以得到斜率 k 值。根据阿伦尼乌斯方程求得富铁镍渣中 Fe_2SiO_4 氧化过程的表观活化能 E_a 为 315.16kJ/mol，与文献报道的富铁铜渣中 Fe_2SiO_4 氧化过程的表观活化能（296.67kJ/mol）相接近。

6.3.2　磁铁矿（Fe_3O_4）等温析晶动力学

对不同温度保温过程中得到的氧化渣样品进行 SEM 表征，利用图像处理软件统计不同保温时间氧化渣中磁铁矿相的结晶量百分数。根据磁铁矿相的结晶量与保温时间的关系，定义磁铁矿相的转变分数为 χ，如式（6-40）所示：

$$\chi = \frac{Q(T,t)}{Q(T,\text{eq})} \tag{6-40}$$

式中，χ 为某时刻磁铁矿相的结晶量与其达到平衡时磁铁矿相的结晶量之比；$Q(T,\ t)$ 为温度为 T 时，某 t 时刻磁铁矿相的结晶量,%；$Q(T,\text{eq})$ 为达到平衡态时，磁铁矿相的结晶量,%。

图 6-21 为不同温度条件下磁铁矿相转变分数随时间的变化曲线。可以看出，随着保温时间的延长，曲线的斜率逐渐变小，转变分数接近于 1，系统接近平衡态。

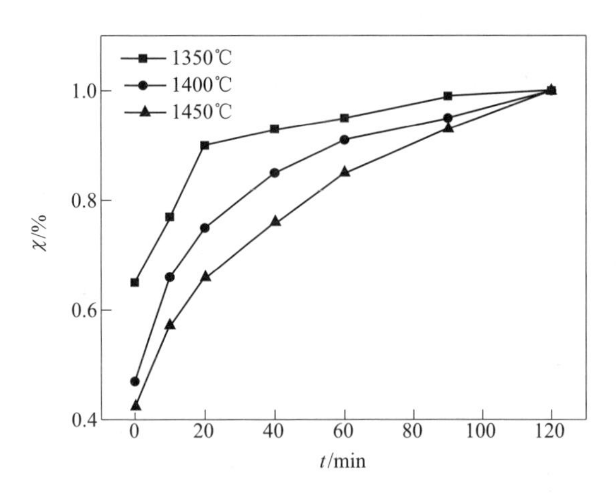

图 6-21　不同保温温度条件下磁铁矿相转变分数与时间的关系图

采用晶化转变理论动力学表达式 JMAK 方程[13]描述熔渣中磁铁矿相的等温结晶动力学。转变分数与时间的关系如式（6-41）所示：

$$\chi = 1 - e^{-kt^n} \tag{6-41}$$

式中，χ 为 转变分数，%；k 为与温度有关的结晶速率常数；n 为晶体生长指数；t 为保温时间，min。

根据阿累尼乌斯公式求得熔渣中磁铁矿相等温析晶表观活化能 $E=-192.37$kJ/mol。在较高温度下，由于原子强烈的热运动，熔渣中不容易形成晶核或形成不稳定的结构，保温过程形成较小的枝晶。当温度降低时，由于熔渣过冷，晶体成核和生长速率都相对增加，晶体易呈颗粒状从熔渣中析出。如果温度继续降低，熔渣黏度迅速增加弱化扩散条件，导致结晶速率降低。在 1350～1450℃范围内，磁铁矿的结晶速率常数随温度的减小而增大。因此，计算所得表观活化能为负，熔融镍渣中磁铁矿的析晶行为体现出反-阿累尼乌斯规律。

6.4　熔渣中磁铁矿析晶过程及其晶体微观结构特征

改质镍渣熔融氧化后，铁元素富集于磁铁矿相，即以磁铁矿相的形式析晶。采用高温激光共聚焦显微镜（HT-CLSM）对熔融氧化镍渣连续冷却过程中，熔渣表面磁铁矿晶体析出长大的全过程进行原位观察，研究在各温度段磁铁矿晶体的析出、长大规律。在氧化-析晶过程中，碱度、温控制度、供气方式等条件对磁铁矿形貌及结晶量（M）都会产生影响，采用高温马弗炉和管式炉氧化试验，制备不同条件下氧化渣样品，进行 SEM 表征后利用图像处理软件进行分析，研究改质镍渣熔融氧化过程中磁铁矿相析出的影响因素及规律，为镍渣中铁资源的再利用提供科学依据。

6.4.1 熔渣中磁铁矿晶体析出生长的原位观察

6.4.1.1 熔渣中磁铁矿晶体析出生长过程的原位表征

在熔渣连续冷却过程中，高温激光共聚焦显微镜（HT-CLSM）检测结果如图 6-22 所示。图 6-22（a）~（d）为 5℃/min 冷却速率下，随机选取的一个晶体颗粒，在析出后 0s、550s、1100s 和 1700s 时长大的完整过程，用虚线圈标出，此时温度分别为 1370℃、1325℃、1278℃和 1228℃。可以看出，随着温度降低，晶粒逐渐长大，晶体由初始的截角三角形转变为正六边形，颗粒大小由 5μm 增长至约 110μm。图 6-22（e）~（h）为 10℃/min 冷却速率下晶粒析出 0s、100s、300s 和 500s 后生长的过程图像，此时温度分别为 1370℃、1353℃、1320℃和 1287℃。10℃/min 冷却速率下晶粒生长过程中形貌特征变化与 5℃/min 冷却速率条件下相似，初始析出晶体颗粒较少，单个晶粒迅速生长，粒径大小由 5~10μm

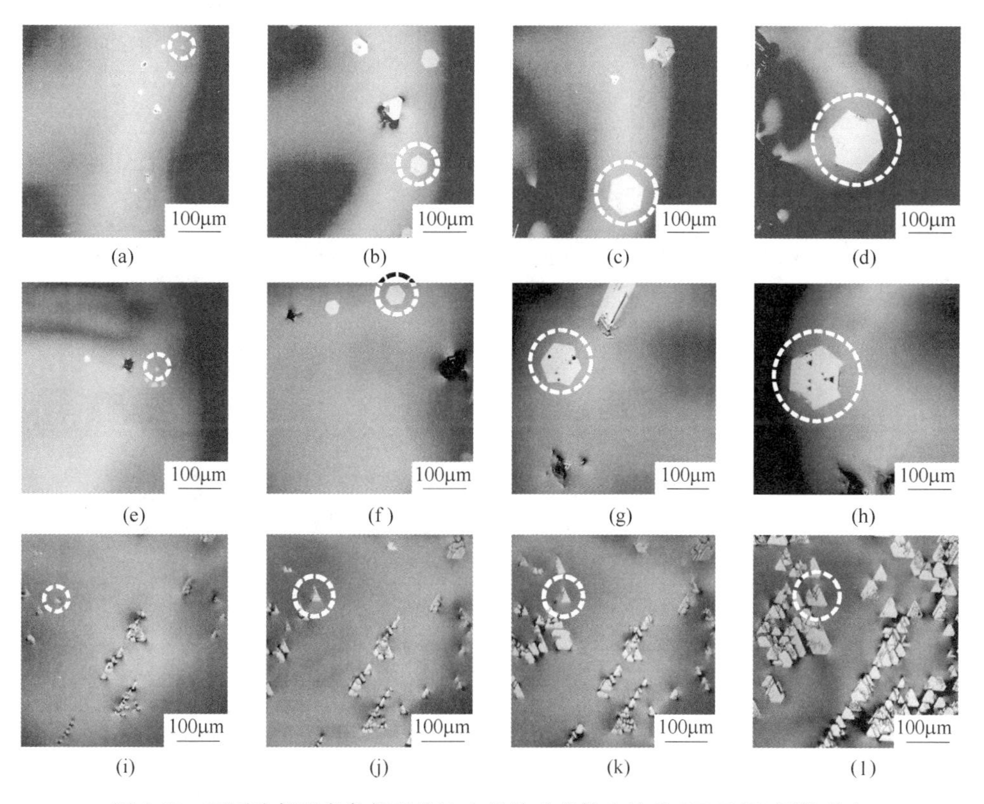

图 6-22 不同冷却速率条件下熔渣中磁铁矿晶体生长的 HT-CLSM 原位观察

(a) ~ (d) 冷却速率 5℃/min; (e) ~ (h) 10℃/min; (i) ~ (l) 25℃/min

增长至100μm以上。图6-22（i）~（l）为25℃/min冷却速率下晶粒析出0s、120s、240s和600s后的图像，此时温度分别为1430℃、1380℃、1330℃和1180℃。可以看出，当冷却速率增至25℃/min时，晶体生长过程发生了明显变化，初始晶粒大量析出，随着温度降低析出晶粒的形貌、尺寸变化并不明显，最终生成晶粒尺寸也明显偏小。由原位观察及分析可以得出，在较低的降温速率下，熔体中析出晶体颗粒数量较少，但最终长成颗粒的尺寸较大，可达100μm以上；而降温速率增长至25℃/min以上时，初始阶段细小晶粒大量析出，但后继生长缓慢，最终长成晶粒尺寸普遍较小，在20~30μm之间。

图6-23为共聚焦显微镜冷却样品的SEM表征图像，A相为优先析出相，B相为基体相。表6-5列出了图6-23（a）中A相和B相的EDS能谱分析结果。析出晶体（A相）主要为含铁相，而基体（B相）主要为含硅相。图6-23（b）为冷却样品的XRD谱图，样品主要由磁铁矿相（Fe_3O_4）和辉石相（$Ca(Fe,Mg)Si_2O_6$））两种物相组成，与热力学计算的预测结果一致。

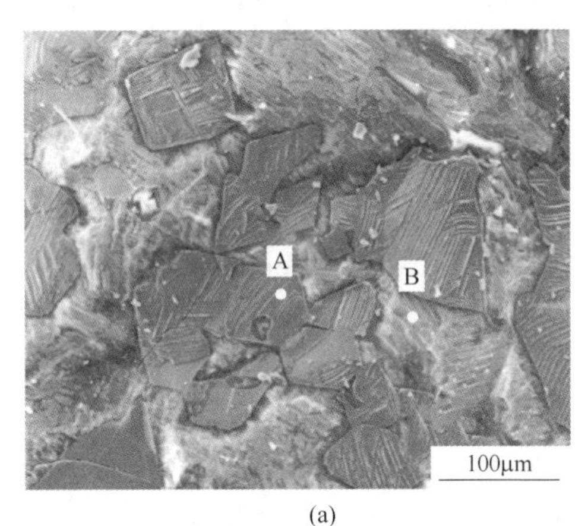

(a)

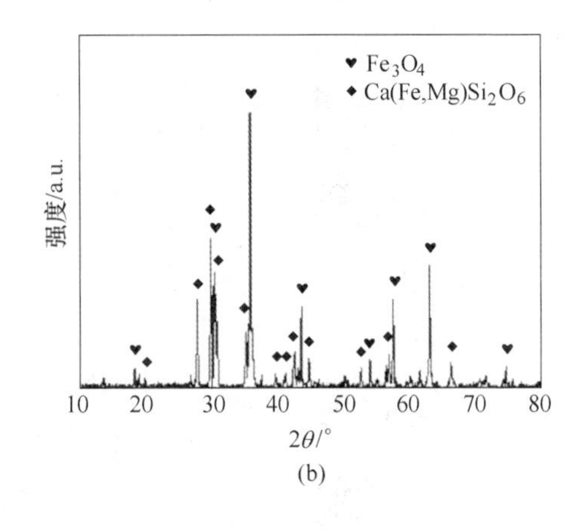

(b)

图6-23　共聚焦显微镜观察后冷却样品的SEM图像（a）和XRD图谱（b）
（A相为优先析出相，B相为基体相）

表6-5　冷却样品的能谱（EDS）分析结果　　（wt%）

元素	O	Fe	Mg	Si	Ca
A相	27.43	62.59	9.66	0.07	0.25
B相	45.49	6.51	9.22	31.50	7.28

6.4.1.2　熔渣中磁铁矿晶体析出生长过程

熔渣中磁铁矿晶体的共聚焦原位观察发现，在5~50℃/min不同冷却速率下，共聚焦显微镜首次观察到熔体液面有晶体析出的温度在1460~1450℃温度区间。冷却速率为5～15℃/min时，虽然在1400℃以上观察到熔体表面有晶体析出，但其并未稳定生长，只是偶尔有细小晶粒析出，随后又消失在熔体中，当温度降至1400℃以下时，才能够观察到晶粒的稳定生长过程。而在25～50℃/min冷却速率下，1450℃可以观察到大量细小晶粒快速析出。同时，随着温度降低，不断有小晶粒析出，但颗粒生长并不明显。这可能与晶体析出的过冷度和形核率有关。在临界冷却速率以下，过冷度与形核速率成正比，即高的降温速率，过冷度大而形核率高，容易形核而发生相变析出；低的降温速率，过冷度小，形核率也小，晶体析出缓慢，而高温熔体中又存在较大的黏度阻力，阻碍了析出晶粒的集聚生长，部分细小晶粒形核后还可能再次溶解。因此，在析晶初始阶段（1450～1400℃温度区间），高的冷却速率下晶体迅速大量析出，并打破析出-溶解平衡开始生长；而低的冷却速率下，晶体析出缓慢，需要经过一定时间的析出溶解平衡，当降温至1400℃以下，形核速率增大，晶体析出满足其稳定生长条件，晶粒开始迅速生长。

利用Image J图像分析软件统计不同冷却速率下单个晶粒在各生长时间点的等效半径，得到时间-粒径的晶体生长动力学曲线，如图6-24所示。在五个不同的降温速率下，生长时间和晶粒粒径具有较好的线性关系，对其进行线性拟合后，得到不同冷却速率条件下磁铁矿晶体的平均生长速率。随着冷却速率的增加，晶体生长速率先增加后降低。5℃/min时生长速率为0.034μm/s；10℃/min和15℃/min时，生长速率明显增大，分别为0.1μm/s和0.141μm/s；当冷却速率增加到25℃/min和50℃/min时，晶体生长速率大幅降低，分别为0.013μm/s和0.023μm/s。

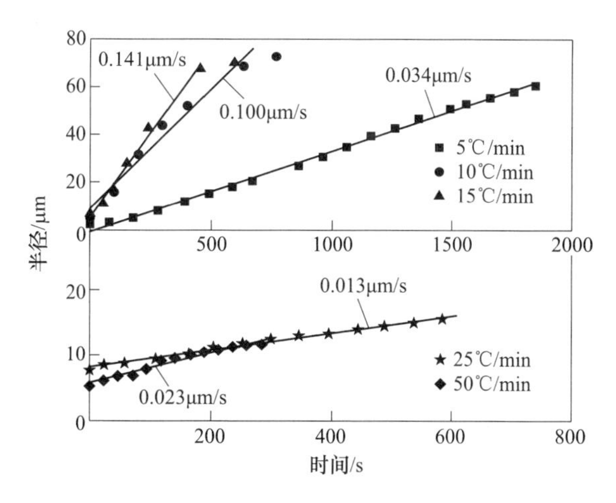

图6-24 不同冷却速率下磁铁矿晶体时间-半径生长曲线

统计不同冷却速率下单个晶粒在各温度点的等效半径，得到晶体生长的温度-粒径曲线，如图 6-25 所示。由图可知，在 5～15℃/min 冷却速率下，磁铁矿晶体在 1400℃以下开始迅速长大，当晶粒半径达到 60～70μm 以后生长明显变慢。当冷却速率为 5℃/min 时，晶粒随温度降低而匀速生长，直到温度降至 1200℃，晶粒半径长到 60μm。而在 10℃/min 和 15℃/min 条件下，温度分别降至 1250℃和 1300℃时，晶粒半径可达到 70μm，然后晶粒生长变缓。在 25～50℃/min 的冷却速率下，晶体从 1450℃析出后就开始缓慢、匀速生长，直至熔渣凝固。

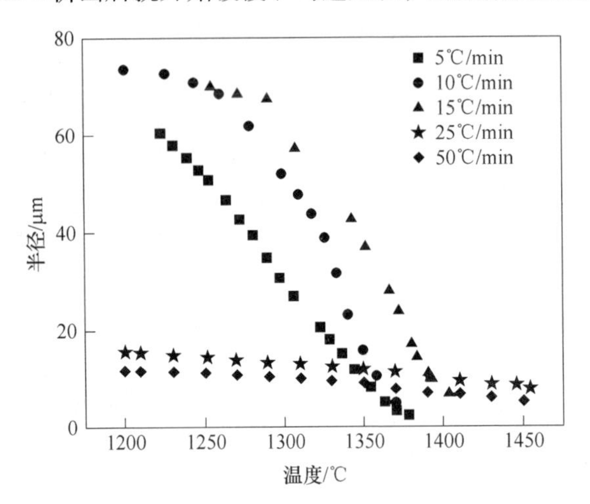

图 6-25　不同冷却速率下磁铁矿晶体温度-半径生长曲线

6.4.2　碱度对熔渣中磁铁矿析晶的影响

6.4.2.1　碱度对熔渣中磁铁矿相微观形貌的影响

图 6-26 为改质镍渣在不同碱度，于马弗炉中 1450℃空气氧化 30min 后所得氧化渣样 BSE 照片。

由图 6-26（a）可知，原渣（碱度为 0.38）氧化样品中磁铁矿相颗粒不充实，大部分呈较细的树枝状及骸晶状等雏晶存在，极易在后续的破碎过程中断裂成细小的晶粒，与杂质紧密镶嵌，不利于后续的磁选分离作业。分析其原因，铁橄榄石结构稳定，未加 CaO 时，FeO 被游离出来难度较大，熔渣中 a_{FeO} 较小，氧化生成少量 Fe_3O_4。同时，熔渣黏度较大，弱化氧化反应及析晶动力学条件，导致磁铁矿相析晶困难。另外，因部分 FeO 被氧化为磁铁矿，CaO 含量不足，导致熔渣中 SiO_2 饱和，呈现黑色颗粒状物相析出。

当碱度增大至 0.60、0.90 时，如图 6-26（b）、（c）所示，磁铁矿相明显增多，呈颗粒状，结构较为致密，分布较为均匀，平均粒径大于 50μm，有利于后续的磁选分离。因为 CaO 更易与熔渣中的 SiO_2 结合成硅酸盐，破坏铁橄榄石的

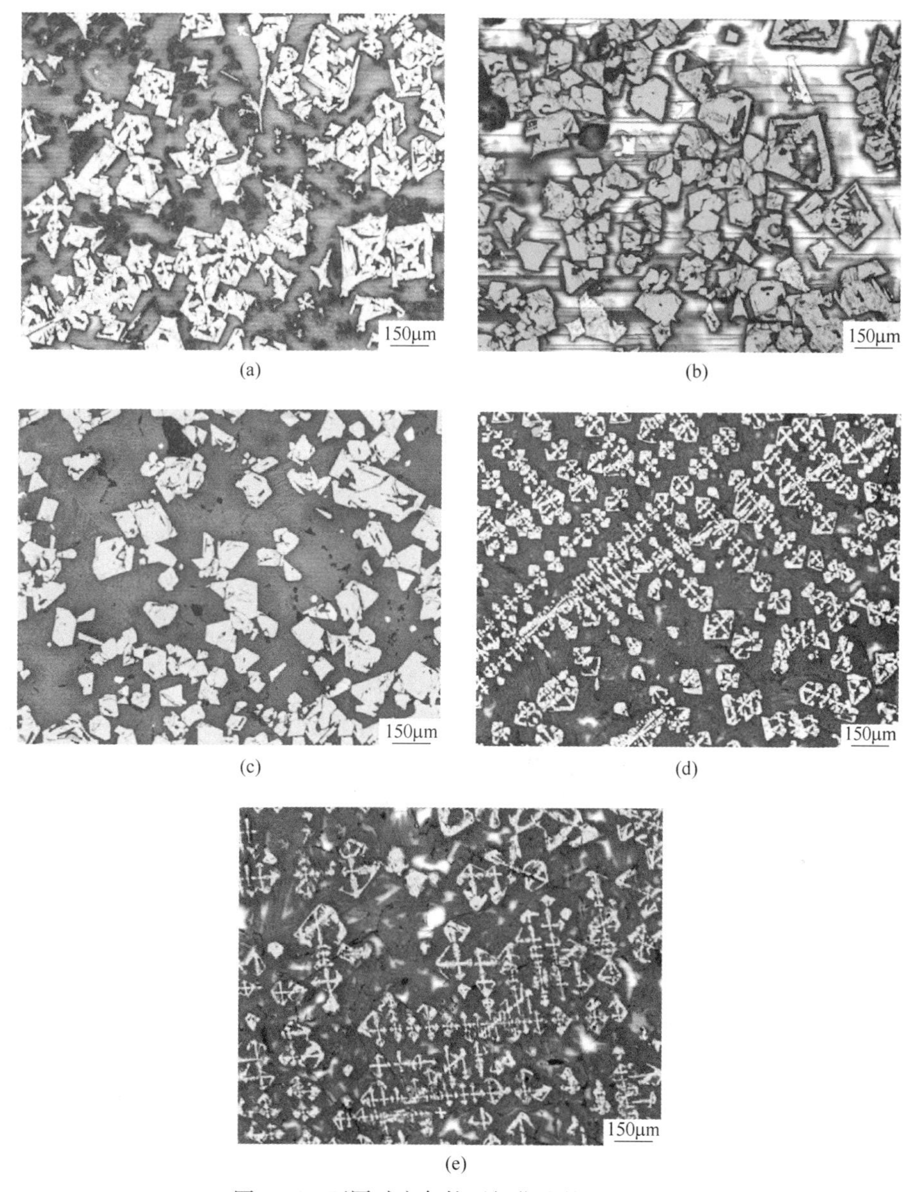

(a) (b) (c) (d) (e)

图 6-26 不同碱度条件下氧化渣的 BSE 照片
(a) 0.38；(b) 0.60；(c) 0.90；(d) 1.20；(e) 1.50

结构，释放出 FeO，熔渣中 a_{FeO} 增大，磁铁矿相的生成量增加，且熔渣黏度及熔化温度降低，有利于磁铁矿相颗粒析出长大。从熔渣离子理论解释，熔渣碱度增大，其实是 CaO 的质量分数增加，而 SiO_2 的质量分数相对降低，CaO 可以提供一定数量的 O^{2-}，使熔渣中的 O^{2-} 数量增加，一方面可使复杂的硅氧复合阴离子解体，成为比较简单的结构，另一方面，大量的 O^{2-} 与 Fe^{2+} 结合形成了强离子对

Fe^{2+}-O^{2-}，而 Ca^{2+} 则存在于解体后的比较简单的复合阴离子周围，形成弱离子对，从而使熔渣中的 Fe^{2+}-O^{2-} 的浓度增大，导致熔渣中 a_{FeO} 增大，有利于铁元素向磁铁矿相富集。

当碱度继续增大至 1.20～1.50（见图 6-26（d）、（e））时，磁铁矿相晶粒细化现象明显，呈细微的枝晶状，且互相连成整体。CaO 加入量过多时，部分 CaO 与铁橄榄石结合成辉石相，当熔渣出现过冷，具有较小动态过冷度的辉石相将领先形核并任意生长，从而迫使磁铁矿相相应发生枝化或停止生长，得到不规则形态的微观组织。另外，由相图及熔渣熔融特性分析，CaO 过量时，易与其他成分形成一系列高熔点的物质，导致渣系熔化温度升高，冷却过程中，熔渣较早失去流动性，使熔渣的黏度增大，不利于生成的 Fe_3O_4 在熔渣中传质，因此磁铁矿相晶体生长受阻，易形成细小的枝晶。

6.4.2.2　碱度对磁铁矿相结晶量的影响

碱度不仅对磁铁矿相的形貌影响较大，而且对磁铁矿相结晶量也有显著影响。图 6-27 为碱度对熔融改质镍渣中磁铁矿相结晶量的影响。不加 CaO 的情况下，磁铁矿相的结晶量为 27.78%，随着碱度的增大，磁铁矿相的结晶量先增大，然后减小。在碱度为 0.60 时，磁铁矿相的结晶量达到最大，为 36.31%。该结果表明，适宜的碱度有利于磁铁矿相的析出。

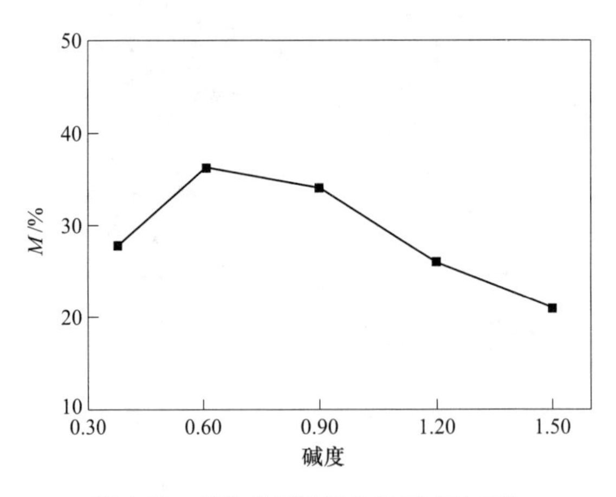

图 6-27　磁铁矿相结晶量随碱度的变化

综上，通过熔融改质氧化处理可实现镍渣中的铁元素以磁铁矿相的形式富集。碱度对磁铁矿相的析出长大有显著的影响，适宜的碱度有利于熔渣中磁铁矿相的生成。当碱度为 0.60～0.90 时，渣中的物相主要为磁铁矿相，其形貌呈颗粒状，且结晶量大，分布较为均匀。

6.4.3 氧化温度对熔渣中磁铁矿析晶的影响

镍渣在不同氧化温度的熔融氧化后的显微结构如图 6-28 所示。在 1350℃和 1400℃（见图 6-28（a）、（b））时，氧化镍渣中的磁铁矿多为带有明显棱角的饱满粒状颗粒；在 1450℃（见图 6-28（c））时，磁铁矿颗粒不再具有尖锐的棱角，在颗粒数量减少、粒度增大的同时，颗粒的中间开始有少量由硅酸盐填充的空隙；当温度升高为 1500℃和 1550℃（见图 6-28（d）、（e））后，磁铁矿颗粒的整体粒度变大，形成了明显的骸骨状颗粒，即填充在磁铁矿颗粒中的硅酸盐量变得更多，实际上磁铁矿已经成为数量众多、大小不一的散碎颗粒。

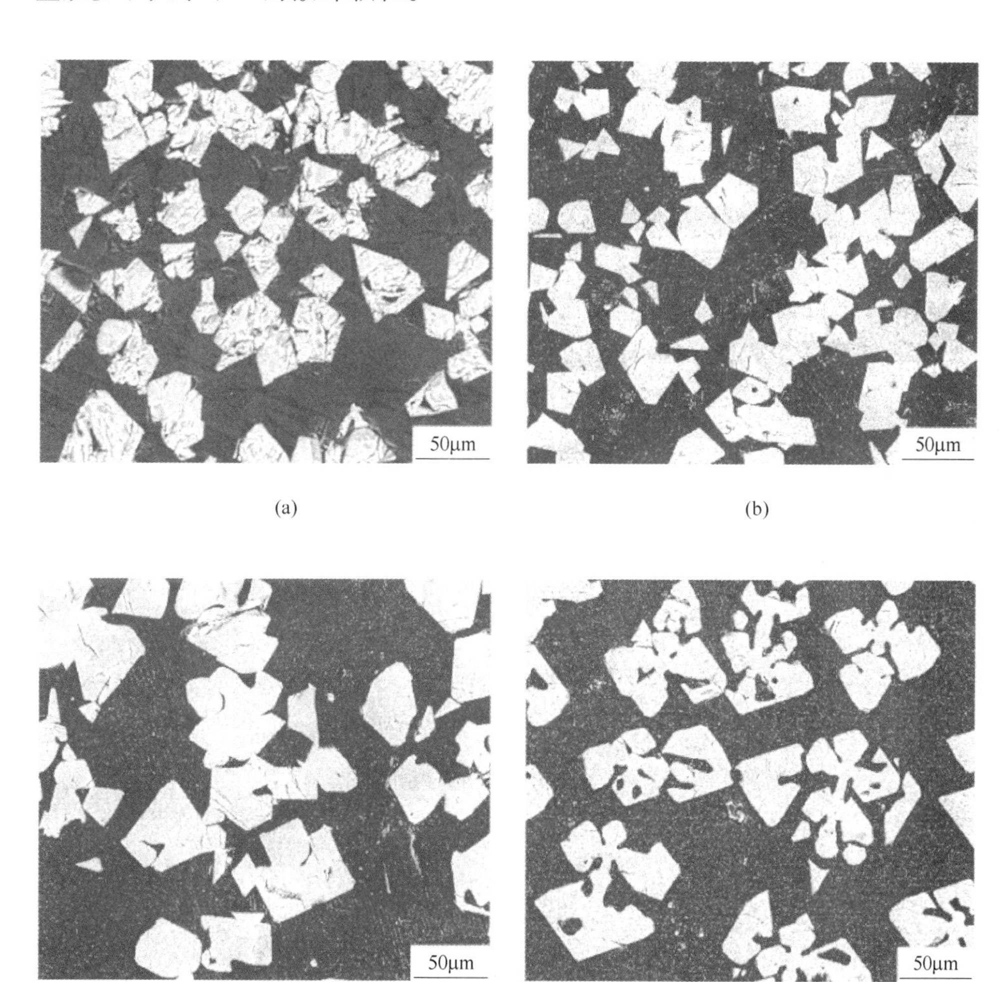

(a) (b)

(c) (d)

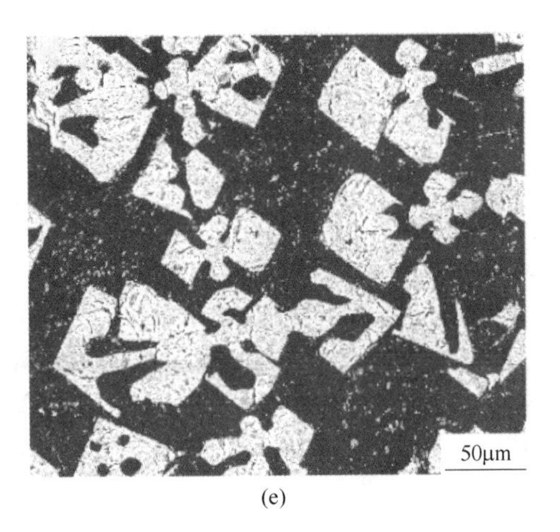

(e)

图 6-28　不同温度时氧化镍渣的 BEI 照片

(a) 1350℃；(b) 1400℃；(c) 1450℃；(d) 1500℃；(e) 1550℃

这主要是由于不同温度时磁铁矿晶体各个晶面的相对生长速率不同，导致晶体的生长形态各异。当环境温度较低时，磁铁矿的析晶温度远低于其熔点(1590℃)，所以在较快的结晶速度下可以形成数量更多的晶核，磁铁矿晶体的形状趋于细小。尽管低温时体系中形成的大量晶核会导致黏度上升，并且会恶化传质条件，但是较低温度下重熔于液相中的原子数量也会相应减少，因此会形成数量众多的小颗粒。而在较高的环境温度下，磁铁矿的析晶温度与其熔点的温差较小，较慢的结晶速度允许晶体充分长大，易于形成粗大颗粒。但是由于晶面中心处生长较慢，甚至完全不生长，而晶体的棱角处由于能量较低，更加容易接受溶质，所以生长的速度较快。尤其是当磁铁矿的一些晶面发生择优取向时，晶体会倾向于沿着某些晶面快速生长。因此，在内外部生长速度不一时就形成了骸骨状颗粒。

6.4.4　保温时间对熔渣中磁铁矿析晶的影响

熔渣氧化完成后，迅速降温至 1350℃保温，分别在 0min、10min、20min、40min、60min、120min 取渣样水淬急冷，BSE 照片如图 6-29 所示。随着保温时间的延长，磁铁矿相的形貌、晶粒尺寸均有明显变化。保温 0min 时，已经出现粒度较小的磁铁矿相，为细微的枝晶状雏晶及小颗粒，纵横交错，枝晶间距很小，且呈一定的方向性，有较强的结晶趋向，如图 6-29 (a) 所示。由于粒径小的磁铁矿相比粒径大的磁铁矿相具有更大的比表面积，更高的比表面能，瞬时平衡时的 Fe_3O_4 浓度也更高，浓度差存在于不同粒径的磁铁矿相表面，引起 Fe_3O_4 由粒度小的磁铁矿相表面向粒度大的磁铁矿相表面迁移，导致粒度小的磁铁矿相溶解，粒度大的磁铁矿相粗化长大。随着时间的推移，熔渣中小颗粒的磁铁矿相逐渐溶解消失，最终形成粒度较大的磁铁矿相，直至达到平衡，如图 6-29（b）~（f）所示。

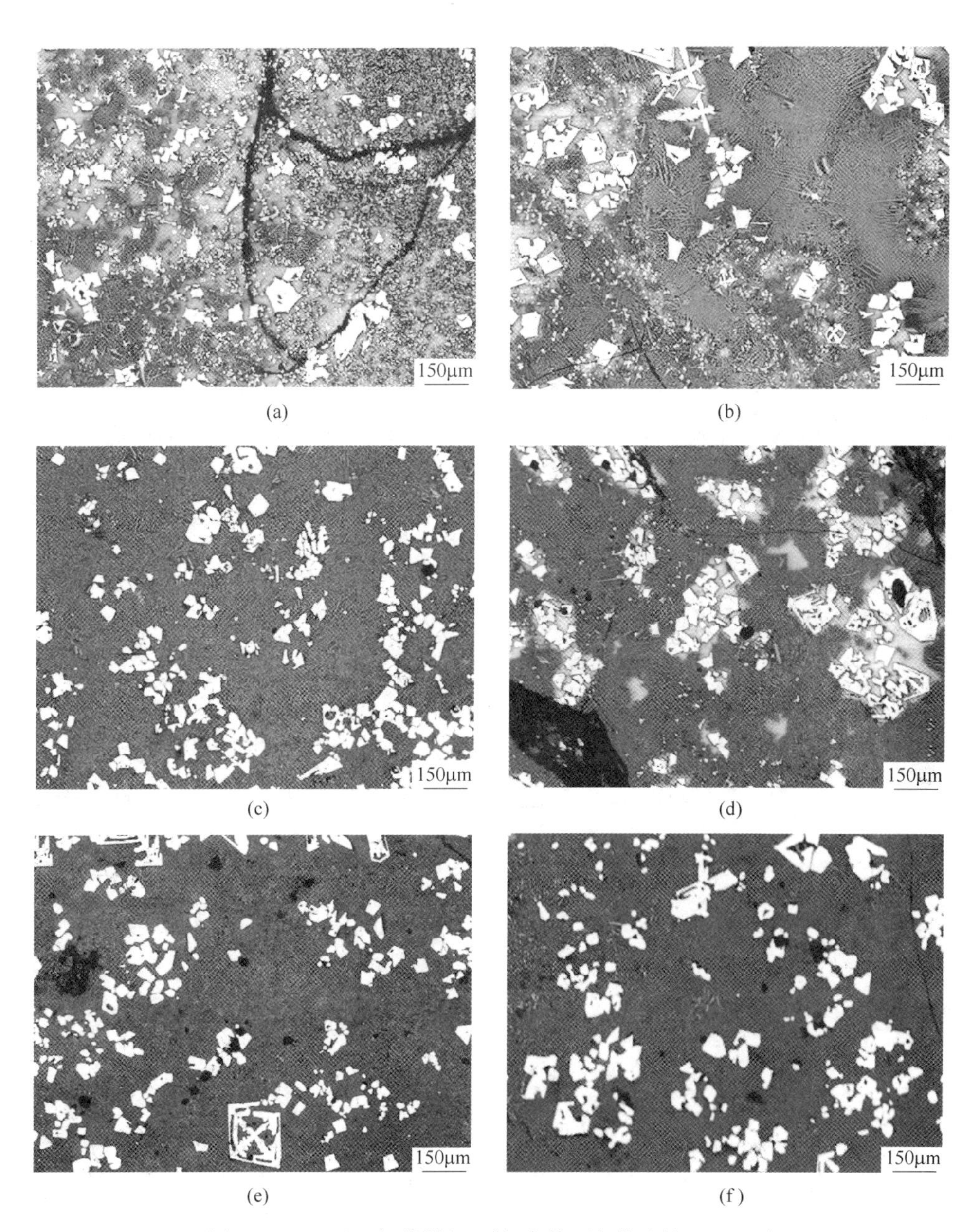

图 6-29 1350℃时不同保温时间条件下氧化渣的 BSE 照片
（a）0min；（b）10min；（c）20min；（d）40min；（e）60min；（f）120min

6.4.5　冷却速率对熔渣中磁铁矿析晶的影响

6.4.5.1　冷却速率对熔渣中磁铁矿相微观形貌的影响

图 6-30 氧化渣分别以 1℃/min、3℃/min、5℃/min、10℃/min 的冷却速率降温至 1000℃后，随炉冷却至室温的 BSE 照片。冷却速率为 1℃/min，磁铁矿相部分呈颗粒状，粒径较大，平均可达 78μm，部分呈粗大树枝晶，如图 6-30（a）所示；冷却速率为 3℃/min 与 5℃/min 时，磁铁矿相颗粒较为完整，呈多面体颗粒状，平均粒径可达 50μm，如图 6-30（b）、（c）所示；冷却速率为 10℃/min 时，磁铁矿相沿着晶核或角顶方向生长成细小的树枝状晶体或者骸晶，未形成完整颗粒，如图 6-30（d）所示。由结晶理论可知，冷却速率直接影响着熔渣中结晶相的结晶温度、结晶量以及晶粒尺寸。冷却速率为 3℃/min 或 5℃/min 时，缓慢冷却，熔渣能够长时间处于磁铁矿相的结晶范围内，有利于生成的 Fe_3O_4 扩散传质，使得磁铁矿晶粒有较长的时间吞并粗化，晶体数量减少，晶粒尺寸增大，

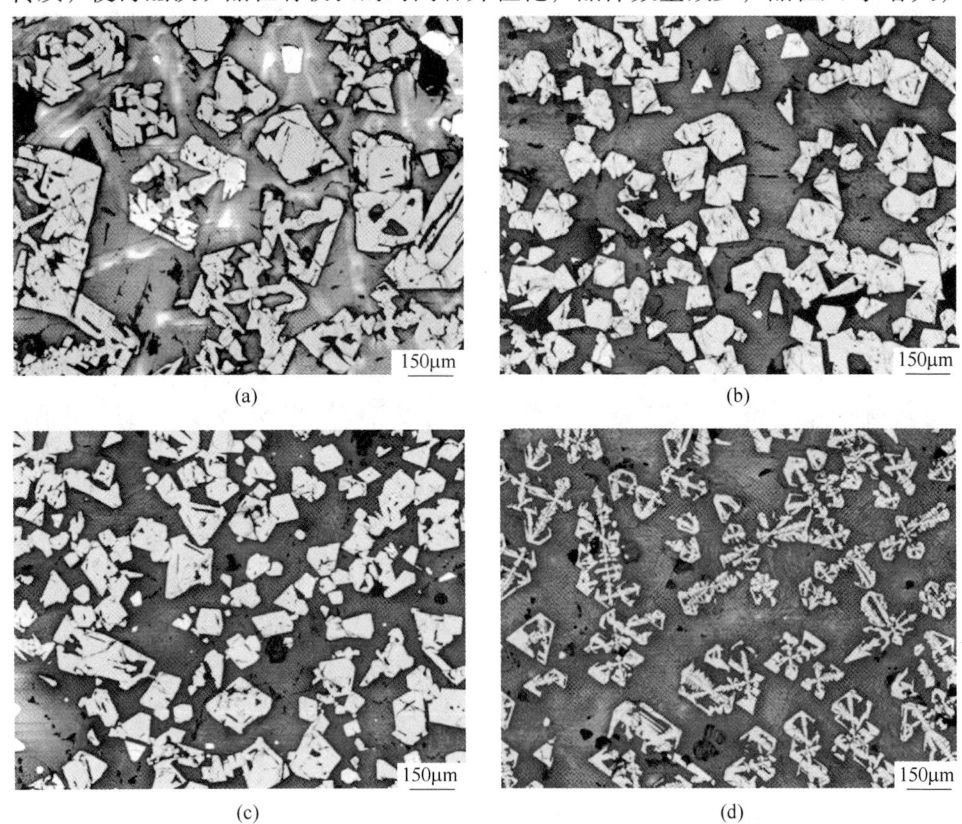

(a)　(b)　(c)　(d)

图 6-30　不同冷却速率氧化渣的 BSE 照片
（a）1℃/min；（b）3℃/min；（c）5℃/min；（d）10℃/min

晶体发育比较完善，多为粗大的颗粒状晶或柱状晶，且晶体边界清晰，有利于后期磁选分离。当冷却速率为 10℃/min 时，由于冷却速率过快，晶体在极不稳定的状态下生长，晶体的界面上有较大的表面能，自身不稳定，且磁铁矿相处于析晶温度范围时间较短，不利于熔渣中生成的 Fe_3O_4 扩散传质，导致磁铁矿相晶粒尺寸较小，也很难发育成完整的晶型，故呈细长弯曲的片状、针状晶体或树枝状以及骸状晶体。

6.4.5.2 冷却速率对磁铁矿相结晶量的影响

图 6-31 所示为冷却速率对磁铁矿相结晶量的影响。随着冷却速率的增大，磁铁矿相的结晶量先略微增加后逐渐减少。以 10℃/min 的冷却速率降温时，磁铁矿相的结晶量为 24.21%，而当冷却速率为 3℃/min 时，结晶量最大，可达 36.12%。降温速率为 1℃/min、3℃/min、5℃/min 时，结晶量近似相等。分析其原因，冷却速率过大时，熔渣的黏度会迅速增加至凝固，弱化扩散条件，导致渣中铁元素富集不充分，磁铁矿相的结晶量与晶粒尺寸都有所减小；缓慢冷却时，熔渣中的磁铁矿相有充足的时间析出，结晶量较大。同时，缓慢冷却时，有利于实现熔渣中铁元素向磁铁矿相富集，但所需时间长，效率低、能耗高；如果冷却速率过大，会导致熔渣凝固，不利于铁元素的富集。结合效率、能耗及实验数据可以得出结论：适宜的冷却速率为 5℃/min。

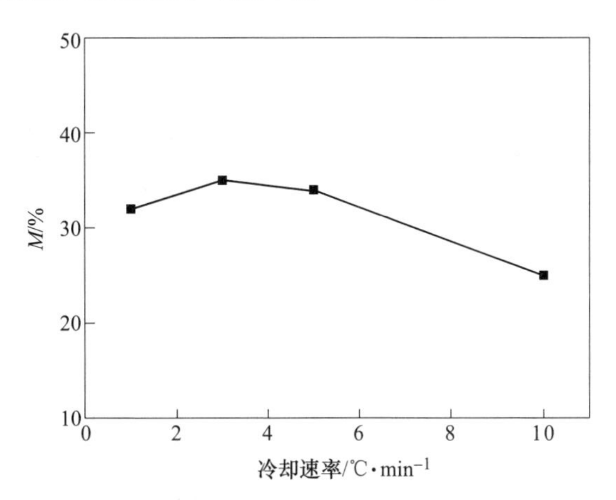

图 6-31 熔渣冷却速率对磁铁矿相结晶量的影响

6.4.6 供气方式对熔渣中磁铁矿析晶的影响

图 6-32（a）、（b）分别为碱度 0.90 的改质镍渣在氩气、空气气氛中升温至 1450℃，保温 50min 后降温，所得渣样的 BSE 照片；图 6-32（c）为碱度 0.90 的改质镍渣，在空气气氛中升温至 1450℃，向熔渣中通入空气氧化 30min 后保温

20min，所得渣样的 BSE 照片。由图 6-32（a）可以看出，在氩气气氛下，熔渣中无磁铁矿相生成。由图 6-32（b）可以看出，在空气气氛下，磁铁矿相从熔渣中析出，主要呈树枝状，晶体生长不完整，通过计算可得结晶量约为 18.52%。在空气气氛下对熔渣进行弱氧化会使铁元素的赋存状态发生变化，熔渣中的 FeO 与氧反应生成 Fe_3O_4，使渣中的含铁物相转变为磁铁矿相，但是熔渣中氧传质速率慢导致氧化不完全，部分 FeO 未被氧化，会生成 $Ca(Mg,Fe)Si_2O_6$。由图 6-32（c）可看出，向熔渣中通入空气 30min 进行氧化，磁铁矿相呈完整颗粒状从熔渣中析出，粒径分布比较均匀，结晶量较大，约为 33.52%，渣中主要含铁物相为磁铁矿相。由于通入空气，增大气-渣接触面积，同时对熔渣有搅拌作用，可改善铁元素富集及氧化反应的动力学条件，有利于磁铁矿相颗粒析出长大。

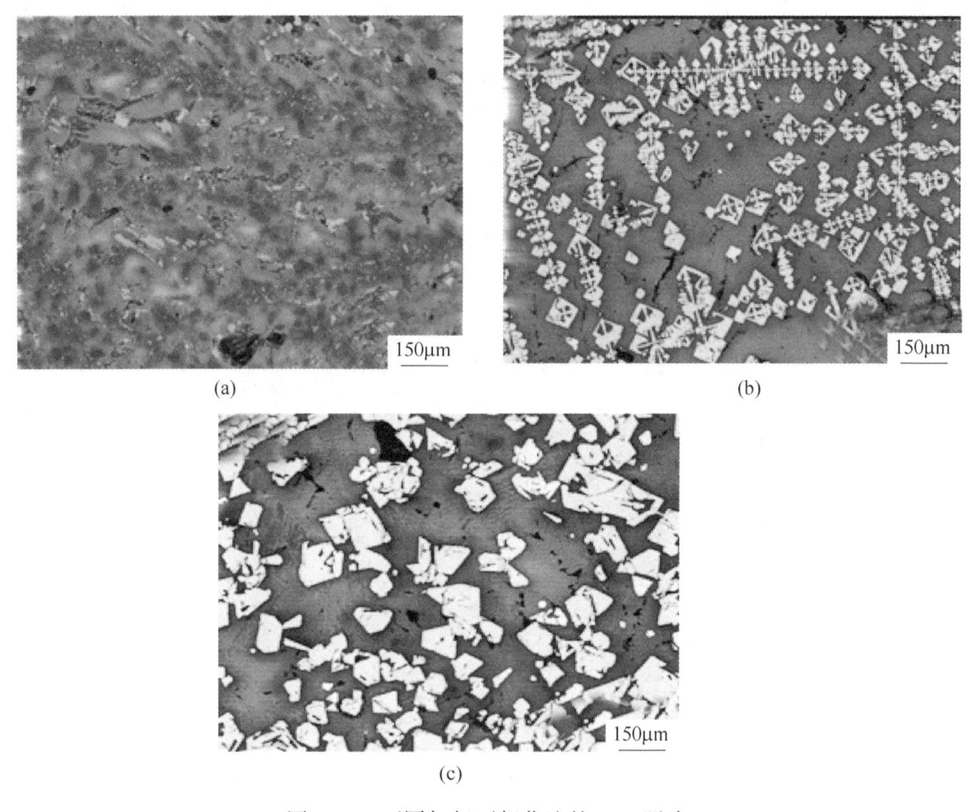

图 6-32　不同气氛下氧化渣的 BSE 照片
（a）氩气气氛；（b）空气气氛；（c）通入空气

6.5　参数对磁选的影响

磁选是将具有磁性能的磁铁矿从脉石中分离出来的有效方法，氧化镍渣中铁主要以磁铁矿（Fe_3O_4）形式存在，可采用先破碎再磁选的方式对氧化镍渣中的磁铁矿进行分离和回收。

将富铁镍渣在不同条件氧化后破碎至200目（74μm），经300mT的磁感应强度磁选一次后，铁回收率如图6-33所示。影响铁回收率的主要因素是温度，升高温度会使铁回收率呈明显的下降趋势；氧化时间、空气流速和碱度的变化对铁回收率影响都不如温度显著。影响强磁性矿物磁性的因素主要有磁场强度、颗粒形状与粒度等，下文主要就氧化镍渣的粒度、磁选的磁感应强度和磁选流程进行讨论，以得到适宜于氧化镍渣中细粒磁铁矿的磁选工艺，从而实现富铁镍渣中Fe组元的回收。

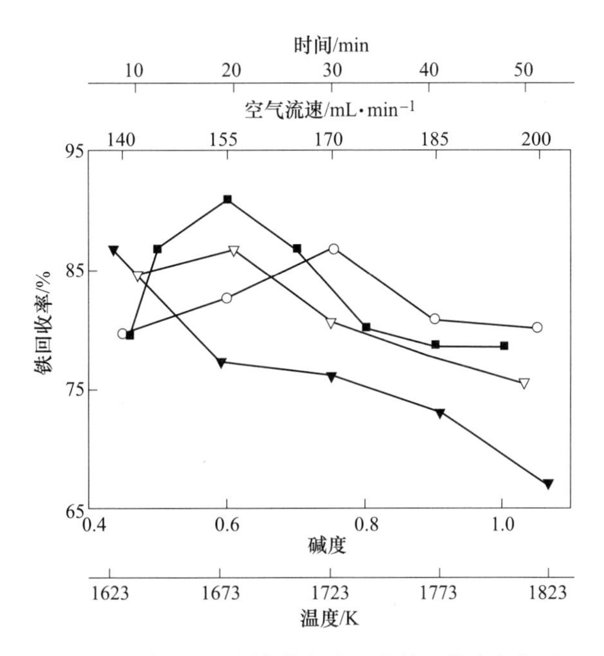

图6-33 镍渣在不同条件氧化后的铁回收率变化图

6.5.1 氧化镍渣的颗粒粒径

将氧化镍渣分别破碎至200目（74μm）、300目（50μm）、400目（38μm）和500目（30μm），经300mT的磁感应强度磁选后磁铁矿的回收情况如图6-34所示。其中铁回收率的计算如式（6-42）所示：

$$\varepsilon = \frac{m_{磁} \times w(\mathrm{TFe})}{m_0 \times w(\mathrm{TFe})_0} \tag{6-42}$$

式中，ε、$m_{磁}$、$w(\mathrm{TFe})$、m_0和$w(\mathrm{TFe})_0$分别为铁回收率（%）、磁铁矿质

量（g）、磁铁矿的全铁含量（%）、氧化镍渣质量（g）和初始富铁镍渣的全铁含量（%）。

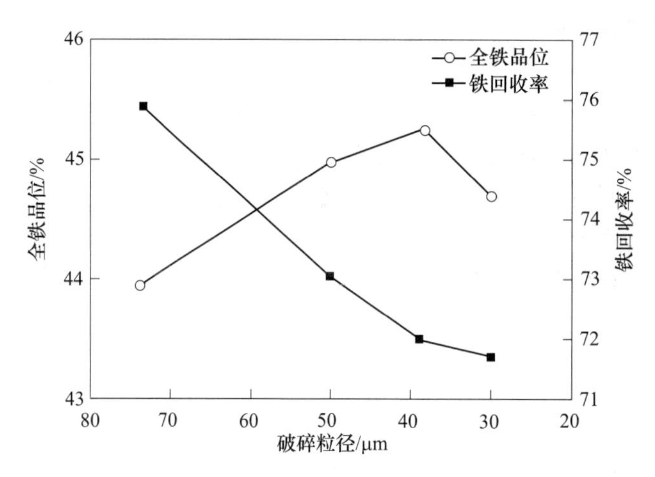

图 6-34　破碎粒径与全铁品位和铁回收率的关系图

从图 6-32 可以看出，随着破碎后氧化镍渣的颗粒粒径由小于 74μm 减小到小于 30μm 后，铁回收率一直呈降低趋势，但是当粒度小于 38μm 后，铁回收率降低的幅度减缓。与此同时，磁铁矿品位在颗粒粒径大于 38μm 前会随着粒径的减小而增大，但是其品位在颗粒粒径小于 30μm 后骤然降低。这主要是因为颗粒粒径较大时，磁铁矿的单体解离度较低，含有大量硅酸盐脉石，因此全铁品位较低；与此同时，裹挟进脉石的细小磁铁矿数量也较少，所以铁回收率较高。当颗粒粒径减小后，磁铁矿的单体解离度逐渐增大，在提高磁铁矿全铁品位的同时，会有更多的细小磁铁矿裹挟在硅酸盐脉石中进入尾矿，因此铁回收率逐渐降低。当粒度减小到一定程度（30μm）后，单体解离度较高的磁铁矿颗粒之间形成磁力很强的磁链，可以将一部分单体解离度较低的磁铁矿颗粒以机械夹杂的形式包裹住，因此磁铁矿的全铁品位反而会降低。但是由于磁感应强度较高，所以有大量脉石附着在磁极处，导致磁铁矿全铁品位处于 43. 68%～45. 26%之间。

6. 5. 2　磁感应强度

将粒径小于 74μm 的氧化镍渣在不同磁感应强度下进行磁选后，磁铁矿品位和铁回收率如图 6-35 所示。由图 6-35 可知，尽管磁感应强度从 60mT 增大到 160mT，但是磁铁矿的全铁品位变化并不明显，只是在 43. 18%～43. 52%之间的很小范围内波动；然而，铁回收率却呈现出巨大的变化，尤其是当磁感应强度从 60mT 增大到 100mT 时，铁回收率从 17. 92%迅速升高到 74. 85%；当磁感应强度继续增大到 120mT 后，铁回收率升高到 77. 03%；当磁感应强度进一步增大后，铁回收率基本保持不变。这主要是由于磁感应强度对磁铁矿颗粒的束缚力不同导

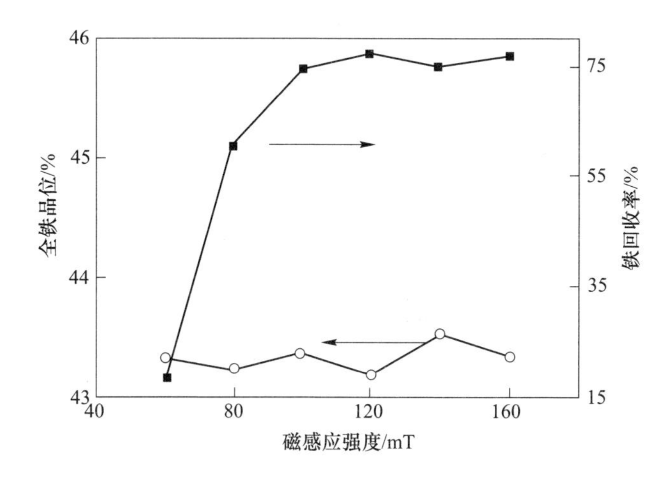

图 6-35 磁感应强度与全铁品位和铁回收率的关系图

致。当磁感应强度小于 120mT 时，外加磁场产生的磁力较弱，只能将磁性较强的磁铁矿颗粒吸附在磁极两侧，即含有磁铁矿较少的颗粒和单体解离度较低的颗粒容易因为无法被磁场产生的磁力束缚而进入尾矿中，因此铁回收率较低。当磁感应强度增强后，单体解离度高的细小颗粒和含有少量磁铁矿的颗粒都可以吸附在磁极处，因此铁回收率明显提高。继续增大磁感应强度后，磁性较强的磁铁矿颗粒几乎全部附着在磁极处，所以趋于稳定的铁回收率无法继续提高。

6.5.3 磁选流程

当氧化镍渣进行一次破碎和一次磁选后，尽管铁回收率较高，但是磁铁矿的品位较低，相对于富铁镍渣约 40%的全铁含量而言，铁品位提升幅度并不大，即单次磁选并不能得到高品位的磁铁矿。因此，为了提高磁铁矿的全铁品位，进行了多段破碎、多段磁选工艺研究，工艺路线和相应的回收指标如图 6-36 所示。经过三次破碎-磁选后磁铁矿中的全铁品位达到 54.08%，已经可以满足烧结用铁矿粉标准。

从表 6-6 可以看出，当氧化镍渣经过第一次破碎-磁选后，磁铁矿的产率为 70.39%、全铁品位为 42.64%；磁铁矿 Ⅰ 经过破碎再磁选后，磁铁矿的产率为 80.45%、全铁品位为 49.88%；将磁铁矿 Ⅱ 破碎并磁选后，磁铁矿的产率为 89.48%、全铁品位为 54.08%。说明在分阶段破碎和磁选的过程中，磁铁矿中含有的硅酸盐脉石越来越少，即磁铁矿的纯度和全铁品位越来越高。经过三次破碎和磁选后，磁铁矿的全铁品位为 54.08%、累计产率为 50.67%、累计铁回收率为 75.99%。

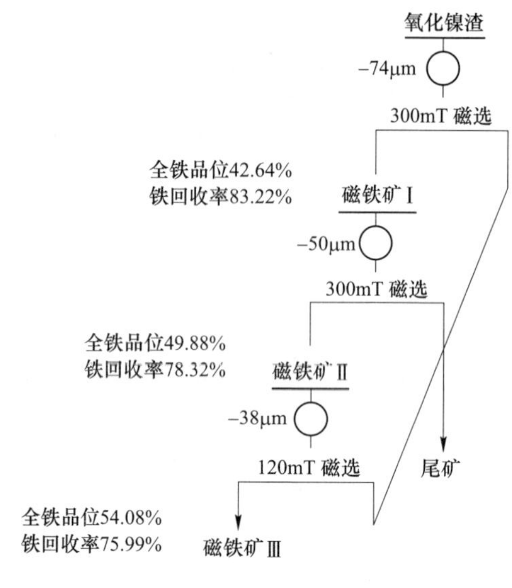

图 6-36　氧化镍渣的磁选流程图

表 6-6　磁选指标列表　(%)

磁铁矿	全铁品位	磁铁矿产率	累计产率	铁回收率	累计铁回收率
氧化镍渣	35.26	—	—	—	—
磁铁矿Ⅰ	42.64	70.39	70.39	83.22	83.22
磁铁矿Ⅱ	49.88	80.45	56.63	94.11	78.32
磁铁矿Ⅲ	54.08	89.48	50.67	97.02	75.99

6.6　本章小结

（1）热力学计算表明，镍渣中的 Fe_2SiO_4 与 O_2 反应生成 Fe_3O_4 在热力学上是可行的，并且生成的 Fe_3O_4 很难在高温时进一步氧化为 Fe_2O_3，Fe_3O_4 是体系内最稳定的含铁氧化物；CaO 的存在会促进 Fe_2SiO_4 与 O_2 反应生成 Fe_3O_4。碱度为 0.60~0.90 时，镍渣熔融氧化的熔化温度最低，黏度最小，有利于氧化反应的进行以及磁铁矿相的析出与长大。镍渣中加入 CaO 作为改质剂，可以显著提高熔渣中 FeO 的活度，有利于磁铁矿晶体的析出和长大。等温条件下，镍渣中 Fe_2SiO_4 氧化过程的表观活化能 E_a 为 315.16kJ/mol。

（2）激光共聚焦显微镜原位观察表明，在 5~50℃/min 冷却速率下熔渣中磁铁矿初始析晶温度为 1460~1450℃，略低于理论计算温度 1466℃。晶体生长主要发生在 1400~1200℃，磁铁矿晶体平均生长速率为 0.01~0.14μm/s。

（3）实验表明，碱度 0.60~0.90，温度 1350~1450℃，冷却速率 3~5℃/min，

更有利于大颗粒状磁铁矿晶体生长，避免枝晶形成，从而获得较高的结晶量。氧化反应在空气气氛中可以进行，空气通入熔渣内部，有利于氧化反应的进行及磁铁矿晶体颗粒的析出长大。

（4）实验表明，随着氧化渣粒度的降低，回收的磁铁矿粉中铁品位升高，但铁收率降低。当粒度为 200~400 目约 0. 038~0. 074mm，磁感应强度为 120~300mT 时，可以获得一个较为平衡的回收效果。通过多段破碎-磁选工艺，可以提高回收磁铁矿中的铁品位。

综上所述，通过熔融氧化-磁选工艺可以将镍渣中的铁富集于磁铁矿中并高效提取。

参 考 文 献

[1] Ma Y B, Du X Y, Shen Y Y, et al. Crystallization and beneficiation of magnetite for iron recycling from nickel slags by oxidation-magnetic separation [J]. Metals. 2017, 7 (8): 321-332.

[2] Shen Y Y, Huang Z N, Zhang Y Y, et al. Transfer behavior of Fe element in nickel slag during molten oxidation and magnetic separation processes [J]. Mater. Trans. 2018, 59 (10): 1659-1664.

[3] Li B, Rong T L, Du X Y, et al. Preparation of Fe_3O_4 particles with unique structures from nickel slag for enhancing microwave absorption properties [J]. Ceram. Int. 2021, 47 (13): 18848-18857.

[4] Ma Y B, Du X Y. Effects of CaO addition on the iron recycling from nickel slags by oxidation-magnetic separation [J]. Metals. 2018, 8 (11): 956-968.

[5] Nicholls P, Reid W T. Viscosity of coal-ash slag [J]. Transactions of the ASME, 1944, 66: 83-97.

[6] Sage W L, Mcilroy J B. Relationship of coal ash viscosity to chemical composition [J]. Journal of Engineering for Gas Turbines & Power, 1959, 5 (2): 154-159.

[7] Roberts R. Phase diagrams for ceramists [M]. US: American: American Ceramic Society, 1983: 36-124.

[8] Kim K D, Wan W H, Dong J M. Effect of FeO and CaO on the sulfide capacity of the ferronickel smelting slag [J]. Metallurgical & Materials Transactions B, 2014, 45 (3): 889-896.

[9] Yadav U S, Pandey B D, Das B K, et al. Steelmaking. Influence of magnesia on sintering characteristics of iron ore [J]. 2002, 29 (2): 91-95.

[10] Mclennan A R, Bryant G W, Bailey C W , et al. An experimental comparison of the ash formed from coals containing pyrite and siderite mineral in oxidizing and reducing conditions [J]. Energy and Fuels, 2000, 14: 308-315.

[11] 周秋生，牛飞，王俊娥，等. 铬铁矿中杂质铝和铁对铬氧化率的影响及其机理 [J]. 中国有色金属学报，2012，22 (5): 1503-1508.

[12] 郭玉峰，郭兴敏．MgO 对铁矿石烧结过程中二次赤铁矿形成的影响 [J]．钢铁研究学报，2017，29（3）：185-190.

[13] Blázquez J S，Conde C F，Conde A. On the use of classical JMAK crystallization kinetic theory to describe simultaneous processes leading to the formation of different phases in metals [J]. International Journal of Thermal Sciences，2015，88：1-6.

7 镍渣制备珠铁

钢铁工业的快速发展使中国成为世界上最大的铁矿石进口国。为了弥补铁矿资源短缺，本章提出镍渣含碳球团还原制备珠铁的技术思路，以镍渣作为提铁原料，采用直接还原工艺将镍渣中的铁资源制备成珠铁回收，探讨还原温度、碱度及还原时间等条件对镍渣还原度、渣铁分离效果等的影响，是实现镍渣综合利用的有益探索。

7.1 原辅材料及研究方法

7.1.1 材料及试验方法

实验所用原料包括镍渣（成分见表 3-1）、高纯石墨（纯度为 99.9%）、CaO（分析纯）。石墨粉用作还原剂。CaO（分析纯）用于调整炉渣成分，降低炉渣熔点。

将镍渣破碎、磨粉至粒度小于 200 目（约 74μm），放入干燥箱中，在 105℃干燥 4h。将干燥后的镍渣粉、石墨粉按 C/O 摩尔比 1.2，CaO 添加量按最终样品碱度为 0.6、0.7、0.8、0.9、1.0 配料，用混料机混合 10min，外加少量黏结剂，使用压样机压成 ϕ10mm ×10mm 的圆柱体。将镍渣团块用石墨托盘盛放，放入高温数显真空箱式炉中，并通入氩气作保护气，加热到设定温度，还原一定时间后取出并迅速用煤粉覆盖以防止在空气中发生二次氧化。将样品分离，金属相与渣相分别称重计量。金属相做成分分析，检测纯度。渣相磨成 200 目粉末，进行化学分析和其微观结构分析。

金属化率采用式（7-1）计算。

$$\eta = (\mathrm{MFe}/\mathrm{TFe}) \times 100\% \tag{7-1}$$

式中，η 表示铁的金属化率，%；MFe 表示还原后样品中金属铁的含量，%；TFe 表示镍渣原料中的全铁量，%。

7.1.2 渣系及温度选择

镍渣球团还原制备珠铁过程中，除了要考虑镍渣的金属化率，还应考虑渣铁分离情况。固定 $w(SiO_2)/w(MgO) = 3/1$（参考原料原始组分含量比）

时，绘制的 CaO-SiO_2-MgO 三元渣系液相图区如图 7-1 所示。点 1 处渣的液相温度超过 1600℃，随着 CaO 含量的增加，渣的液相温度逐渐降低，当 CaO 含量超过 35%时，渣的液相温度又开始升高，CaO 的质量分数在 20%～35%之间，渣的液相温度低于 1400℃。因此，本实验中通过添加适量的 CaO，改变 SiO_2-MgO-CaO 三元渣系的碱度（（MgO+CaO）与（SiO_2）的质量比），降低终渣的液相温度。其中 CaO 的质量分数 20%、24%、28%、32%和 35%，分别对应的碱度为 0.6、0.7、0.8、0.9 和 1.0。实验选定的温度为 1350℃、1400℃和 1450℃。

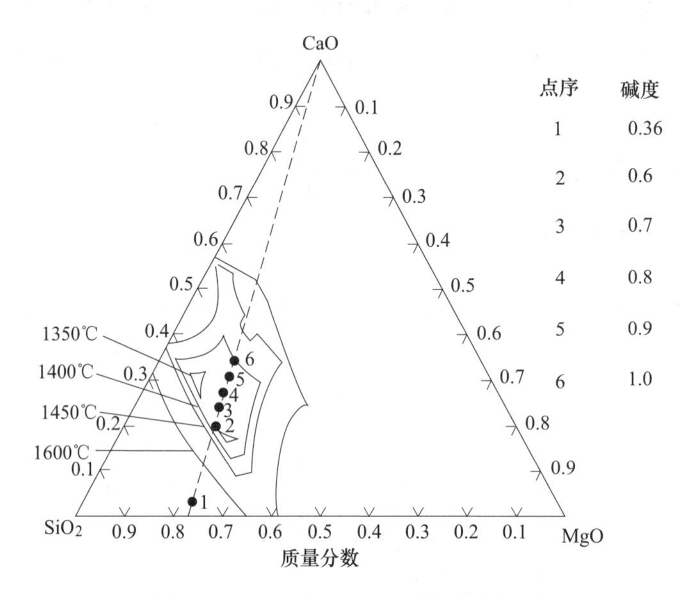

图 7-1　CaO-SiO_2-MgO 三元渣系液相图

7.2　结果与讨论

7.2.1　反应容器对珠铁制备的影响

刚玉方舟盛放样品如图 7-2 所示。当使用刚玉方舟时，高温还原后出现小颗粒珠铁，颗粒直径超过 1mm，熔分后的渣有粉化现象，有利于渣铁分离。不足是冷却后的样品与方舟黏结，部分金属未能良好聚集，影响了还原铁的聚集和珠铁颗粒长大，仅生成少量大颗粒珠铁，降低了珠铁的收得率。其主要原因是镍渣含碳球团中配加了大量的氧化钙调节碱度，而刚玉方舟的主要成分为 Al_2O_3，在还原过程中，方舟中的部分 Al_2O_3 与 CaO 发生化学反应，降低了镍渣含碳球团的碱度，影响实验结果。

图 7-2　刚玉方舟盛放样品（$T=1400℃$，$t=10\text{min}$）

采用石墨托盘盛放镍渣含碳球团进行还原实验后，渣铁较好聚集分离，渣聚集形成多孔状固体，由于镍渣含碳球团还原过程产生还原性气体 CO，在反应过程中，气体不断扩散，因而使致密的球团充满孔隙。图 7-3 为石墨托盘材料球团形貌图，在多孔状的渣周围，深黑色为聚集的渣，浅黑色为珠铁，铁单质应为银

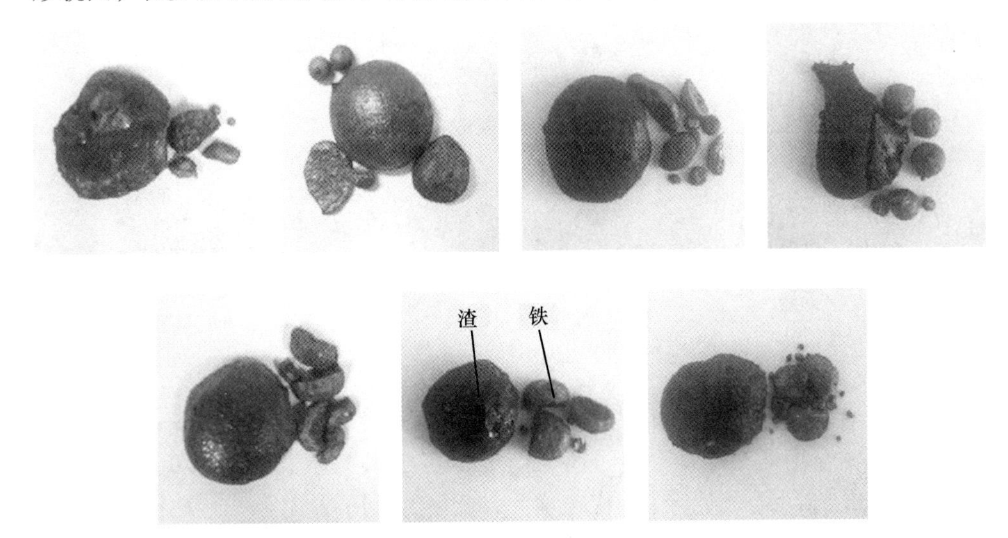

图 7-3　石墨托盘盛放样品（$T=1400℃$，$t=10\text{min}$）

白色，然而由于高温取样并埋碳冷却，表面附着部分煤粉或少量发生二次氧化，聚集长大的珠铁无规律地分布四周，或镶嵌分布在渣中。将球团分离，即可得到珠铁和熔分渣，珠铁与熔分渣与石墨托盘均无黏结现象，且铁收得率相对较高。因此，后续实验均采用石墨托盘进行材料盛放。

7.2.2　还原温度及时间对珠铁制备的影响

还原温度分别为1350℃和1400℃，在不同还原时间，相同的碱度（$R=0.6$）条件下进行还原，所得实验样品形貌分别如图7-4和图7-5所示[1]。1350℃还原8min时，镍渣含碳球团发生变形，未熔，还原12min时，还原产物仍未熔化。还原温度为1400℃，球团迅速发生还原反应，还原4min时出现部分裂纹；还原8min时，球团产生液相，生成少量金属铁颗粒，部分渣发生聚集；随着还原时间继续延长，铁颗粒逐渐长大，且还原渣也较快聚集，当还原时间为12min时，还原后的渣铁完全熔分，效果较好。

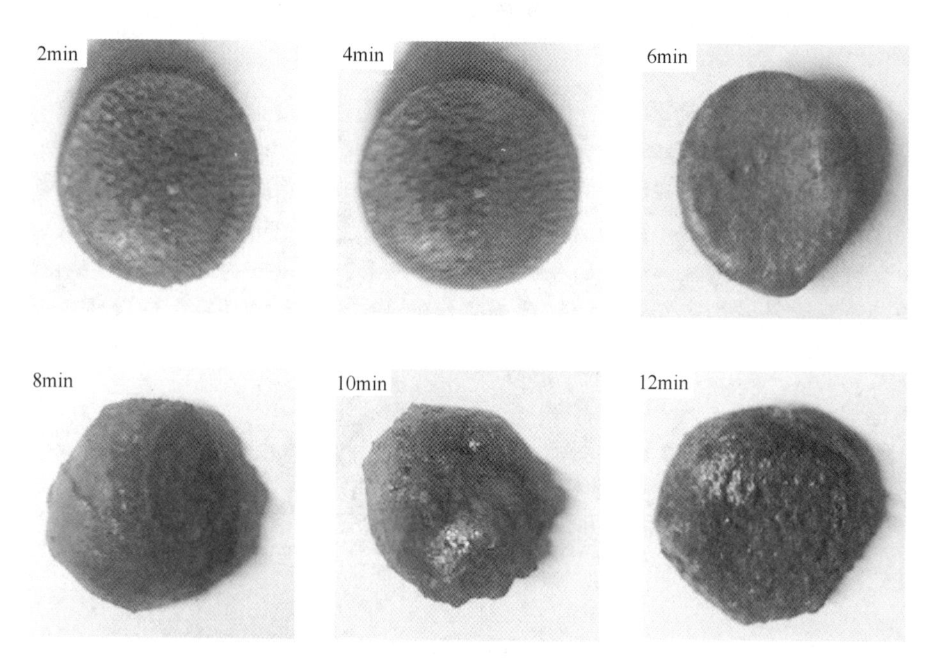

图7-4　球团还原过程中的形貌图（$T=1350$℃，$R=0.6$）

碳氧比1.2，还原温度为1350℃、1400℃、1450℃条件下，球团金属化率如图7-6所示。由图7-6可以看出，还原温度为1350℃，还原时间为2~10min阶段，镍渣含碳球团还原金属化率快速增大，此后延长还原时间，金属化率增长变得缓慢，反应16min时，球团的金属化率为94.21%；还原温度为1400℃时，镍渣含碳球团还原后金属化率在前8min增长较快，还原时间6min和8min时，球

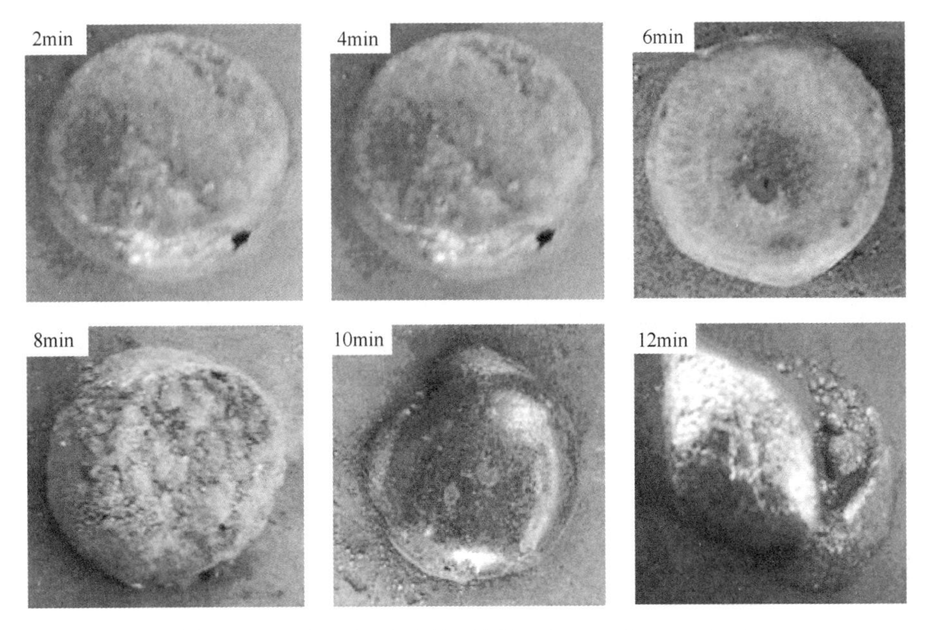

图 7-5 球团还原过程中的形貌图（T=1400℃，R=0.6）

团的金属化率分别达到 71.68%和 86.5%，此后增长速率减慢，还原时间延长到 12min 后，金属化率为 93.89%，珠铁粒度不断增大，金属化率提高幅度较小。还原温度为 1450℃时，金属化率在反应时间 6min 时增长较快，还原球团中的铁已开始聚集，此后提到幅度降低，还原 8min 时，球团中渣铁未能良好聚集分离即迅速熔化，此温度作为直接还原温度偏高。综合考虑能量消耗，可将镍渣含碳球团还原温度定为 1400℃，还原时间定为 12min。

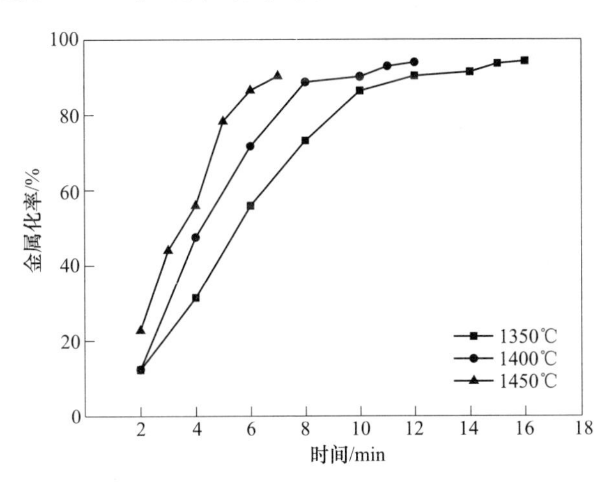

图 7-6 镍渣含碳球团的金属化率（R=0.6）

对不同温度条件下所得珠铁尺寸进行统计，结果见表 7-1。还原温度为 1350℃，还原时间 12min 时，无珠铁产生。还原温度为 1400℃，还原时间 8min 时，开始出现直径大于 1mm 的珠铁，还原时间为 12min 时，珠铁尺寸大于 1mm 比例可达 88.92%，继续延长还原时间，珠铁尺寸继续长大，最终金属化率基本不变。还原温度为 1450℃，还原时间为 6min 时，出现微量珠铁小颗粒，继续延长时间，球团迅速熔化为熔融态，是由于温度较高，还原时间较短，还原的金属铁未能经过充足的时间进行渗碳、聚集长大过程即已熔化，此温度不适于镍渣含碳球团制备珠铁。

表 7-1　镍渣不同温度及时间还原后产物中珠铁形成情况

温度	0~6min	8min（>1mm）	10min（>1mm）	12min（>1mm）
1350℃	无珠铁出现	无珠铁出现	无珠铁出现	无珠铁出现
1400℃	无珠铁出现	35.12%	69.46%	88.92%
1450℃	36.75%	熔融态	熔融态	熔融态

7.2.3　碱度对珠铁制备的影响

采用相同的还原温度（T=1400℃），研究碱度对镍渣含碳球团还原的影响，所得形貌图分别如图 7-7~图 7-9 所示[1]。

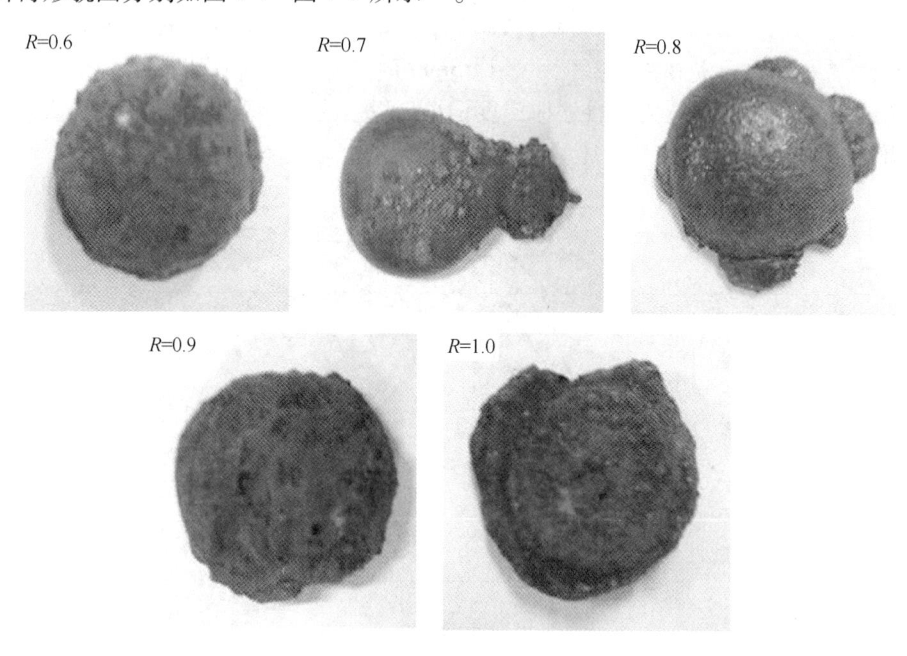

图 7-7　球团还原过程中的形貌图（T=1400℃，t=10min）

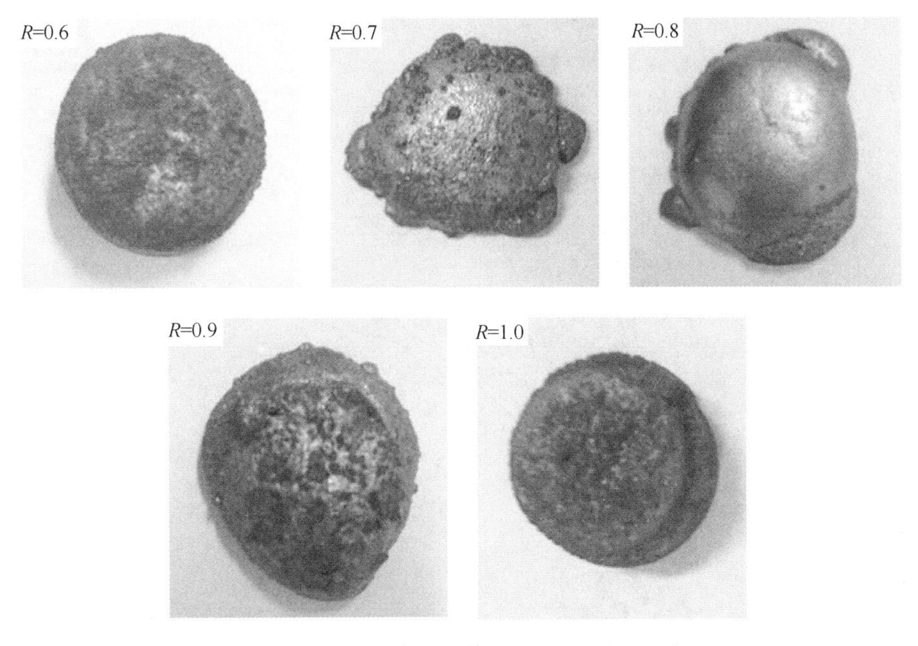

图 7-8　球团还原过程中的形貌图（$T=1400℃$，$t=11\text{min}$）

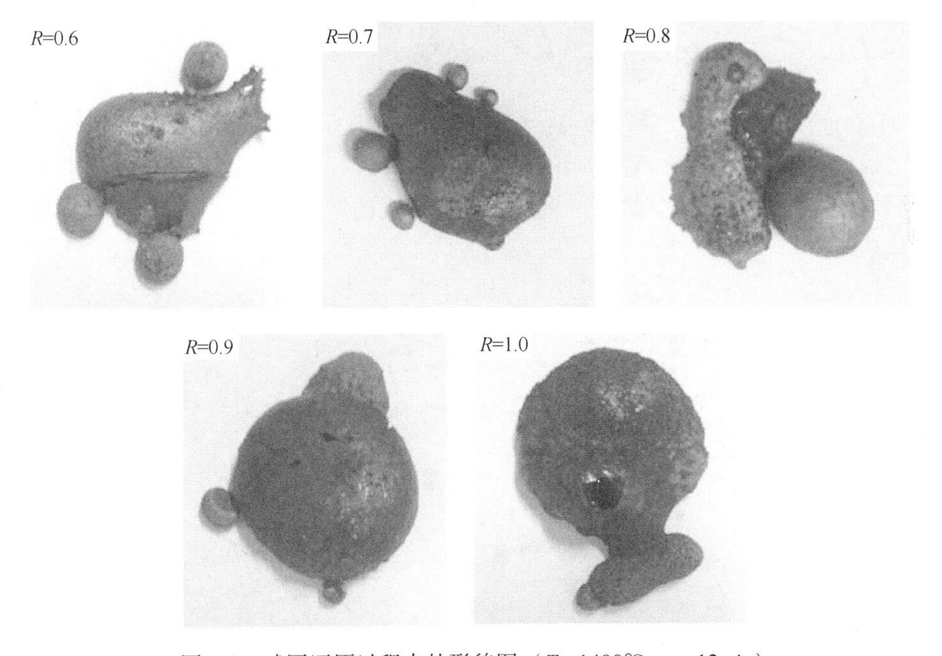

图 7-9　球团还原过程中的形貌图（$T=1400℃$，$t=12\text{min}$）

碳氧比 1.2，还原温度固定 1400℃，不同碱度条件下的金属化率如图 7-10 所示。在 2~8min 的还原时间段内，随着碱度由 0.6 增加到 0.8，球团的金属化率明显提高，表明提高碱度有助于还原反应的进行，添加的 CaO 与铁橄榄石（Fe_2SiO_4）发生反应，使难还原的铁橄榄石转换为 FeO，铁的还原变得容易，还原后的铁迅速聚集，金属化率明显提高。当碱度继续由 0.8 增加到 1.0，还原时间超过 8min 后，球团的金属化率反而降低，这是由于随着碱度的进一步提高，渣系的液相温度发生变化，渣中存留部分未还原的 FeO，因而降低了金属化率。因此碱度 0.8 较为适宜，当反应 12min 时，金属化率可达 95.89%。

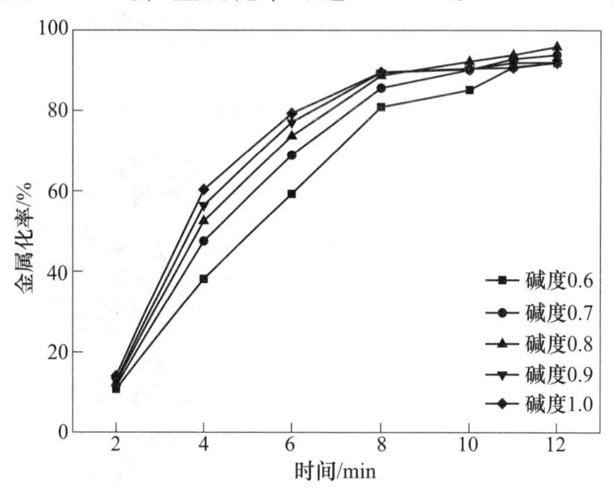

图 7-10　不同碱度镍渣含碳球团的金属化率

不同碱度的镍渣在 1400℃ 还原 12min 后的产物 SEM 形貌如图 7-11 所示，灰白色区域为金属铁，0.36 是原始镍渣的碱度。镍渣未添加氧化钙时，还原后的金属铁呈零散状分布；随着镍渣中氧化钙添加量的增加（即碱度的增大），铁的分布区域逐渐增大并聚集成块。因此，配加合理量的氧化钙有利于还原金属铁的聚集长大，有助于提高铁的还原率与金属化率，有助于铁的高效回收。

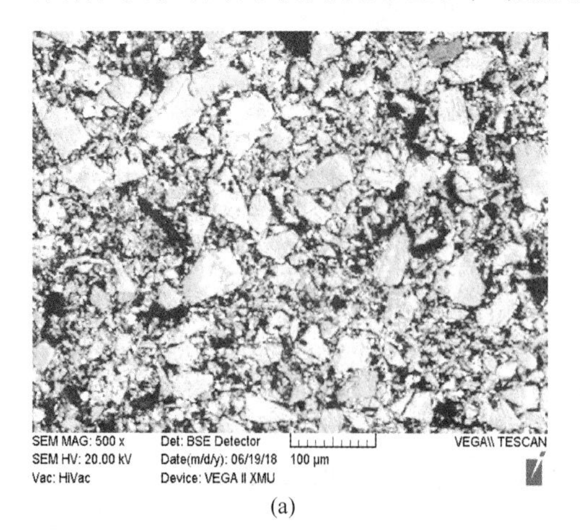

(a)

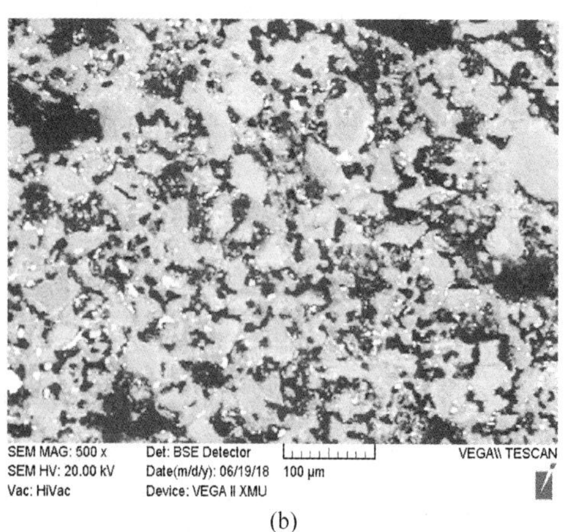

(b)

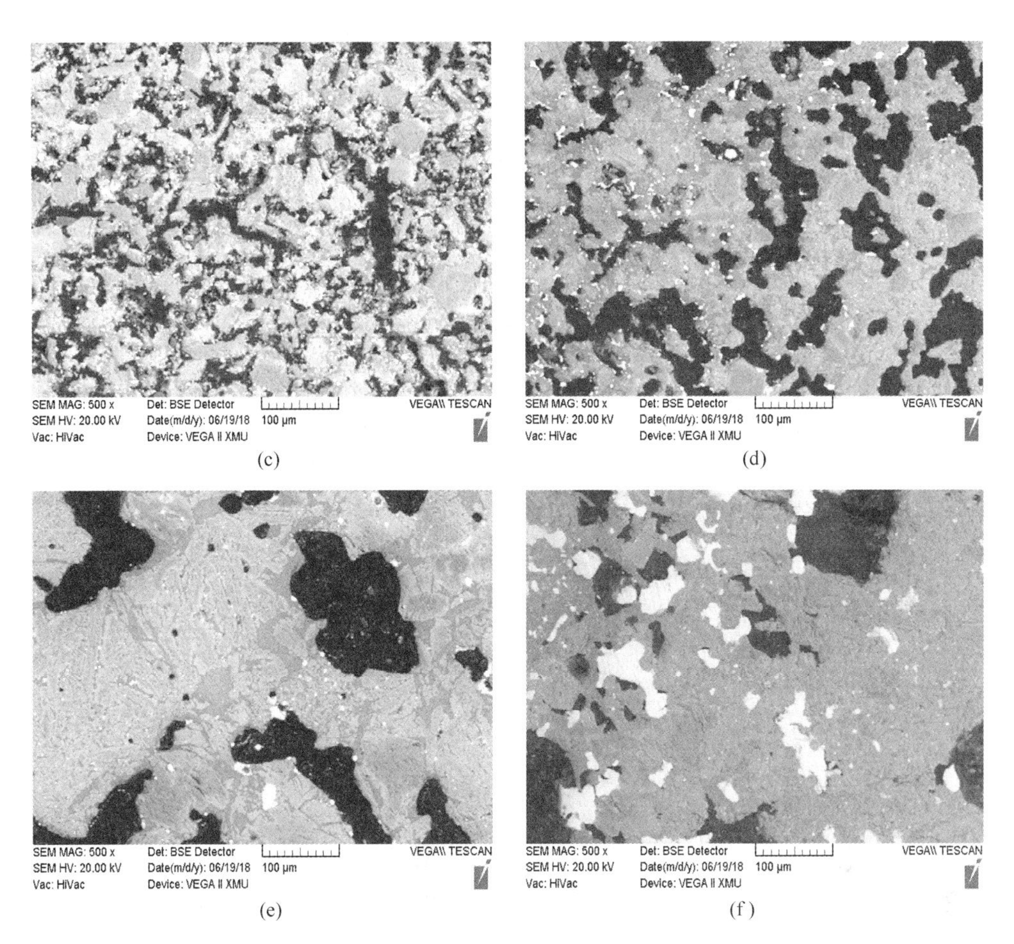

图 7-11 还原产物 SEM 图谱（$T=1400$℃）

（a）$R=0.36$；（b）$R=0.6$；（c）$R=0.7$；（d）$R=0.8$；（e）$R=0.9$；（f）$R=1.0$

7.2.4 珠铁成分及形貌

不同碱度的镍渣在 1400℃ 还原不同时间后的产物如图 7-12 与图 7-13 所示[1, 2]。还原 12min 后，渣铁分离效果良好，珠铁颗粒尺寸较大，金属化率最高。

选取直径为 4mm 的珠铁，然后依次经 400 目、800 目、1000 目、1500 目、2000 目水磨砂纸打磨，用抛光布进行抛光后进行 SEM 分析，所得 SEM 结果及元素分布情况如图 7-14 所示。图中所示珠铁除点 1、2 带有杂色的之外的区域，银白色区域均为金属铁单质分布区域，由此可判断球团所制备的珠铁品质较高。不足是杂质 S 含量较高。另外，珠铁中还残存微量 C 弥散分布其中，并有少量的金属 Ni、Cu 嵌布。

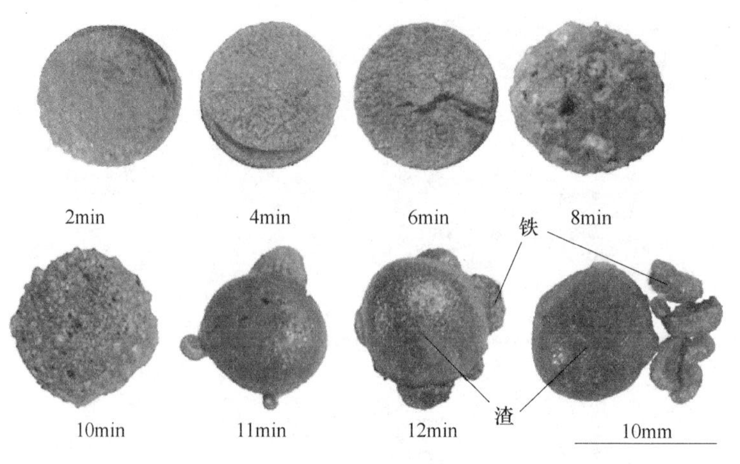

图 7-12　球团还原过程中的形貌图（$T=1400℃$、$R=0.7$）

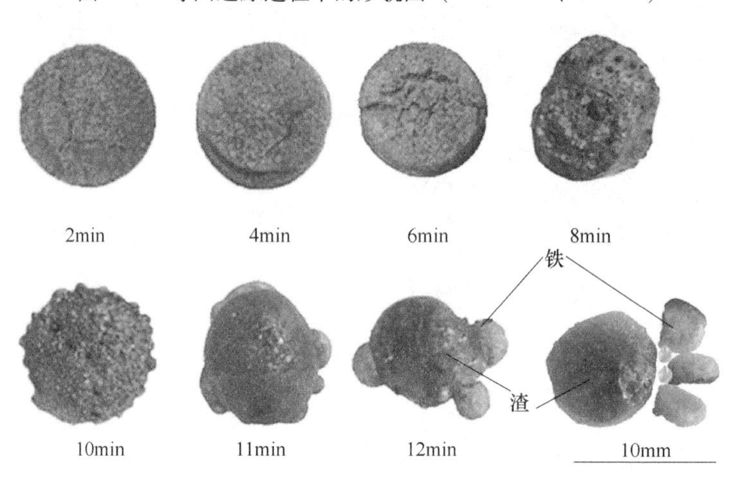

图 7-13　球团还原过程中的形貌图（$T=1400℃$，$R=0.8$）

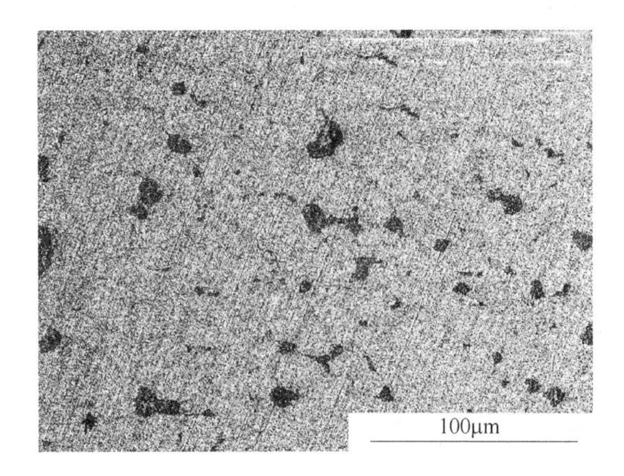

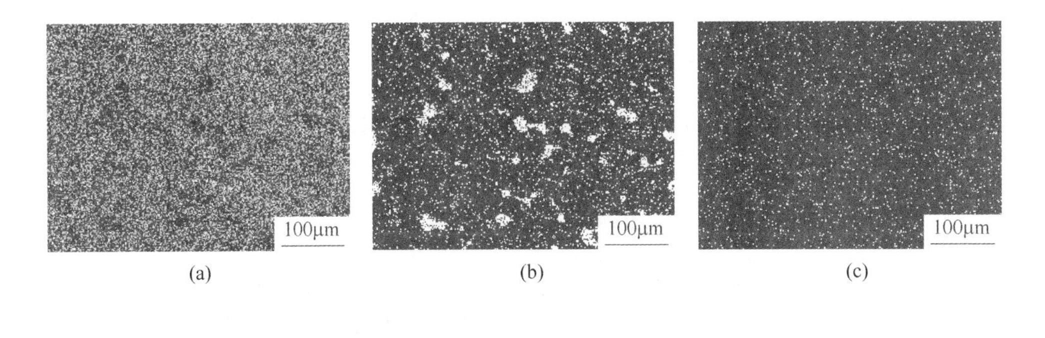

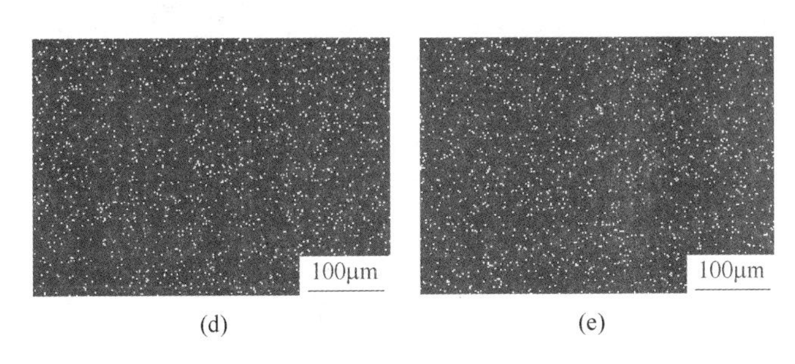

图 7-14 珠铁 SEM 及元素分布图

(a) Fe; (b) S; (c) C; (d) Ni; (e) Cu

采用 ICP-AES 方法对珠铁进行元素分析，分析结果见表 7-2。其中铁含量高达 93.89%，并含 C 2.31%及一定量的 Ni、Cu 等，是生产合金钢的可能原料，不足是 S 含量较高，需要脱硫处理。

表 7-2 珠铁成分 (wt%)

成分	Fe	C	Ni	Cu	S	Si
含量	93.89	2.31	1.04	0.68	1.2	0.09

7.2.5 分离珠铁后的渣成分及形貌

镍渣含碳球团还原分离珠铁后的渣的 SEM 形貌结果如图 7-15 所示，图中灰白色颗粒为未分离干净的金属铁，其余大量深灰色区域呈块状分布的是 MgO、CaO、SiO_2 等形成的化合物。

分离珠铁后的渣的 XRD 图谱如图 7-16 所示，渣中主要物相为含钙、硅、镁的硅酸盐镁黄长石。

熔分渣的成分见表 7-3，渣中还残存部分未还原的 FeO，有待进一步改进工艺提高铁的回收率。该渣可用于水泥生产原料，或者用于渣棉生产原料。

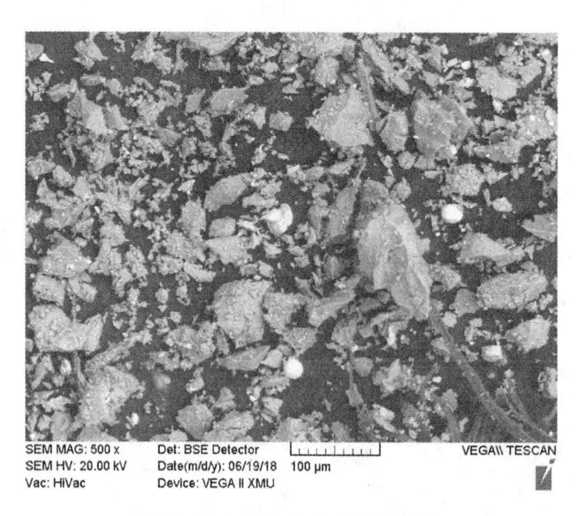

图 7-15　熔分渣的 SEM 图谱

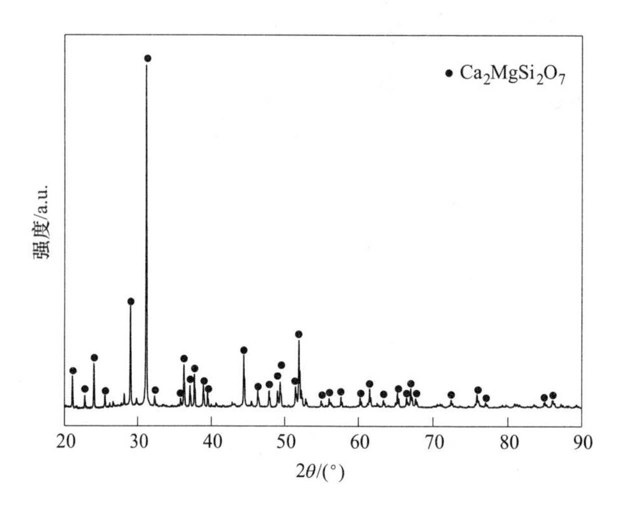

图 7-16　熔分渣的 XRD 图谱

表 7-3　分离珠铁后的熔分渣成分　　　(wt%)

成分	FeO	CaO	MgO	SiO_2
含量	7. 68	22. 11	16. 59	53. 44

7.3　本章小结

(1) 刚玉方舟作为盛装材料时，不利于球团还原后熔分，采用石墨托盘能获得品质较好的珠铁，铁收得率高。

（2）温度对镍渣球团还原产物的渣铁分离影响最大，加入适量的氧化钙有利于镍渣中铁氧化物的还原，同时能降低终渣熔点，但当碱度超过 0.8 时，不利于渣铁分离。镍渣球团在 1400℃，C/O 1.2，碱度 0.8，还原 12min，渣铁分离效果最好。

（3）利用高温直接还原工艺处理镍渣工艺可行，所得珠铁含 Fe 93.89%，并含少量碳及金属镍，可望代替废钢用于炼钢工艺，还原分离后的渣其结晶相主要为镁黄长石，是水泥生产的可能原料。

（4）应开展镍渣含碳球团制备珠铁过程中硫元素脱除及迁移规律研究，降低珠铁中的硫元素含量。

参 考 文 献

[1] 汪衍军. 高硅含铁镍渣直接还原制备珠铁基础研究 [D]. 西安：西安建筑科技大学，2019.

[2] 李小明，李怡，汪衍军，邢相栋. 高硅含铁镍渣还原制备珠铁研究 [J]. 矿冶工程，2019，39（5）：79-83.

8 镍渣基富铁微晶玻璃制备

微晶玻璃含有大量晶相和玻璃相，具有优良的物理化学性能，广泛应用于建筑领域。利用固体废弃物制备微晶玻璃不仅可以减轻环境污染还可以降低微晶玻璃的生产成本。以镍渣还原提铁后的无铁二次镍渣为原料制备微晶玻璃已有相关研究，但提铁工艺中充分还原回收铁元素造成工艺能耗高，若能将提铁后的二次镍渣中的残余铁含量控制在一定的范围，既实现经济性提铁，又能将二次镍渣资源化利用为微晶玻璃，将可实现镍渣的经济性利用。本章以经济性提铁为目标，以纯试剂模拟不同还原程度提铁后的二次镍渣，研究 Fe_2O_3 对微晶玻璃制备及性能的影响，为制订经济性提铁工艺方案，并为资源化高值利用二次镍渣提供理论基础。

8.1 原辅材料及方法

8.1.1 实验原料

实验所用镍渣为某公司富氧顶吹系统冶炼金属镍过程中排出的水淬炉渣，成分见表 8-1。镍渣经干燥、破碎，过 200 目筛后作为实验原料备用。

表 8-1 镍渣化学成分表 （wt%）

成分	TFe	SiO_2	MgO	CaO	Al_2O_3	Na_2O	K_2O	其他
含量	36.24	28.32	9.86	3.35	2.52	0.56	0.25	3.37

高炉渣为成分调节原料，其化学成分见表 8-2。

表 8-2 高炉渣化学成分表 （wt%）

成分	SiO_2	MgO	CaO	Al_2O_3	其他
含量	39.17	8.00	41.13	9.50	2.20

8.1.2 实验设备

实验设备主要包括：真空干燥箱（DZF-6020A，控温范围 50~250℃）；高温箱式电阻炉（SX-12-17）；差示扫描量热仪（SETARAM Setsys）；X 射线衍射仪（D8 ADVANCE）；扫描电子显微镜（VEGA Ⅱ-XMU）；行星式球磨机（F-P400H）；维氏显微硬度计（401MVD）。

8.1.3 基础玻璃配方设计

微晶玻璃的结构和性能与基础玻璃化学组成密切相关。基础玻璃成分设计时，应综合多个方面因素：

（1）基础玻璃易于熔制，玻璃液较为均匀；

（2）基础玻璃易于浇注成型，在热处理前不易析晶；

（3）热处理过程中不易发生变形、成核率较高、晶相转变明显；

（4）满足最终的性能要求。

SiO_2 和 Al_2O_3 是参与玻璃网络结构组成的基础氧化物，同时在玻璃网状的骨架外还需要有场强较大、离子半径较小的金属阳离子，如 Mg^{2+}、Ca^{2+} 等，促进玻璃发生析晶。在基础玻璃的熔制阶段，一般需要加入少量的助熔剂和澄清剂，使玻璃易于熔制、玻璃液较为均匀，并且在浇注时基础玻璃易于成型。此外还需要引入成核剂，诱导基础玻璃在保温阶段有稳定的晶体生成。玻璃体系中的硅酸盐网状结构与各种成分的相对含量有关，当基础氧化物含量较低时，多出现硅氧比小的硅酸盐，当基础氧化物含量较高时，玻璃的硅氧网络结构越趋于稳定，热处理过程中很难析出晶体。

基于镍渣主要成分为 SiO_2、CaO、Al_2O_3 和 MgO，因此确定基础玻璃属于 SiO_2-CaO-MgO-Al_2O_3 体系。在研究 Fe_2O_3 的影响时，Fe^{2+} 是网络破坏体，正八面体配位，会破坏网络结构从而使黏度降低。而 Fe^{3+} 以正四面体和正八面体来配位，且以四面体为主，作为网络聚合体存在，会对体系的性质产生影响，黏度随着 Fe^{3+} 含量的增加而逐渐增加[1]。在该体系中可析出多种不同种类的晶相，分别为透辉石、硅辉石等[2]，矿物相的种类决定了其物化性能存在差异，与制备玻璃的使用性能密切相关。

微晶玻璃产品应具备良好的性能，因此依据各种矿物的理化特性，在本研究中以期得到晶体类别在辉石相区的玻璃产品。根据所采用镍渣的组成及主晶相的选择，在 MgO 含量为 10% 的 SiO_2-CaO-MgO-Al_2O_3 四元系统相图亚稳分相区取点（见图 8-1），利用平行线法则对应相图中无变量点的化学组成以及平衡温度，确定出玻璃中的基础氧化物成分组成范围见表 8-3。用纯试剂模拟五个不同还原度的二次镍渣来制备微晶玻璃，基础玻璃配方设计见表 8-4。

表 8-3 基础玻璃化学成分范围 （wt%）

化学成分	CaO	SiO_2	Al_2O_3	MgO
组成范围	12～30	35～55	2～12	2～10

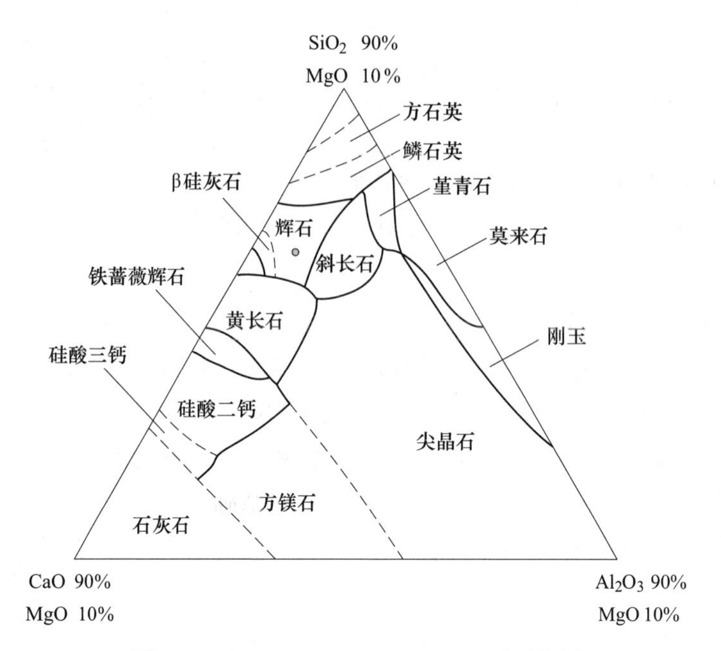

图 8-1　SiO_2-CaO-Al_2O_3-10%MgO 四元系相图

表 8-4　基础玻璃化学配方组成　　(wt%)

SiO_2	CaO	Al_2O_3	Fe_2O_3	MgO	还原率/%
54.59	21.39	7.32	0	16.70	100
54.59	21.39	7.32	3.11	16.70	90
54.59	21.39	7.32	6.21	16.70	80
54.59	21.39	7.32	9.32	16.70	70
54.59	21.39	7.32	12.42	16.70	60

8.1.4　实验流程

采用熔融-热处理法来制备微晶玻璃样品，整个实验流程包括基础玻璃配料及熔制、玻璃成型与退火、热处理这三部分。

（1）配料与基础玻璃熔制。根据基础玻璃的成分设计进行准确称料，并在球磨机中进行充分混匀后，装入刚玉坩埚，置于真空干燥箱中在 105℃ 下干燥处理 24h。将烘干后的配合料放入高温炉中，以 7℃/min 的升温速度升至 1400℃，保温熔融处理 2h，让原料充分熔融、均一、澄清，确保玻璃液品质良好，无气泡。

（2）基础玻璃成型与退火处理。等到玻璃熔体充分澄清均一后，浇注到事先于电阻炉内预热到600℃的石墨模具成型，再移入保温炉内，于600℃下退火处理1h消除热应力，以防样品破碎，然后随炉冷却至室温得到基础玻璃试样。并在浇注时保留微量玻璃液进行水淬处理，获得基础玻璃渣，用来进行DSC测试。

（3）热处理过程。根据玻璃水淬渣样品DSC测试分析结果，初步确定其热处理温度和时间，然后再热处理，获得微晶玻璃试样。

8.1.5 表征方法

（1）差示扫描量热分析。取水淬后的基础玻璃碎渣破碎、研磨至粒度小于74um，取少量粉末样品，采用热分析仪（Setsys Evolution）测定DSC曲线。测定过程中以Al_2O_3作为参比物，由室温升温至1100℃，升温速率为10℃/min，在空气气氛下进行测定，气体流速为100mL/min。

（2）物相分析。基础玻璃样品和微晶玻璃样品经破碎、研磨粉碎至粒径不大于74um，分别取少量粉末样，借助X射线衍射分析仪（Bruker D8 ADVANCE）进行XRD检测，以确定玻璃体系热处理前后的晶相组成，扫描速度为5°/min，扫描角度为10°~90°。

（3）显微结构分析。把微晶玻璃打碎，选择断口较为规则的面磨平并抛光后，使用浓度为5%的氢氟酸腐蚀0.5min左右后，用去离子水清洗干净并烘干，对其表面做喷金处理，使用真空扫描电子显微镜（VEGA Ⅱ-XMU）观察不同试样内部微观结构。

（4）红外光谱分析。将玻璃粉末与溴化钾充分混匀，再压制成片状，采用红外光谱仪（Nicolet Antaris Ⅱ）进行测试，测试范围：400~2000cm^{-1}，计算玻璃体系硅酸盐网络结构的聚合度。

（5）显微硬度分析。将玻璃样品表面处理平整，采用数显显微维氏硬度计（401MVD）测试其表面硬度。实验中选用金刚石压头进行检测，载荷压力为100 g，实验过程中压下时间为15s，在试样表面多次打点进行检测并取平均值。显微硬度的计算如式（8-1）所示：

$$HV = \frac{2P\sin\left(\frac{\alpha}{2}\right)}{d^2} = 1.8544\frac{P}{d^2} \tag{8-1}$$

式中，P为负载，N；α为所选用金刚石压头不同面互成的夹角，$\alpha = 136°$；d为两压痕对角间长度平均值，mm。

（6）耐酸碱度测试。把试样切割处理为规则形状，在真空干燥箱中干燥24h后取出，将试样分别放入浓度为1%的硫酸和浓度为1%的氢氧化钠溶液中，腐蚀24h，并对酸碱腐蚀前后样品的质量进行测定，计算样品的质量损失率，以此表征微晶玻璃的化学稳定性。质量损失率的计算如式（8-2）所示：

$$\gamma = \frac{M_1 - M_2}{M_1} \times 100\% \tag{8-2}$$

式中，M_1 为样品侵蚀前的质量；M_2 为试样侵蚀后的质量。

（7）密度测定。本实验中通过排水法检测微晶玻璃的密度。首先称量试样质量，并将其置于预先标定好的 50mL 容量瓶中，用 50mL 的滴定管进行滴定，待容量瓶中液面达到 50mL 刻度线时，读取剩余液体的体积示数，该示数即为待测样品的体积，体积密度计算如式（8-3）所示：

$$\rho = \frac{M}{V} \tag{8-3}$$

式中，ρ 为玻璃样品的体积密度，g/mL；M 为样品在空气中的质量，g；V 为滴定管中剩余液体的体积，mL。

8.2　结果与讨论

8.2.1　基础玻璃的热行为

把在基础玻璃熔制阶段获得各个配方水淬渣样品粉碎、研磨，进行差热分析检测，其 DSC 曲线如图 8-2 所示[3]。

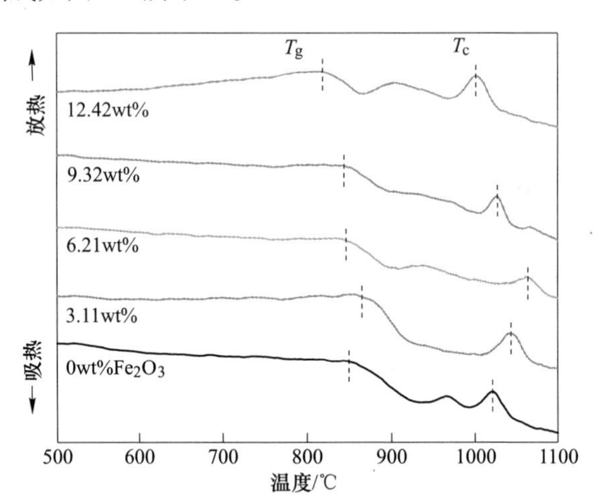

图 8-2　镍渣基础玻璃水淬样品 DSC 曲线

观察到 DSC 曲线有较微弱的核化吸热峰和较为明显的晶化放热峰，当 Fe_2O_3 含量为 12.42wt%和 9.32wt%时在曲线上还观察到有第二个放热峰出现，这可能与体系中析出的新的晶相有关。可以发现，母体玻璃的转变温度（T_g）约为 817~864℃，而主晶相的结晶温度（T_c）发生在 1001~1064℃。此外，随着

Fe_2O_3 含量的增加，T_g 和 T_c 的值呈现先增加后减小的趋势。在 T_c 处的结晶峰先增大后减小，峰的强度变得尖锐，然后逐渐平缓，这说明在这个温度下结晶析出先被抑制，然后被促进。当 Fe_2O_3 含量超过 6.21wt%时，在 950℃附近出现一个相对较弱的放热峰，表明 Fe_2O_3 促进了晶相的析出。将基础玻璃置于高温加热炉内，由于最佳成核温度通常比玻璃的 T_g 高 50~100℃。因此，在 900℃和 1000℃条件下将基础玻璃分别保温 1.5h，最后温度降至室温，制得本实验所需玻璃样品。

8.2.2 晶相及形态结构分析

图 8-3 为不同 Fe_2O_3 含量微晶玻璃的 XRD 图谱。随着 Fe_2O_3 含量的增加，大量的非晶态成分变成晶体，主晶相为钙长石（$Ca(Al_2Si_2O_8)$）和铁硅灰石（$CaFe(SiO_3)$）。与 Fe_2O_3含量为 0wt%的样品相比，其他样品也析出了次级结晶铁硅灰石（$CaFe(SiO_3)$）。值得注意的是，Fe_2O_3含量在 9.32wt%以下，结晶相的峰值强度随 Fe_2O_3含量的增加而增加，但随后下降。当 Fe_2O_3含量不同时，Fe^{3+}在玻璃网络结构中存在的形式不同。含量较低时，Fe^{3+}主要以网络体形式存在，起到补充 Si^{4+}的作用。随着 Fe^{3+}增加，除了以网络体形式存在外，还有一部分以网络外体形式存在并进入氧离子多面体结构的中心，此时析出的主晶相为铁硅灰石。样品 XRD 图谱衍射峰强度高低变化，标志着体系晶体含量存在差异。其主要原因是，高温环境下，体系内 Fe^{2+}、Fe^{3+}离子同时赋存且能与熔体中的溶解氧可逆转化：$4Fe^{3+}+2O^{2-}\rightleftharpoons 4Fe^{2+}+O_2$，随着残余 Fe_2O_3含量提高玻璃体系中 Fe^{2+}含量也随之增大，平衡反应朝着左进行，增大了 Fe^{3+}浓度。结晶过程中，Fe^{2+}作为间

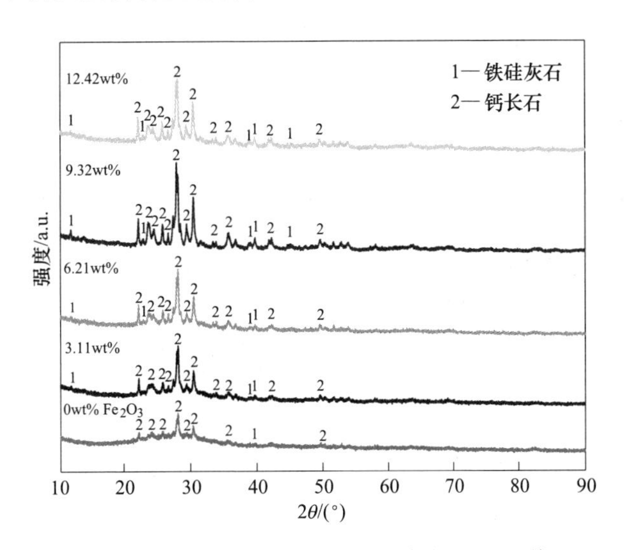

图 8-3 不同 Fe_2O_3 含量的微晶玻璃 XRD 图谱

隙离子，将破坏玻璃系统内部 Si—O 网络骨架，增大熔体的流动性促进析晶，作用类似于 Ca^{2+} 和 Mg^{2+}；当体系含有 R_2O 氧化物时，Fe^{3+} 多以［FeO_4］结构融入玻璃相，起到修补玻璃网络结构的作用，使体系黏度升高、抑制析晶，作用类似于 Si^{4+} 和 Al^{3+}。铁氧化物可以作为成核剂来使用，加速体系的析晶进程，而添加量超过一定范围，反而会使熔体变得黏稠，抑制体系析晶。

结晶度可以通过比较 X 光衍射峰的总面积来估计，其估算式如（8-4）所示：

$$结晶度 = X_P / X_T \tag{8-4}$$

式中，X_P 为晶相峰的面积；X_T 为 XRD 图谱的总面积。这两个值可以通过使用 MDI Jade 软件的衍射图案模拟来估计。随着 Fe_2O_3 含量的增加，微晶玻璃的结晶度分别为 11.76%、20.17%、58.97%、72.45%和 69.73%，呈现增加后减少的趋势。根据前文提到 Fe_2O_3 含量对该体系微晶玻璃析出物相的影响，可以说明添加适量的 Fe_2O_3 对该体系析晶是有利的。当 Fe_2O_3 含量为 9.32wt%时可以最大程度提高体系的析晶能力，具体表现为结晶度最大，玻璃相特征峰消失，钙长石和铁钙蔷薇辉石相的衍射峰强度变强、峰形更加尖锐；但随着添加量进一步提高，体系结晶度略有下降，主晶相衍射峰几乎无变化，说明过量 Fe_2O_3 对体系析晶无较大积极影响。

图 8-4 为微晶玻璃相应的扫描电镜图片。从图中可以看出，样品（a）、（b）和（c）只析出了少量的晶体，直径只有 0.5～2.5μm。随着 Fe_2O_3 含量的增加，玻璃陶瓷中晶体的数量增加，晶粒间距减少。当 Fe_2O_3 含量达到9.32wt%和

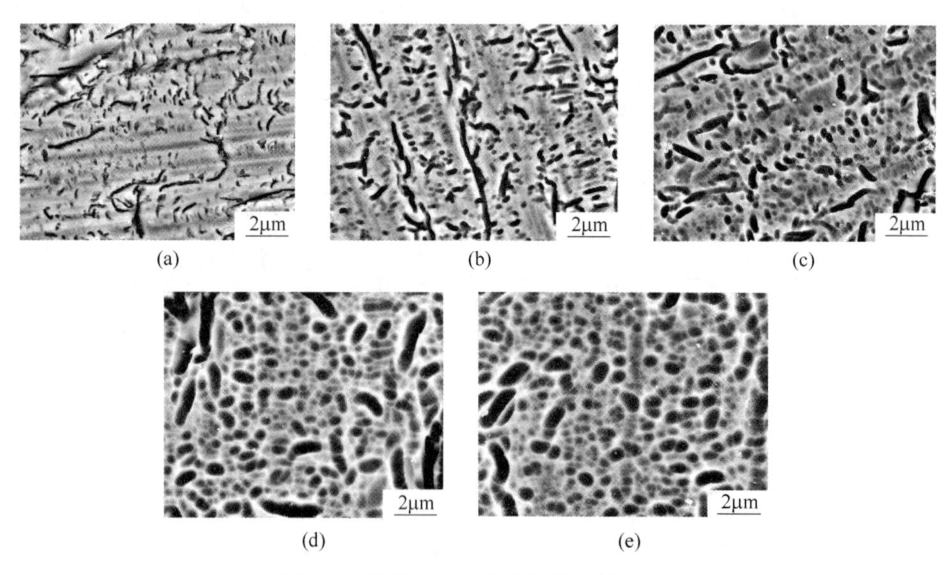

图 8-4　微晶玻璃相应的扫描电镜图片

（a）0wt% Fe_2O_3；（b）3.11wt% Fe_2O_3；（c）6.21 wt% Fe_2O_3；（d）9.32 wt% Fe_2O_3；（e）12.42 wt% Fe_2O_3

14.42wt%时，晶体变短并达到均匀的密度。因此，Fe_2O_3 可以促进晶体的细化和玻璃陶瓷的致密性[3]。

8.2.3 析晶动力学分析

在非等温条件下，差热分析（DSC）曲线上玻璃的析晶放热峰温度 T_p 与升温速率的变化有关，当升温速率相对较慢时，物相转化程度较大，析晶放热峰温度 T_p 较低，瞬间变化速率较小，从而析晶温度转变比较舒缓；升温速率过快，转化程度较低，析晶放热峰温度 T_p 提高，瞬间转变速率增大，在 DSC 曲线上表现为析晶放热峰尖锐[4, 5]。根据玻璃融化特性及修正的 JMA 方程，借助差热分析检测可探究玻璃体系在整个析晶过程中晶体的演变行为，并能够很容易计算其析晶动力学参数，对改善玻璃组分比例和性能具有可观的参考价值[6]。析晶活化能 E 是热处理阶段体系发生物相转变时，需要从外界吸收的能量，直观表现了玻璃体系析晶能力强弱。学者普遍认为 E 值越小玻璃体系析晶倾向越大，E 值越大体系相对越稳定、析晶越难发生；晶化指数反映了基础玻璃以何种方式发生析晶，通常与其生长机制有关，分为整体析晶和表明析晶两种。

对 Fe_2O_3 含量为 9.32 wt%的基础玻璃试样进行差热分析，其测试效果如图 8-5 所示。由图可知，在基础玻璃 DSC 曲线上均只存在晶化放热峰，不存在核化吸热峰，即表明基础玻璃在某一温度同时进行晶核的析出和长大。四种不同的升温速率分别为 10℃/min、15℃/min、20℃/min、25℃/min，对应的析晶峰值温度 T_p 为 819℃、881℃、926℃、943℃，从 819℃升高到了 943℃，且峰形逐渐变得尖锐，表明提高升温速率，体系的结晶能力增强[3]。

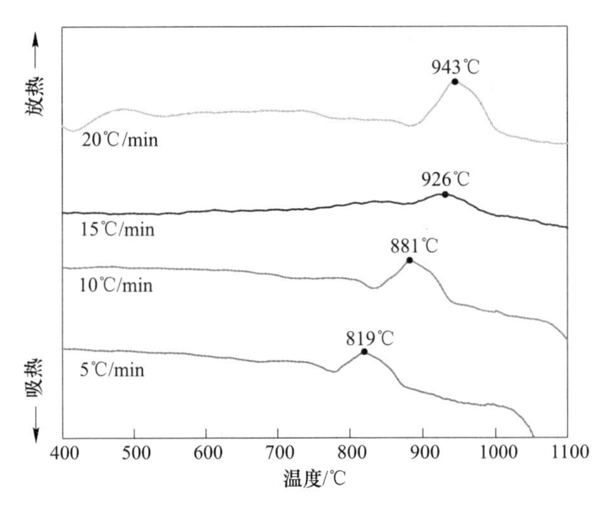

图 8-5 各升温速率下基础玻璃 DSC 曲线

基础玻璃的热稳定性和晶化速率可以通过 E 和晶化指数来判断，结合不同升温速率下下获得的非等温动力学结果来研究微晶玻璃的析晶动力学，在本研究中玻璃析晶活化能 E 通过基辛格（Kissinger）[7] 方程进行估算，其公式如式（8-5）所示：

$$\ln\left(\frac{T_p^2}{\alpha}\right) = \frac{E}{RT_p} + \text{constant} \tag{8-5}$$

式中，T_p 为 DSC 曲线上的析晶放热峰值温度；α 为加热速率；R 为通用气体常数。

基础玻璃 ln（T_p^2/α）与 $1/T_p$ 拟合如图 8-6 所示。

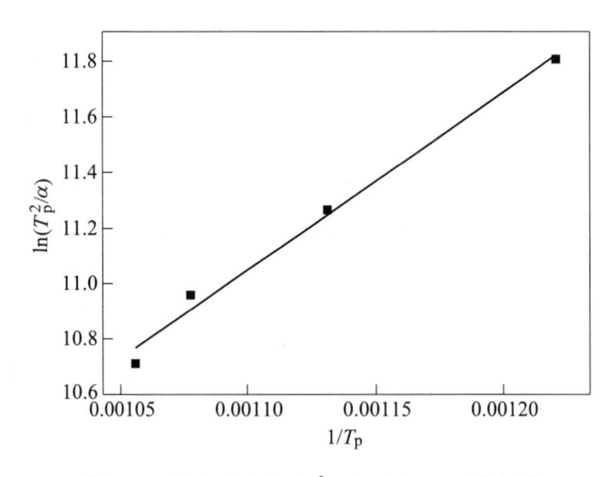

图 8-6　基础玻璃 ln(T_p^2/α) 与 $1/T_p$ 拟合图

代入数据后算得基础玻璃样品的析晶活化能为 290. 10kJ/mol，即只需提供 290. 10kJ/mol 的能量即可越过基础玻璃的析晶能垒，诱导其析晶。本实验中玻璃样品析晶活化能低于其他文献中炉渣衍生玻璃的结晶活化能（300kJ/mol），表明基础玻璃相对易于析晶[8]。

基础玻璃的晶化指数与成核和晶体生长机制有关，计算出基础玻璃析晶活化能后，晶体生长指数 n 可以由 Augis-Bennett 方程[7] 获得，其公式如式（8-6）所示：

$$n = \frac{2.5}{\Delta T}\frac{RT_p^2}{E} \tag{8-6}$$

式中，ΔT 为 DSC 曲线上析晶放热峰值的半高宽。

普遍情况下，n 值越大，析晶越容易，当晶体的生长指数 $0<n<3$ 时，表明基础玻璃以表面析晶的方式析出晶体；当晶体的生长指数 $n\geqslant3$ 时，表明基础玻璃以整体析晶的方式析出晶体[9]。E 和 n 的值显示在表 8-5 中。可以发现，本研究的玻璃体系的结晶活化能为 94kJ/mol，所有玻璃的生长指数都超过了 3，表明基础玻璃的晶化受整体析晶机理的控制。

表 8-5 活化能和生长指数的值

升温速率/℃ · min^{-1}	结晶峰温度/℃	活化能/kJ · mol^{-1}	生长指数/n
5	819	94.08	4.1
10	881		5.4
15	926		5.4
20	943		5.3

8.2.4 玻璃网络结构分析

图 8-7 为不同 Fe_2O_3 含量微晶玻璃样品在 400~1400cm^{-1}波数范围内的红外吸收光谱。从图中可以看出 3 个吸收带，最强的吸收带位于 1200~800cm^{-1}处，这是由具有不同数量的桥氧原子的 Si-O-T(T=Si,Fe,Al) 四面体的反对称拉伸振动以及 O-Si-O 连接中的非桥氧（NBO）的对称和反对称拉伸振动产生的。位于 800~600cm^{-1}处的最弱键来自四面体的对称拉伸振动。位于 600~400cm^{-1}处的子带吸收带为 Si-O-T(T=Fe,Al) 中 BO 的弯曲振动[10, 11]。随着 Fe_2O_3 含量的增加，Si-O-T（T=Si,Fe,Al）四面体的槽深变浅，并由高频移向低频，这表明 Fe_2O_3 简化了复杂的硅酸盐结构。此外，随着 Fe_2O_3 含量的增加，四面体的对称拉伸振动也变得不太明显，这归因于硅氧键弯曲带的强度增加，表明弯曲振动增强。这种变化表明阳离子对桥氧的吸引力增强了。因此，随着样品中 Fe_2O_3 的增加，玻璃网络中硅氧四面体的断裂倾向增加，网络的解聚倾向增加。

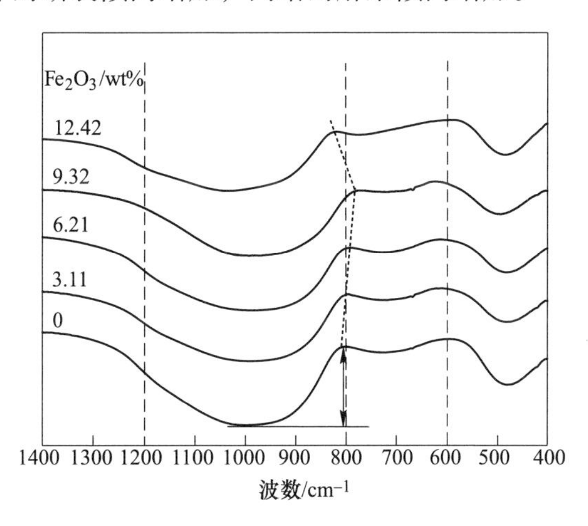

图 8-7 样品的 FTIR 振动光谱图

聚合度可以反映熔体和玻璃的结晶趋势，通常用 Q_n 的相对含量来评价其特征频率，见表 8-6[12]。如图 8-8 所示，将光谱波段划分为五个独立的吸收峰，分

表 8-6　红外光谱中 Q_n 结构单元的归属

结构单元	O_{nb}	Q^n	波段/cm^{-1}
$[SiO_4]^{4-}$	4	Q^0	840~890
$[Si_2O_7]^{6-}$	3	Q^1	900~950
$[SiO_3]^{2-}$	2	Q^2	960~1130
$[Si_2O_5]^{2-}$	1	Q^3	1050~1100
$[SiO_2]^0$	0	Q^4	1160~1190

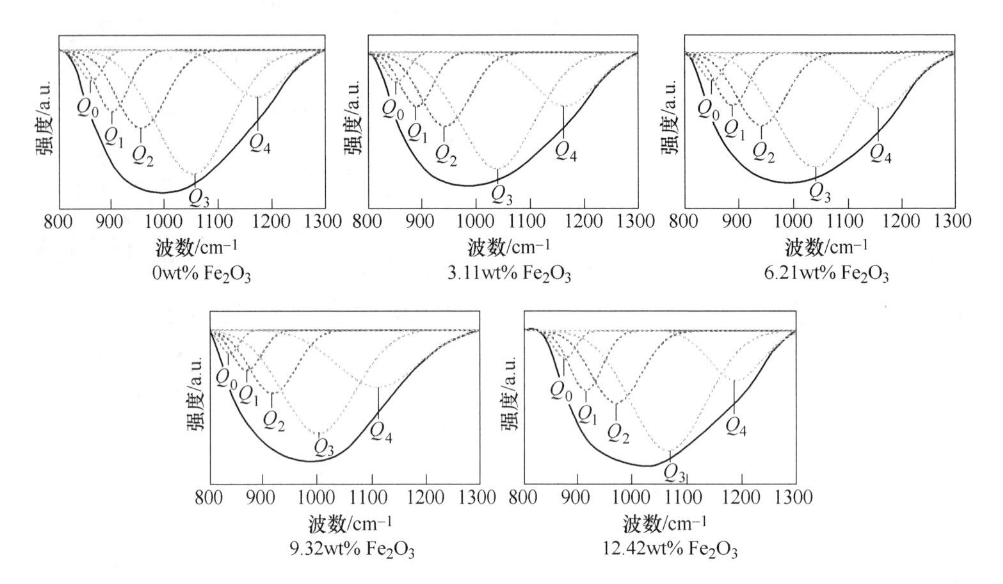

图 8-8　使用高斯函数的分峰光谱

别对应于 Q_0、Q_1、Q_2、Q_3 和 Q_4。非桥氧键占总氧的含量（*NBO/T*）可以反映玻璃网络结构的聚合度，并通过以下公式进行估算：$NBO/T=4Q_1+3Q_2+2Q_3+Q_4$[10, 13]。

图 8-9 为 NBO 的变化趋势。从图中可以看出，随着 Fe_2O_3 含量的增加，NBO 升高，晶体的析出量逐渐增加，且其晶体结构有序程度、紧密程度及析晶的完整程度增加。根据聚合-解聚反应（$2O^- = O^0+O^{2-}$），说明玻璃中的桥氧转化为非桥氧，从而聚合度降低并消除了玻璃网络。当玻璃结构较疏松时，更利于晶体成核。进一步增加 Fe_2O_3，NBO 略有降低，这意味着非桥氧向桥氧的转化。这一转变表明，Fe_2O_3 不仅可以促进微晶玻璃结构的解聚，而且可以在一定程度上聚集。较松散的玻璃网络结构更有利于微晶玻璃的成核。因此，在高 Fe_2O_3 含量下，微晶玻璃的成核可能被抑制。

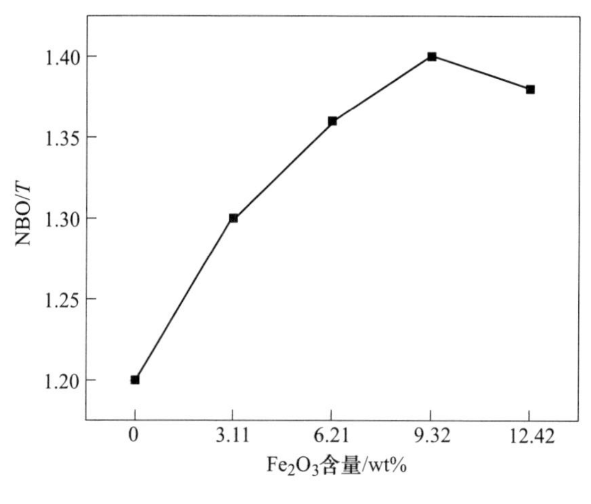

图 8-9 NBO/*T* 的计算结果

8.2.5 玻璃性能分析

图 8-10 为 Fe_2O_3 含量对微晶玻璃物化性能的影响。由图可知，微晶玻璃的耐酸性呈现先增大后减少的趋势。一般来说微晶玻璃中晶相比玻璃相具有更大的耐腐蚀性，虽然析晶度的增加有利于耐酸性的增强，但 Fe_2O_3 含量的增加导致微晶玻璃中主晶相及非晶相中铁含量的增加，反而降低了微晶玻璃的耐酸性，二者的综合效应导致耐酸性先增加后降低。而耐碱性能相差无几，均表现出良好的性能。在 OH^-的作用下，玻璃表面的 ≡ Si—OH 结构会分解为 ≡ Si—O^-、H^+，其中 ≡ Si—O^-会与基础玻璃体系中的 Ca^{2+}和 Mg^{2+}结合，转而生成不易分解的硅酸钙和硅酸镁依附于玻璃表面阻断反应的进行，从而使材料表现出良好的耐碱性。

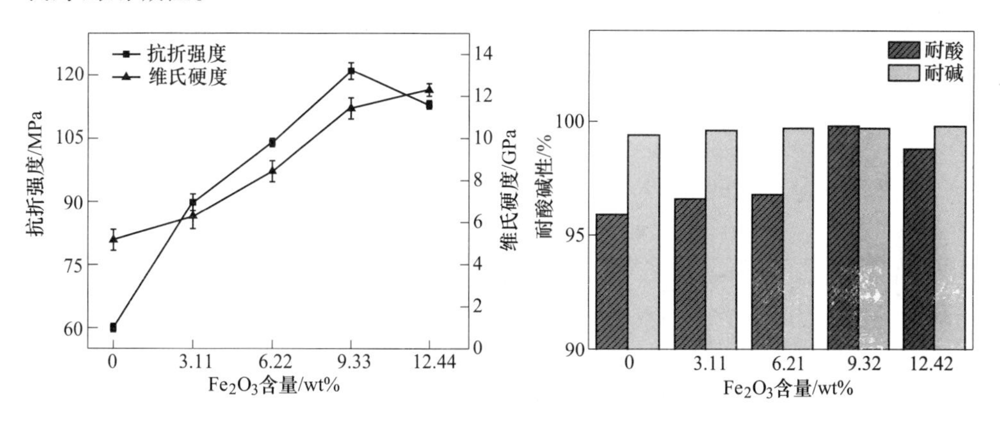

图 8-10 样品的物理和化学特性

抗折强度同样呈现先增大后减少的趋势，这主要是由于微晶玻璃是晶相和玻璃相复合材料，晶相均匀分布于玻璃相网络结构中，晶相与晶相间通过玻璃相连接。析晶的增强有利于抗折强度的提高，但过度成核析晶降低了玻璃相所占比例，导致晶相与晶相间的连接性受到影响，反而降低了抗折强度。维氏硬度呈现出逐渐增大的趋势，这是由于随着 Fe_2O_3 的添加，微晶玻璃析晶程度逐渐增强，晶相相对于玻璃相具有更大的硬度，因而随析晶度的增加维氏硬度增大。

8.2.6　热处理制度研究

热处理制度是影响微晶玻璃析晶度及性能的重要因素。合理的热处理制度能够促进玻璃相转变为微晶相的过程，得到综合强度高的微晶产品。因此，经过优化原料组成得到最优配比后，还需要确定该配比的最佳热处理制度。热处理制度包括核化温度、核化时间、晶化温度、晶化时间四个部分。

前述研究表明，二次镍渣微晶玻璃的最优原料铁的还原率为70%（即 Fe_2O_3 含量为9.32wt%）。但这仅是根据 Fe_2O_3 含量为9.32wt%的样品的DSC数据，以固定的核化、晶化温度和时间进行处理得出的结果。本部分以前期试验为基础，对 Fe_2O_3 含量为9.32wt%样品做进一步的核化、晶化研究，以得出最优化的热处理参数。

8.2.6.1　晶化温度

晶化温度是微晶玻璃晶核生长发育的关键，合理的晶化温度能够促进晶核生长发育，制备出结构致密、性能优良的微晶玻璃。

本实验部分以晶化温度为变量，固定核化温度为870℃、核化时间90min，晶化时间为90min，晶化温度分别为900℃、930℃、960℃、990℃。图8-11

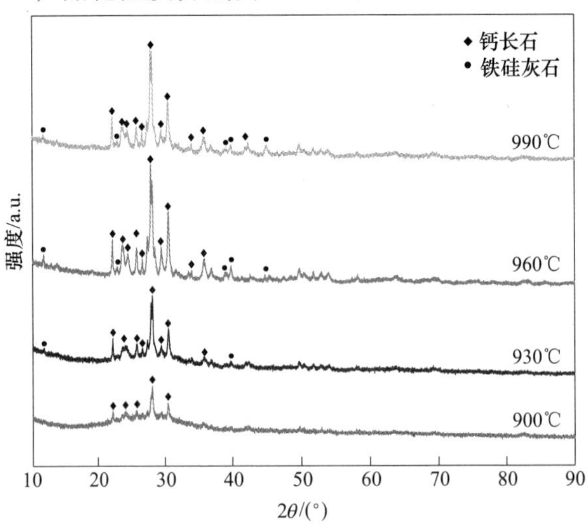

图8-11　不同热处理温度下微晶玻璃的XRD图谱

所示为微晶玻璃不同热处理温度时的 XRD 图谱。随着温度的升高，钙长石（$Ca(Al_2Si_2O_8)$）和铁硅灰石（$CaFe(SiO_3)$）晶相析出逐渐变多，但达到 990℃时趋于平缓。由此可以得出，较高的晶化温度能够促使晶相的析出。

表 8-7 为四组不同晶化温度下二次镍渣微晶玻璃样品的物理性质。随着晶化温度升高，微晶玻璃样品的密度逐渐增大，但改变量较小，抗折能力和维氏硬度均呈现先增强后减弱。960℃条件下，所得样品抗折数据最高可达 110.39MPa。结合 XRD 分析，随着温度的上升，样品内晶体含量逐渐增多，其结晶水平越来越高，内部结构致密性良好，所以样品的抗折强度不断提升。过高的温度使样品晶化过度，内部结构产生缺陷，导致样品的抗折能力下降。

表 8-7 晶化温度对微晶玻璃物理性能的影响

物理性能	晶化温度			
	900℃	930℃	960℃	990℃
密度/g · cm^{-3}	2.449	2.492	2.519	2.521
维氏硬度/GPa	6.18	7.33	9.45	8.13
抗折强度/MPa	67.62	83.27	110.39	94.93

8.2.6.2 晶化时间

晶化时间是主导晶化过程的重要因素，促进样品充分结晶，提升样品的综合强度。晶化时间不充分会导致样品中晶粒生长不足，降低样品的析晶程度；晶化时间过长会导致样品结晶过度，晶粒过度发育，内部结构产生缺陷，严重降低样品的综合强度。

本实验以晶化时间为变量，固定核化温度为 870℃，核化时间为 90min，晶化温度为 960℃，晶化时间分为 0min、60min、90min、120min 四种。图 8-12 所示为微晶玻璃在不同热处理时间下的 XRD 图谱。可以看出，热处理时间的延长对结晶有很大的影响，当热处理时间从 0min 增加到 60min，钙长石（$Ca(Al_2Si_2O_8)$）和铁硅灰石（$CaFe(SiO_3)$）的衍射峰开始出现，无定形峰的强度逐渐减弱。当热处理时间为 90min 时，钙长石和铁硅灰石的衍射峰峰值达到最大。进一步延长到 120min 时，衍射峰开始降低。因此，适当延长晶化时间能够增强样品的析晶过程，改变物相含量。

表 8-8 为四组不同晶化时间下二次镍渣微晶玻璃样品的物理性质。从表 8-8 中分析可知，随着晶化时间延长，微晶玻璃样品的密度逐渐增大，抗折能力和维氏硬度均呈现先增强后减弱。90min 条件下，所得样品的析晶程度最优，样品内部构造的致密性良好，有助于提升样品的抗折能力。

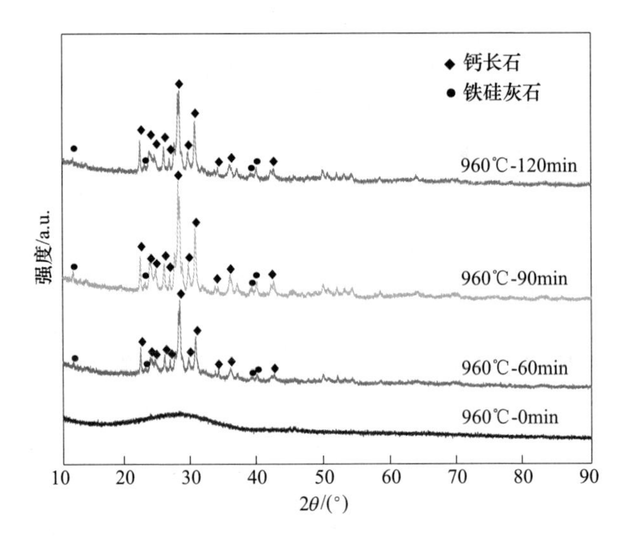

图 8-12　不同热处理时间下微晶玻璃的 XRD 图谱

表 8-8　晶化时间对微晶玻璃物理性能的影响

物理性能	晶化时间			
	0min	60min	90min	120min
密度/g · cm^{-3}	2.455	2.472	2.493	2.499
维氏硬度/GPa	5.59	6.98	9.02	8.57
抗折强度/MPa	65.33	79.29	106.06	97.24

8.3　本章小结

（1）随着 Fe_2O_3 含量的增加，微晶玻璃的结晶温度先升高后降低。Fe_2O_3 可以有效降低结晶温度，提高结晶能力。微晶玻璃的微观结构随着 Fe_2O_3 的增加而变得致密。

（2）从透辉石析出的主晶相变为正长石和铁锈石，在 Fe_2O_3 含量为 9.32wt%时，结晶度达到最大值 72.45%，该样品的维氏硬度、抗折强度、耐酸碱度分别为 11.42GPa 和 121MPa、99.81%和 99.70%，性能符合工业微晶玻璃板（JC/T 2097—2011）的要求。

（3）当 Fe_2O_3 的含量为 9.32wt%时，不同热处理制度下制备的微晶玻璃主晶相均为钙长石。当热处理时间一定时，随着热处理温度升高，晶体含量呈现先增大后减小的趋势；当热处理温度一定时，随着保温时间增长，晶体含量呈现增加的趋势，微晶玻璃在最优热处理制度下，晶体含量最高，晶体尺寸均匀且晶粒排布致密。

参 考 文 献

[1] Wang Zhong-jie, Ni Wen, Yan Jia, Zhu Li-ping, Huang Xiao-yan. Crystallization behavior of glass ceramics prepared from the mixture of nickel slag, blast furnace slag and quartz sand [J]. Journal of Non-Crystalline Solids, 2010, Journal of Non-Crystalline Solids, 2010, 356: 1554-1558.

[2] 郑伟宏，王哲，晁华，盛丽，崔晶晶，彭志刚，沈春华．铁尾矿-CRT 玻璃协同制备 CMAS 微晶玻璃的研究 [J]. 硅酸盐通报，2016，35（2）：511-517.

[3] 阮锦榜．镍渣基富铁微晶玻璃的制备与性能研究 [D]. 西安：西安建筑科技大学，2021.

[4] 熊德华，程金树．R_2O-Al_2O_3-SiO_2 系微晶玻璃析晶动力学研究 [J]. 武汉理工大学学报，2009 31（22）：40-43.

[5] 左李萍，陆雷，周世界．云母-透辉石微晶玻璃的制备及析晶动力学研究 [J]. 中国陶瓷，2014，50（1）：22-25.

[6] Zhao Guizhou, Li Yu, Dai Wenbin, Cang Daqiang. Crystallization mechanism and properties of high basicity steel slag-derived glass-ceramics [J]. Journal of the Ceramic Society of Japan, 2016, 124 (3): 247-250.

[7] Homer E, Kissinger. Variation of peak temperature with heating rate in differential thermal analysis [J]. Journal of Research of the National Bureau of Standards, 1956, 57 (4): 217-221.

[8] Ewais Emm, Grathwohl G, Ahmed Ymz. Crystallization of mixer slag-derived glass-ceramic composites [J]. Journal of the American Ceramic Society, 2010, 93 (3): 671-678.

[9] 赵庆朝，杨航，曹建尉，李伟光，申士富，刘海营．R_2O-CaO-SiO_2-Al_2O_3-F 系微晶玻璃析晶动力学 [J]. 硅酸盐学报，2020，48（7）：1114-1121.

[10] Cz A, Jca C, Mz B, Zhi W A, Jl D. Combined sodium and fluorine promote diopside continuous growth to achieve one-step crystallization in CaO-Al_2O_3-SiO_2-Fe_2O_3 glass-ceramics [J]. Journal of the European Ceramic Society, 2019, 39 (15): 4979-4987.

[11] Maeyer Eap De, Verbeeck Rmh, Vercruysse Cwj. Infrared spectrometric study of acid-degradable glasses [J]. Journal of Dental Research, 2002, 81 (8): 552-555.

[12] Mz A, Jcb C, Zhi W B, Gl A. Insight into the dual effect of Fe_2O_3 addition on the crystallization of CaO-MgO-Al_2O_3-SiO_2 glass-ceramics [J]. Journal of Non-Crystalline Solids, 2019, 513: 144-151.

[13] Zhao Shizhen, Liu Bo, Ding Yunji, Zhang Junjie, Zhang Shengen. Study on glass-ceramics made from MSWI fly ash, pickling sludge and waste glass by one-step process [J]. Journal of Cleaner Production, 2020: 122674.

9　镍渣制备铁氧体吸波材料

采用熔融氧化法从镍渣中提取的磁铁矿具有磁性物质镶嵌非磁性硅酸盐的特殊晶体结构，本章采用球磨-磁选-热处理工艺路线对镍渣中提取的磁铁矿晶体进行再制造，以实现其在微波吸收方面的电磁功能化应用，系统研究不同熔融氧化温度、球磨时间、热处理温度条件下磁铁矿晶体的电磁性能及吸波特性变化，探寻其成分组成、晶体结构对电磁性能及吸波行为的影响规律，分析吸波机理，为镍渣制备高性能吸波材料的再利用新思路提供理论基础与指导，实现镍渣提取的特殊结构磁铁矿的高附加值利用。

9.1　电磁功能化设计依据

微波吸收（吸波）材料是将入射电磁波的能量转变为热能或其他能量进行吸收，以达到雷达隐身、防治电磁污染等要求的功能材料。Fe_3O_4 是一种典型的软磁铁氧体，因其磁性能优异而被作为磁介质型吸波剂广泛应用于微波吸收领域[1,2]。但由于 Fe_3O_4 存在电阻率高而介电常数低的特点，作为吸波材料应用时，通常将其与 SiO_2 等介电性材料复合，优化电磁阻抗匹配，以达到最佳的吸波效果[3,4]。通过熔融氧化工艺可以把镍渣中铁资源以磁铁矿（Fe_3O_4）形式提取回收，提取的磁铁矿是以磁性晶体镶嵌未完全解离的非磁性硅酸盐的复杂结构存在，其磁性成分中主要以 Fe_3O_4 为主，而非磁性硅酸盐具备一定介电性能，同时磁铁矿中还存在 Ni、Co 等微量元素所形成的类质同象固溶体[5]，这些晶体微观结构特征及其具有的电磁性能恰好满足铁氧体复合吸波材料的设计要求。据此，对镍渣中提取磁铁矿进行电磁功能化设计，可使镍渣在吸波材料制备领域具有新的应用价值。

9.2　制备工艺

9.2.1　原料与设备

所用镍渣为某镍冶炼企业闪速炉水淬渣，其化学元素含量见表 9-1，TFe 含量 37%左右。使用前将其破碎并筛分至 200 目（约 0.074mm），加入 CaO 调整三元碱度为 0.6。

表 9-1 镍渣的化学元素含量 (wt%)

成分	TFe	Si	Mg	Ca	Ni	Co	Cu	S	其他
含量	36.74	16.23	5.96	0.84	0.38	0.1	0.28	0.76	38.71

所用实验设备见表 9-2。

表 9-2 实验设备总汇表

设备名称	设备型号	生产厂家
高温马弗炉	KSL-1700X	合肥科晶材料技术有限公司
卧式管式炉	GSL-1200X-V60	合肥科晶材料技术有限公司
制样破碎机	GJ-400-1 型	江西永省选矿设备制造有限公司
磁选机	XCGQ-50 型	唐山市师达自动化仪表科技有限公司
真空干燥箱	DZF-6030A	上海一恒科学仪器有限公司
球磨机	QM-3SP04	南京大学仪器厂

9.2.2 工艺流程

制备工艺流程如图 9-1 所示。原渣破碎至粒度不超过 74μm（200 目），加入适量 CaO 调整三元碱度至 0.6，即 $R=(CaO\%+MgO\%)/SiO_2\%=0.6$。将调质镍渣置于刚玉坩埚，在高温马弗炉中以 5℃/min 的升温速率加热至目标温度，熔融氧化保温 60min 后，以 5℃/min 的降温速率降至 1000℃。之后，随炉冷却至室温，炉膛在实验过程始终保持为空气气氛。将制备的氧化渣样品破碎至 200 目后磁选三次（初选），充分回收渣中的磁性物质，然后放入球磨机中球磨一定时间再次磁选（精选），得到不同粒径的磁铁矿晶体粉末。在卧式管式炉中氩气保护热处理 2h，获得最终磁铁矿粉末（铁氧体吸波材料）样品。

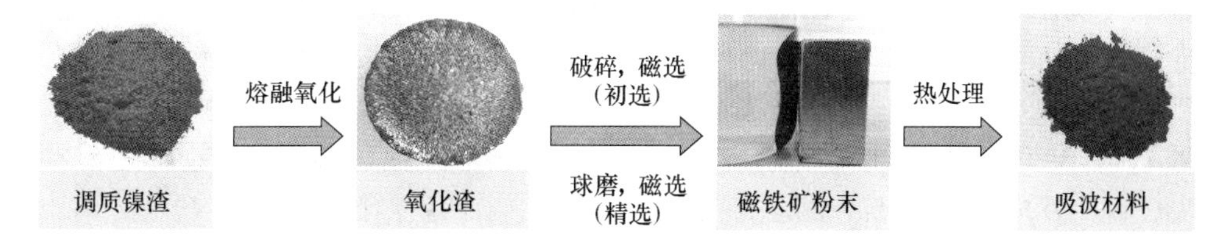

图 9-1 镍渣制备吸波材料的工艺流程

9.2.3 材料检测与表征

采用电感耦合等离子发射光谱仪（ICP-OES）分析原渣样品中微量元素，重铬酸钾容量法测定样品全铁含量（wt%(TFe)）。利用 X-射线粉末衍射仪（XRD）对样品物相进行表征，仪器的靶材为 Cu，电压是 40kV，步长为 0.02°，扫描速率为 2°/min，测试范围为 10°～80°。激光粒度分析仪（LPSA）用于分析球磨后样品粒径分布，采用湿式进样检测，分散剂为无水乙醇。扫描电子显微镜（SEM）和透射电子显微镜（TEM）表征样品微观形貌、结构。X 射线光电子能谱（XPS）用于测试样品表面的化学元素以及元素价态。利用振动样品磁强计（VSM）在室温下测试样品 -15000～15000Oe 的磁滞回线。矢量网络分析仪（VNA）对样品进行电磁参数测试，测试方法为同轴法，测试范围为 2.0～18.0GHz。测试前，将样品与一定量的石蜡混合均匀后压入外径为 7.0mm，内径为 3.04mm，厚度为 2.0mm 的模具制备同心圆环。

9.3 成分与结构

9.3.1 成分分析

调质镍渣、初选磁铁矿和精选磁铁矿的主要化学元素含量见表 9-3。可以看出，经球磨磁选后得到的精选磁铁矿颗粒，铁品位明显升高，钙、硅元素含量大幅降低。但精选出的磁铁矿中仍含有一定比例的非磁性物质。

表 9-3 调质镍渣、初选磁铁矿和精选磁铁矿的化学元素含量 （wt%）

样品名称	TFe	Mg	Ni	Co	Cu	Si	Ca
调质渣	33.47	5.43	0.35	0.09	0.26	14.79	7.12
初选磁铁矿	42.15	5.07	0.39	0.11	0.20	9.78	3.88
精选磁铁矿	56.28	2.60	0.45	0.16	0.12	2.97	0.98

9.3.2 物相和微观结构

对原渣、氧化渣和精选样品进行 XRD 表征，结果如图 9-2（a）所示。可以看出，原渣中富铁相经过氧化-磁选后由铁橄榄石转变为磁铁矿，氧化渣主要包含磁铁矿相和辉石相。经过球磨精选后，样品中主要物相为磁铁矿相。对球磨-磁选过程中不同球磨时间的磁铁矿样品进行 XRD 表征，结果如图 9-2（b）所示。可以看出，经过球磨 3h 后磁选出的磁铁矿样品，非磁性辉石相的衍射峰已经消失，说明其成分含量已经很低，表明球磨过程中磁铁矿颗粒中的硅酸盐被分离出来。另外，从图中还可以看出，随着球磨时间的延长，磁铁矿的衍射峰发生了宽化，并且衍射峰强度下降，这主要是由于球磨过程中晶粒尺寸的减小以及内应力的增加所引起的。

对球磨 6h 后的磁选样品进行 XPS 分析，如图 9-3 所示。由图 9-3（a）可以看出，样品表面存在 Fe、Mg、Si、Ca 以及 O 等元素，这表明在球磨过程中硅酸盐并未完全解离。图 9-3（b）为 Fe 2p 的高分辨谱图，其中位于 724.62 eV 和 711.18eV 的两个峰分别代表了 Fe 2p 的 Fe $2p_{1/2}$ 和 Fe $2p_{3/2}$，两峰之间没有出现明

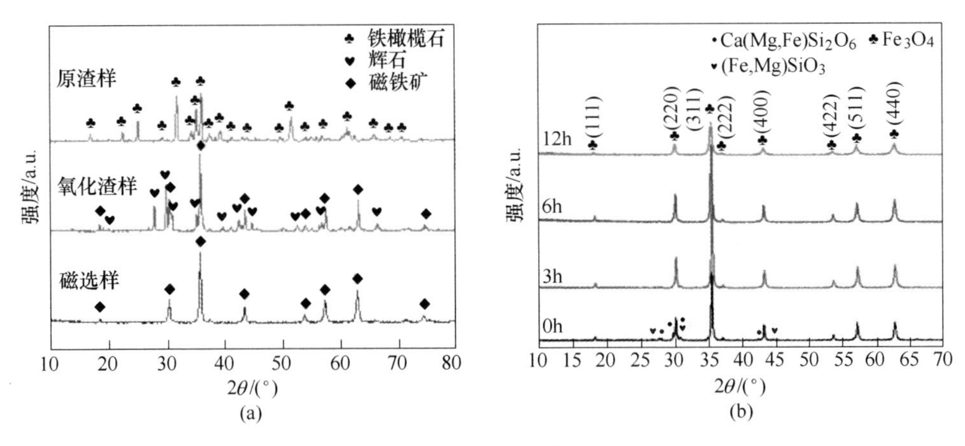

图 9-2 原渣、氧化渣和磁选样品的 XRD 图谱

（a）原渣、氧化渣和磁选样品；（b）球磨 0~12h 的磁选样品

显卫星峰，这说明样品为 Fe_3O_4 而不是 Fe_2O_3[6]。对 Fe $2p_{3/2}$峰进行拟合发现，位于 711.07eV 的峰对应于 Fe_3O_4 八面体结构中的 Fe^{2+}，位于 714.18 的峰则对应于 Fe_3O_4 八面体结构中的 Fe^{3+}。

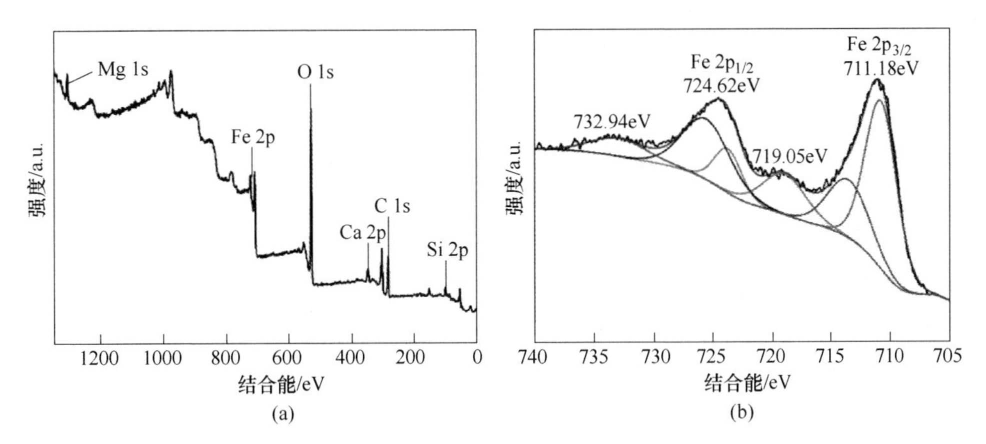

图 9-3 磁铁矿球磨 6h 后的 XPS 图谱

（a）全谱；（b）Fe 2p 的高分辨图谱

9.3.3 形貌及粒度分布

对不同球磨时间的磁铁矿样品进行 SEM 表征，结果如图 9-4 所示。由图 9-4（a）可知，未经球磨处理的磁铁矿颗粒尺寸在 20~60μm 之间，呈现出不规则状形貌。经过球磨处理 3~6h 后，磁铁矿颗粒的粒径大幅下降，如图 9-4（b）和（c）所示。但过度的球磨也会对材料造成损害，当球磨时间为 12h 时，颗粒

的粒径达到最小值，由于过高的比表面能，一些小颗粒会发生团聚，如图 9-4（d）所示。

图 9-4　磁铁矿经不同时间球磨后的 SEM 照片
（a）未经球磨；（b）球磨 3h；（c）球磨 6h；（d）球磨 12h

不同球磨时间磁铁矿样品的粒径分布如图 9-5 所示。可以看出，粒径分布规律与 SEM 照片相符，球磨可以有效减少磁铁矿颗粒尺寸，并缩小颗粒的粒径分布范围。球磨 6h 以后，磁铁矿粒径大小集中在 10μm 以下。

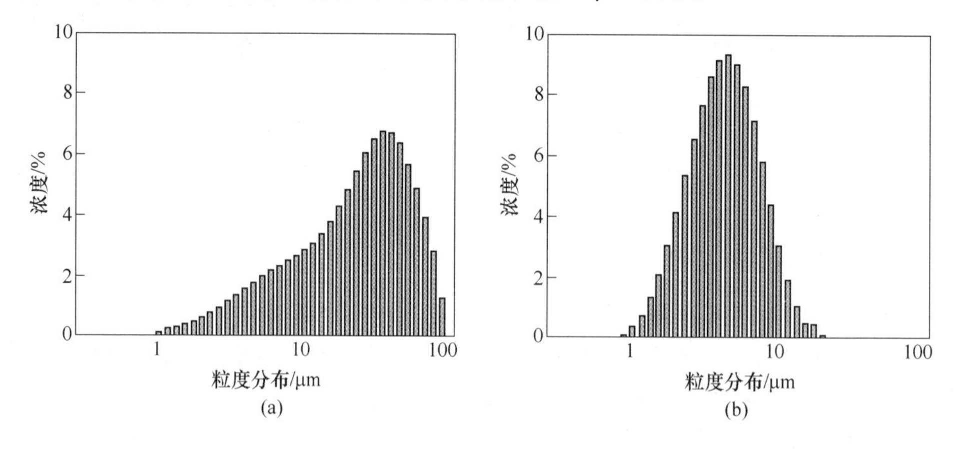

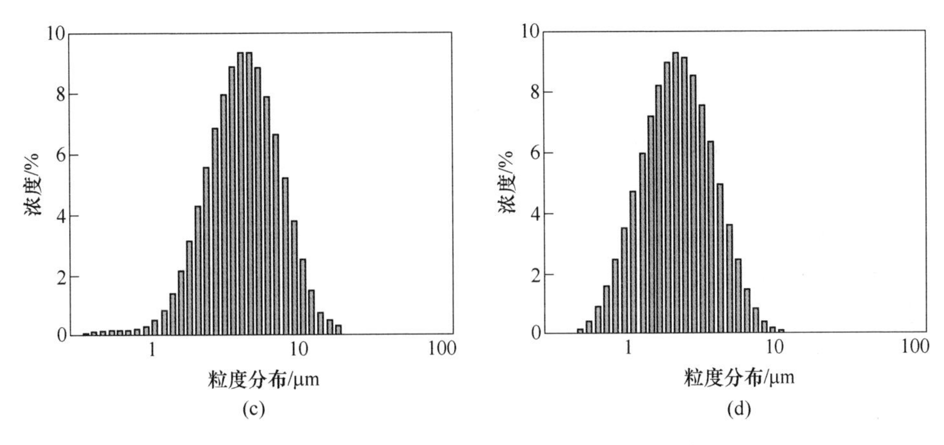

图 9-5 磁铁矿经不同时间球磨后的粒度分布

（a）未经球磨；（b）球磨 3h；（c）球磨 6h；（d）球磨 12h

9.4 电磁特性

9.4.1 静磁性能

9.4.1.1 球磨时间对静磁性能的影响

铁氧体优异的磁性能是其具有吸波行为的必要条件。图 9-6 是镍渣提取磁铁矿经球磨不同时间后获得样品的磁滞回线。未经球磨处理的磁铁矿颗粒的饱和磁

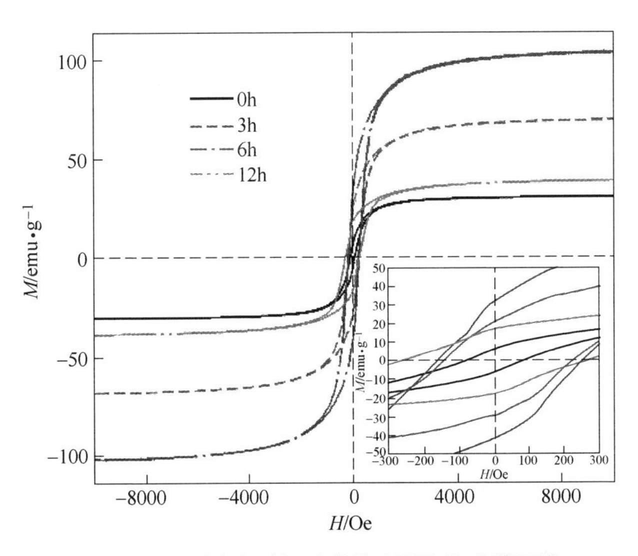

图 9-6 不同球磨时间下磁铁矿颗粒的磁滞回线

化强度只有 30. 8emu/g；当球磨时间达到 3～6h 时，其饱和磁化强度增加到 70. 4～103. 4emu/g，已经达到块体磁铁矿的饱和磁化强度（92emu/g），展现出优异的静磁性能；球磨时间增加至 12h 后，饱和磁化强度下降至 39emu/g。未经球磨的初选磁铁矿解离度不高，颗粒内还存在大量硅酸盐，磁性较差；样品球磨后提高了磁铁矿解离度，磁性物质占比更多，磁性能也因此大幅提高；而过度球磨可能会导致磁铁矿晶体缺陷密度的上升以及颗粒表面出现非晶，磁性能降低。图 9-6 中插图为磁滞回线低场放大图，展示了不同球磨时间样品矫顽力的变化。可以看出，样品矫顽力随着球磨时间延长而不断增加，分别为 83. 4Oe、187. 3Oe、203. 25Oe 和 264. 2Oe。球磨 12h 的样品具有最高的矫顽力，其原因是在球磨过程中所造成的颗粒晶粒尺寸减小以及内应力增加，使得材料发生磁化时所受阻力增加，导致矫顽力增大。

9. 4. 1. 2　热处理温度对静磁性能的影响

球磨虽然可以有效控制磁铁矿颗粒的大小，但在球磨过程中不可避免地引入内应力，并且过度的球磨还会使磁铁矿的结晶度降低，进而影响材料的静磁性能。热处理手段被广泛用于促进材料晶粒尺寸生长和消除内应力。图 9-7 为球磨 12h 后不同热处理温度条件下样品的磁性能，从图中可以看出未经热处理的磁铁矿的饱和磁化强度为 39emu/g，随着热处理温度的升高，磁饱和强度呈现先上升后下降的趋势，并且分别达到 56. 3emu/g、62. 5emu/g 以及 48. 1emu/g，这是因为热处理可以消除磁铁矿颗粒的内应力，并有助于结晶度的提高，从而有助于材料静磁性能的提升，但温度不宜过高。材料的矫顽力与晶粒尺寸密切相关，通常

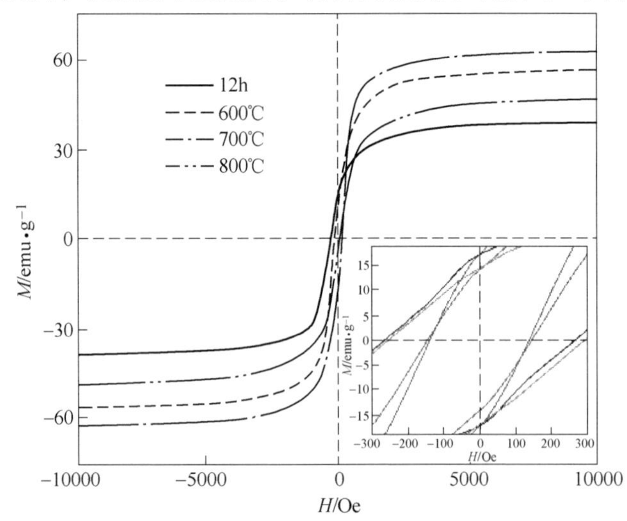

图 9-7　不同球磨时间下磁铁矿颗粒的磁滞回线

越小的晶粒尺寸代表着越大的矫顽力。从图 9-7 插图中看到，随着热处理温度的升高，磁铁矿颗粒的矫顽力不断减小，其矫顽力大小分别为 264.2Oe、150Oe 以及 137.3Oe，这是因为热处理消除材料内应力的同时，还可以修复晶粒缺陷，促使晶粒长大。

9.4.1.3 熔融氧化温度对静磁性能的影响

熔渣中磁铁矿形貌研究（6.4.3 节）表明，不同熔融氧化温度会影响磁铁矿晶体的形貌结构，而晶体的形貌结构变化会进而影响其磁性能。将不同熔融氧化温度制备的磁铁矿经相同球磨、热处理工艺加工后，得到样品的磁滞回线如图 9-8 所示。可以看出，1400℃ 氧化样品的饱和磁化强度明显高于 1450℃ 和 1500℃，分别为 62emu/g、51emu/g 和 49emu/g。这是因为 1400℃ 氧化温度下形成的磁铁矿晶粒八面体结构更完整，磁铁矿晶粒中镶嵌的非磁性物质较少，磁性能更好。而图 9-8 插图中显示 1400℃、1450℃ 和 1500℃ 氧化条件下样品矫顽力分别为 127.79Oe、213.27Oe 和 190.61Oe。温度较低时样品矫顽力小，而温度较高时样品矫顽力较大。这可能是由于不同氧化温度下熔体中的磁铁矿晶体析晶条件发生变化，导致晶粒尺寸不同，进而对最终样品的矫顽力产生影响。

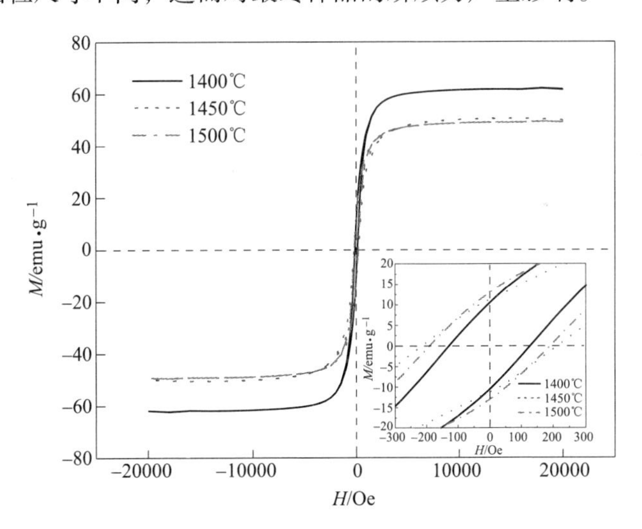

图 9-8 不同氧化温度磁铁矿颗粒的磁滞回线

9.4.2 电磁性能

材料的电磁性能决定材料的电磁阻抗匹配，是其吸波行为的关键影响因素。电磁性能常用复介电常数（$\varepsilon_r=\varepsilon'-j\varepsilon''$）和复磁导率（$\mu_r=\mu'-j\mu''$）表征，复介电常数和复磁导率的实部（$\varepsilon'$）和（$\mu'$）分别表示材料对电能和磁能的存储能力，虚部（$\varepsilon''$）和（$\mu''$）分别表示材料对电能和磁能的损耗能力。将镍渣中提取的磁铁矿样品与石蜡以 7∶3 质量比例混合后，在矢量网络分析仪（VNA）中采用同轴法测试其复介电常数和复磁导率。

9.4.2.1　球磨时间对电磁性能的影响

不同球磨时间的磁铁矿样品在 2～18GHz 频率范围的电磁参数随频率变化的曲线如图 9-9 所示。从图 9-9（a）、（b）中可以看到，材料复介电常数的实部和虚部都随着球磨时间的增加而增加，这主要是由于颗粒粒径的减小以及电阻率的降低所引起的。根据自由电子理论，ε''可以用式（9-1）表达：

$$\varepsilon'' \approx 1/2\, \varepsilon_0 \pi f \rho \tag{9-1}$$

式中，ρ 为电阻率；ε_0 是真空介电常数；f 为电磁波的频率。

从式（9-1）可知，较低的电阻率有助于材料 ε''的提高。

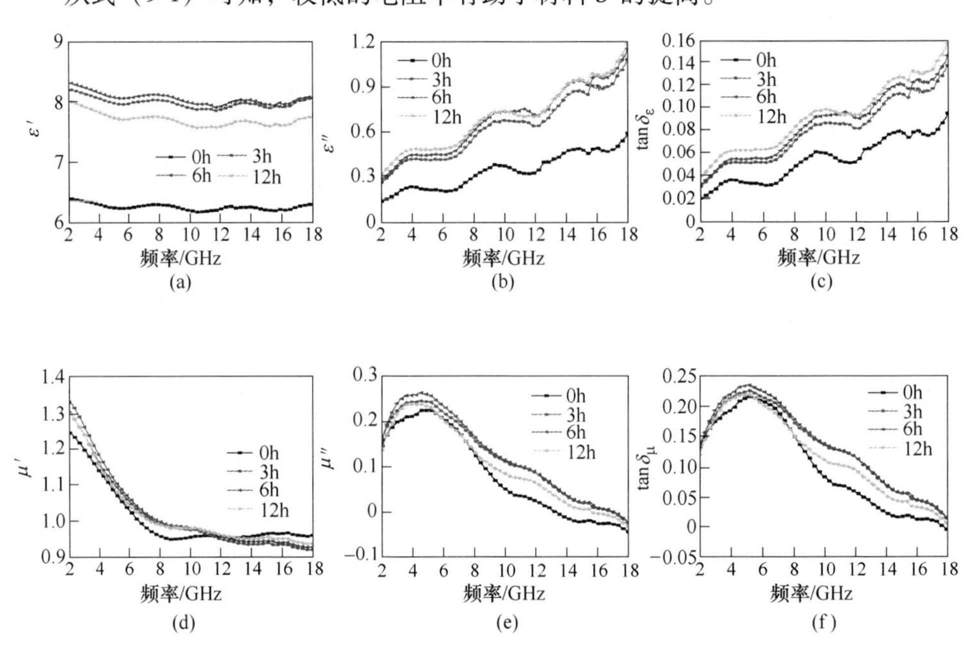

图 9-9　不同球磨时间下磁铁矿颗粒的电磁参数

（a）复介电常数实部；（b）复介电常数虚部；（c）电损耗正切；
（d）复磁导率实部；（e）复磁导率虚部；（f）磁损耗正切

通过四探针法对不同球磨时间下磁铁矿颗粒的电阻率进行测试，结果见表 9-4。由表 9-4 和图 9-9（b）可以看出，当球磨时间增加至 6h 时，磁铁矿颗粒表现出最低的电阻率以及最高的 ε''。另外，在图 9-9（b）中可以观察到多重频散峰的存在，这是由于颗粒中多重异质界面结构所导致的。

表 9-4 不同球磨时间下磁铁矿颗粒的电阻率

样品球磨时间/h	3	6	12
电阻系数/kΩ·cm	9.63	6.245	7.71

图 9-9（d）、（e）分别为不同球磨时间的μ'和μ''随频率变化的曲线。可以看出，球磨时间对μ'的影响不大，但μ''随着球磨时间的增加而增大。由于自然共振以及涡流损耗的存在，μ'随着频率的增加而发生下降，最后保持稳定。μ''则随着频率的增加先上升后下降。通常，对于铁磁材料来说，初始磁导率μ_i与其复磁导率密切相关，μ_i的表达式如（9-2）所示：

$$\mu_i = \frac{M_s^2}{akH_cM_s + b\lambda\xi} \tag{9-2}$$

式中，M_s为饱和磁化强度；H_c为矫顽力；λ 为磁化常数；ξ 为弹性应变参数；a 和 b 为与材料有关的两个系数。

μ_i代表着材料对电磁波磁能的损耗能力，从式（9-2）可以看出，高的饱和磁化强度以及低的矫顽力有助于μ_i的提高。

图 9-9（c）和（f）分别为电损耗角正切值（$\tan\delta_\varepsilon$）和磁损耗角正切值（$\tan\delta_\mu$）随频率变化的曲线，两者随球磨时间增加的变化趋势与ε''和μ''相同。在低频段内，$\tan\delta_\mu$的值要大于$\tan\delta_\varepsilon$，这表示在该频段内磁损耗占据其主导作用。但是随频率的升高，电损耗正切值将大于磁损耗正切值，这表明在高频波段内起主导作用的是介电损耗。

9.4.2.2 热处理温度对电磁性能的影响

图 9-10 是不同热处理温度条件下样品在 2~18GHz 频率范围的电磁参数随频率变化的曲线。从图 9-10(a)和(b)可以看出，经过热处理后，样品的复介电常数相比于未经热处理的磁铁矿颗粒有一定的提高。随着热处理温度的升高，复介电常数的实部呈现出先增加后减小的趋势，而复介电常数的虚部则持续上升，并且有多重频散峰的出现。图 9-10(d)和(e)是不同热处理温度下样品复磁导率实部与虚部随频率的变化曲线，可以看到，随着温度升高，磁导率实部先降低再增高，而虚部表现出先增大后减小的趋势。图 9-10(c)和(f)是不同热处理温度下材料的电损耗正切值与磁损耗正切值随频率变化的曲线。从图 9-10(c)和(f)中可以看出，电损耗正切值随着温度升高而逐渐增大，而磁损耗正切值则表现出先增大后减小的趋势。通常，较高的饱和磁化强度以及较低的矫顽力有助于复磁导率虚部的提高，当热处理温度为 700℃时，在 2~7GHz 范围内磁铁矿颗粒的复磁导率虚部明显高于其余样品，磁损耗正切值也表现出同样趋势，说明样品在 700℃温度下进行热处理，磁损耗最强。

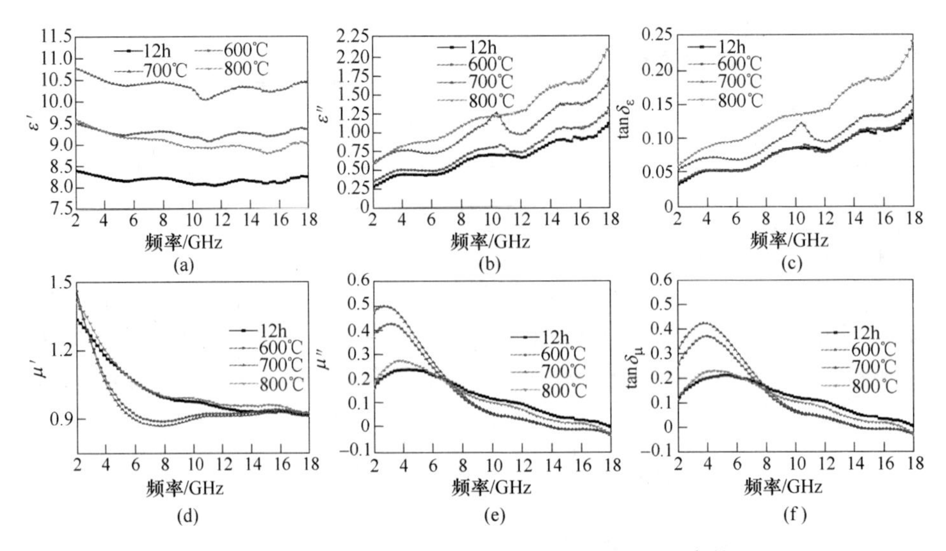

图 9-10　不同热处理温度下磁铁矿颗粒的电磁参数

(a) 复介电常数实部；(b) 复介电常数虚部；(c) 电损耗正切；

(d) 复磁导率实部；(e) 复磁导率虚部；(f) 磁损耗正切

9.4.2.3　熔融氧化温度对电磁性能的影响

图 9-11 是不同熔融氧化温度条件下样品在 2~18GHz 频率范围的电磁参数随

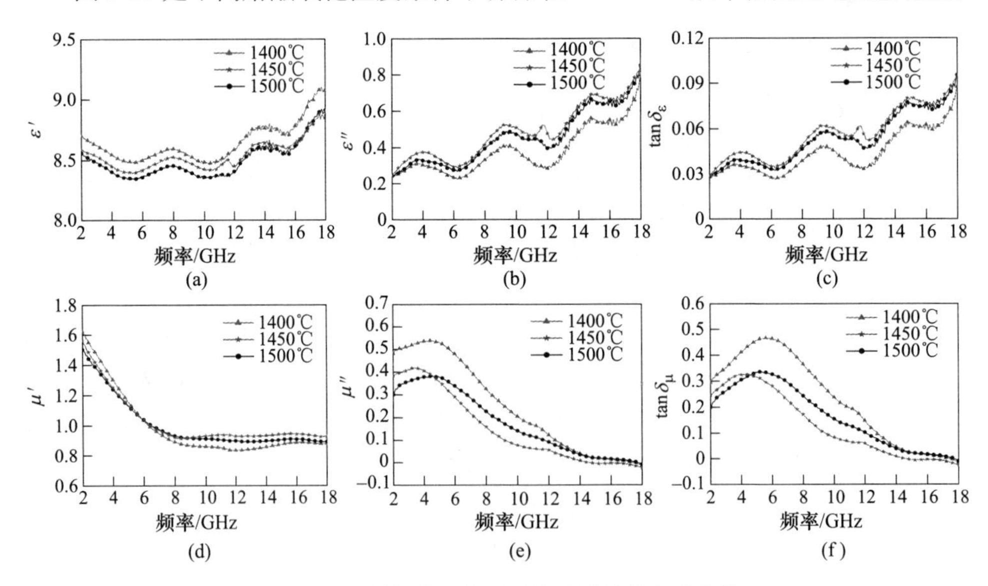

图 9-11　不同氧化温度下磁铁矿颗粒的电磁参数

(a) 复介电常数实部；(b) 复介电常数虚部；(c) 电损耗正切；

(d) 复磁导率实部；(e) 复磁导率虚部；(f) 磁损耗正切

频率变化的曲线。由图 9-11（a）~（c）可以看出，1400℃的熔融氧化温度下磁铁矿的复介电常数实部高于 1450℃和 1500℃的相应值；而复介电常数的虚部以及电损耗正切值则正好相反。而在图 9-11（d）~（f）中，三种样品的复磁导率实部值较为接近，复磁导率虚部值和磁损耗正切值则随着氧化温度升高而降低。因此，在 1400℃氧化条件下制备的样品磁损耗最强。

9.5　吸波性能及吸波机理

9.5.1　吸波性能

根据传输线理论[7]，材料对电磁波的吸收能力可以用式（9-3）和式（9-4）来表示：

$$Z_{in} = Z_0\sqrt{\frac{\mu_r}{\varepsilon_r}}\tanh\left[j\left(\frac{2\pi fd}{c}\right)\sqrt{\mu_r\,\varepsilon_r}\right] \tag{9-3}$$

$$RL = 20\log\left|\frac{Z_{in} - Z_0}{Z_{in} + Z_0}\right|,\mathrm{dB} \tag{9-4}$$

式中，Z_{in}为输入阻抗，由材料电磁性能决定；Z_0为自由空间阻抗；μ_r和ε_r分别为材料的复磁导率和复介电常数；f为电磁波频率；c为光速；d为吸波材料厚度。

阻抗匹配可用 $Z=|Z_{in}/Z_0|$来表示，当 Z 值等于 1 时，表明材料与自由空间的阻抗相一致，此时微波可以完全进入吸波体而不发生反射，这是吸波材料设计追求的最佳目标。但这种情况属于理想状态，实际中不可能发生，因此用反射损耗值（RL）来反映材料阻抗匹配的程度，评估材料对电磁波的吸收能力大小。当 RL 值小于-10dB 时，表明有 90%的电磁波被吸收，则认为材料满足吸波要求，该吸收频段范围被称为材料的有效吸收频带宽度。

粉状铁氧体通常应用于吸波涂层，因此 1/4λ 模型[8]也常被用来指导此类吸波材料的设计，该模型可用式（9-5）表示：

$$t_m = \frac{n\lambda}{4} = \frac{nc}{4f_m\sqrt{|\mu_r||\varepsilon_r|}} \tag{9-5}$$

式中，t_m为样品的厚度；λ 为入射波的波长；n 为奇数；c 和f_m分别为光速和匹配频率。

1/4λ 模型认为，当吸波层厚度为入射波 1/4 波长的奇数倍，吸波层底板的反射波会与吸波层表面的反射波发生干涉相消，使得材料表面总反射波降为最低，从而减小材料反射。因此，在评价材料吸波性能时，还需考虑 1/4λ 模型的影响。

9.5.1.1　球磨时间对吸波性能的影响

利用式（9-3）~式(9-5）计算不同球磨时间磁铁矿样品的反射损耗值（*RL*）和 1/4λ 模型厚度值（t_m），得到反射损耗曲线和对应的 1/4λ 模型曲线，如图 9-12 所示。由图 9-12 可知，未经球磨处理的磁铁矿样品最低反射损耗值（RL_{min}）为-8.1dB，吸波性能较差。而经过 3h 球磨处理后，样品在 17.4GHz 处的 RL_{min} 为-21.5dB；随着球磨时间的延长，样品在 16.7GHz 的 RL_{min} 可以达到-34.0dB，相应的匹配厚度为 5.0mm；当球磨时间增加至 12h，在 16.7GHz 处 RL_{min} 达到-31.4dB。因此，适当的球磨时间有助于磁铁矿吸波性能的提升，球磨后磁铁矿颗粒的吸波行为主要发生在 16~18GHz 的高频段区域。在图 9-12 中，样品厚度与其 RL_{min} 频率的交点正好落在 1/4λ 模型曲线上，说明材料的吸波行为符合 1/4λ 模型。

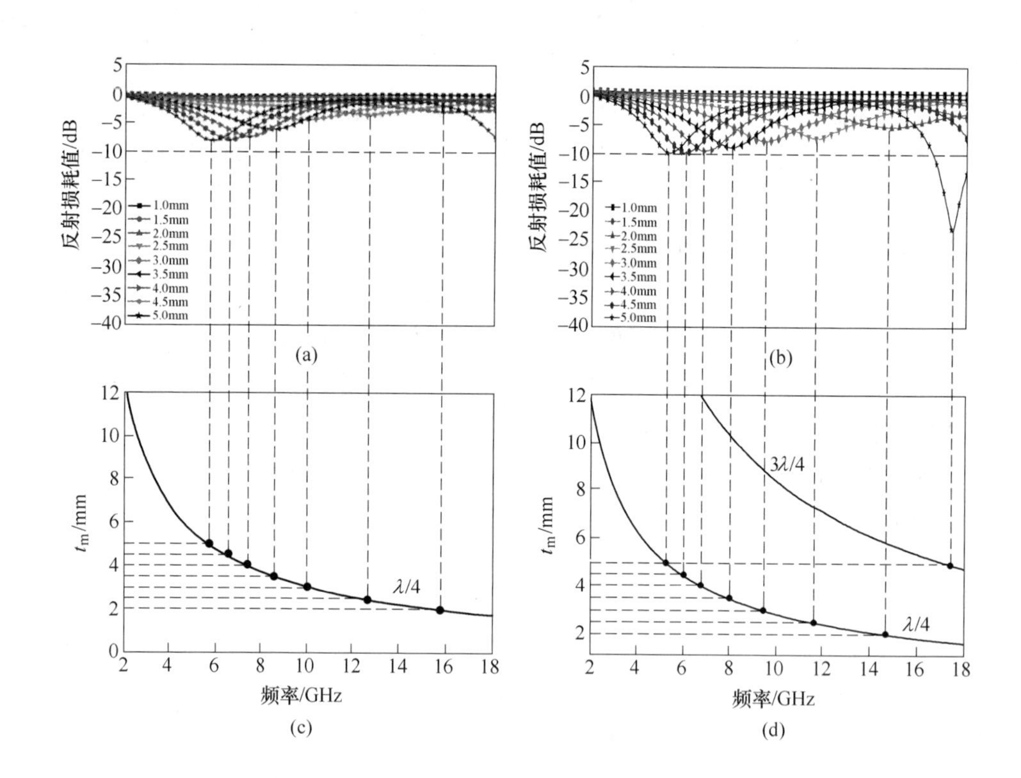

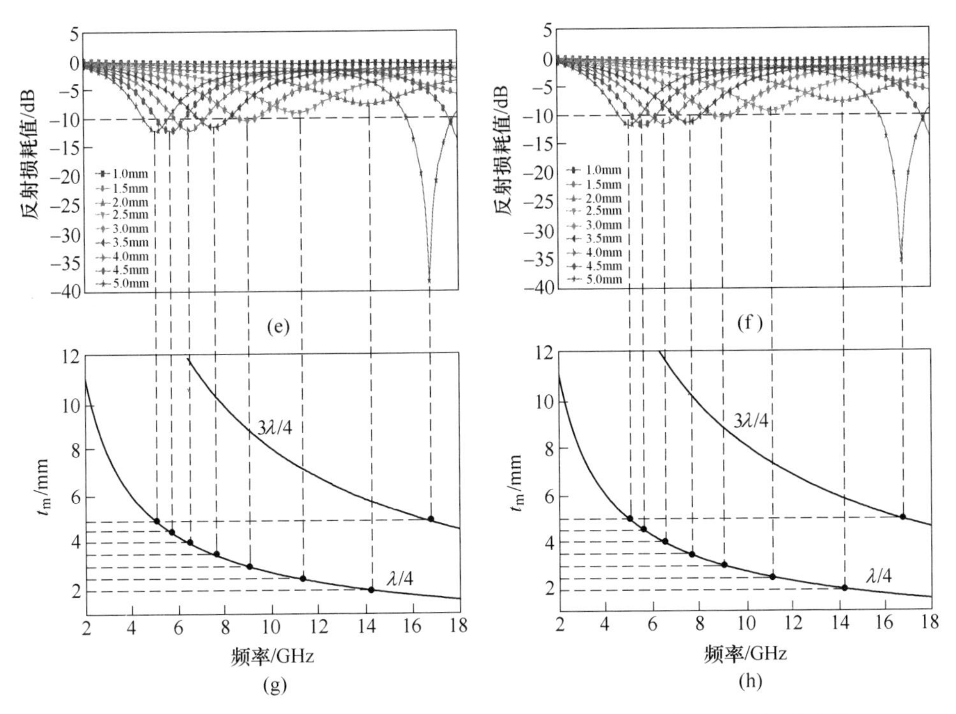

图 9-12 不同球磨时间（0h，3h，6h 和 12h）磁铁矿颗粒的反射损耗曲线（a）（b）（e）（f）及对应 1/4λ 模型曲线（c）（d）（g）（h）

9.5.1.2 热处理温度对吸波性能的影响

图 9-13 为球磨 12h 后不同热处理温度下磁铁矿样品的反射损耗曲线和对应的 1/4 波长模型曲线。由图 9-13 可知，未经热处理时磁铁矿颗粒的 RL_{min} 在 17.6GHz 处达到-31.4dB，有效频带宽度为 2.1GHz（4.8～5.2GHz 以及 15.9～17.6GHz），匹配厚度为 5mm。当热处理温度为 600℃时，磁铁矿颗粒在 5mm 厚度下的 RL_{min} 可以达到-22.5dB，共振峰位置为 4.8GHz，相应的有效频带宽度为 3.0GHz（3.9～5.7GHz 和 15.0～16.2GHz）。热处理温度继续升高至 700℃，RL_{min} 在 6.9GHz 达到-38.7dB，有效频带宽度为 2.2GHz（5.7～7.9GHz），此时吸波体厚度降至 3.5mm。当热处理温度升高至 800℃时，磁铁矿的 RL_{min} 在 15.7GHz 达到-16.7dB，有效频带宽度为 3.0GHz（4.1～5.4GHz 和 14.9～16.6GHz）。可以看出，样品经过热处理后增强了中低频带（4～10GHz）的反射损耗，同时扩宽了有效频带宽度，减小了吸波层厚度。

9.5.1.3 熔融氧化温度对吸波性能的影响

图 9-14 为不同熔融氧化温度下获得磁铁矿样品球磨 6h 并 700℃热处理后的

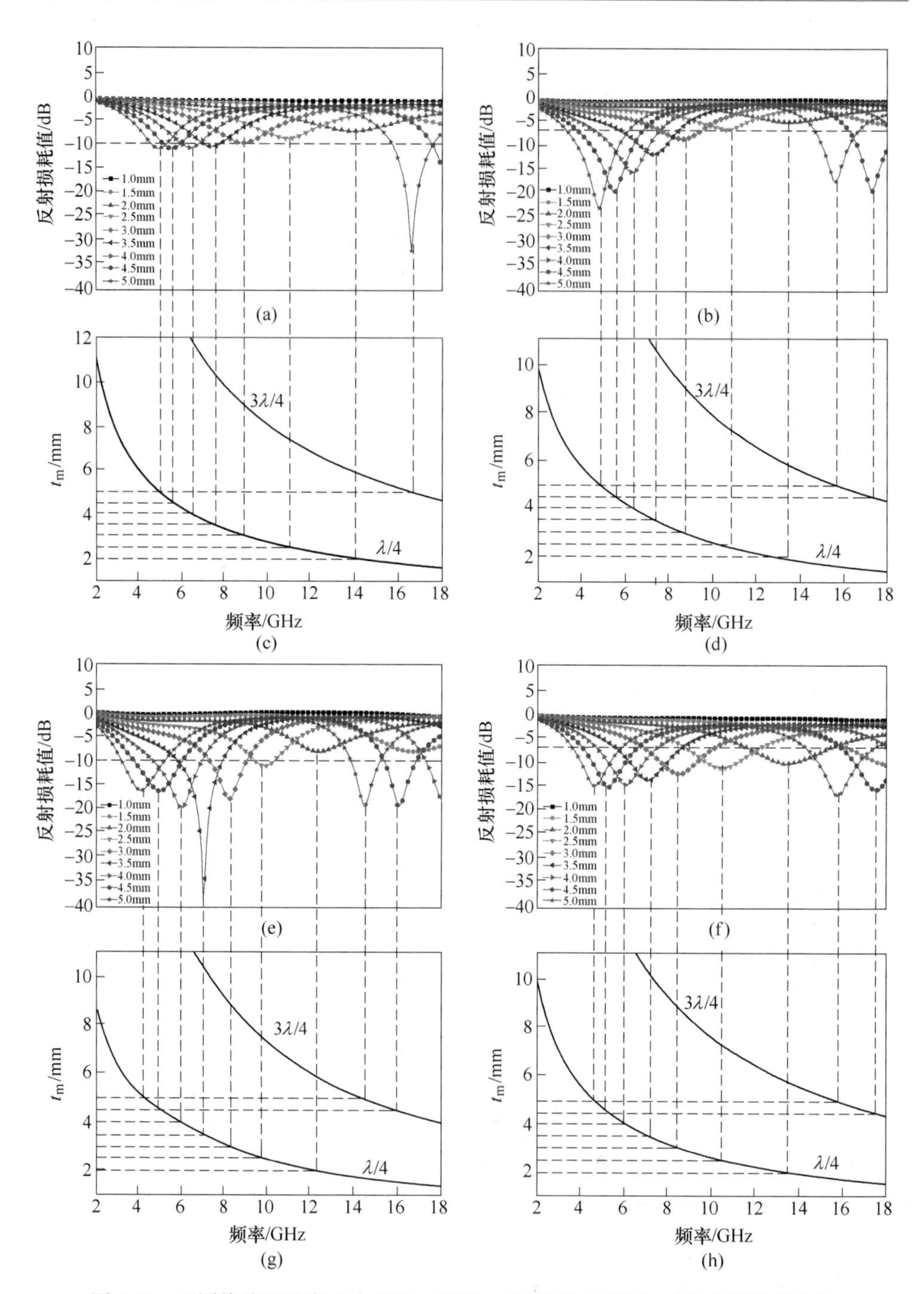

图 9-13　不同热处理温度（未处理，600℃，700℃和 800℃）磁铁矿颗粒的反射损耗曲线（a），（b），（e），（f）及对应 1/4λ 模型曲线（c），（d），（g），（h）

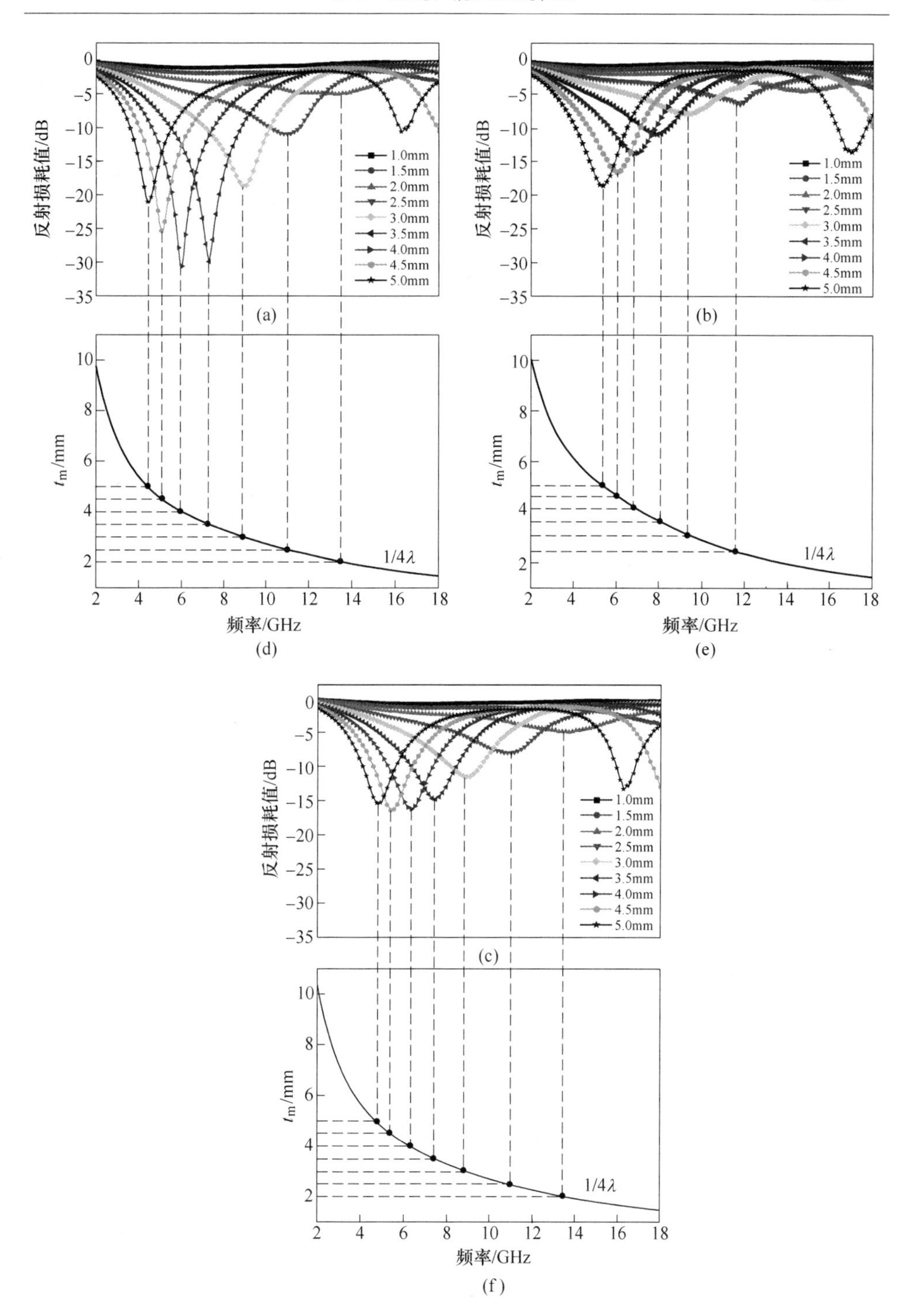

图 9-14 不同氧化温度（1400℃，1450℃和 1500℃）磁铁矿颗粒的反射损耗曲线（a），（b），（c）及对应 1/4λ 模型曲线（d），（e），（f）

反射损耗曲线和对应的1/4波长模型曲线。由图9-14可知，经1400℃熔融氧化获得的磁铁矿样品在5.92GHz处的RL_{min}达到-30.59dB，有效频带宽度为3.2GHz（5.52~8.72HGz），吸波层厚度为3.5mm。而1450℃和1500℃氧化处理的磁铁矿样品的RL_{min}在5.36GHz处分别达到-18.58dB和-16.43dB，有效频带宽度分别为2.4GHz（4.08~6.48GHz）和2GHz（5.28~7.28GHz）。可以看出，较低的氧化温度下获得的磁铁矿颗粒具有更好的吸波性能。根据前文分析，不同氧化温度下磁铁矿晶体的形貌结构存在差异，晶体结构会影响磁性能，进而影响吸波性能，1400℃时获得的磁铁矿晶体结构更完整，具有更好的吸波性能。

9.5.2　吸波机理

对镍渣中提取的磁铁矿颗粒的微波吸收进行分析，机理如图9-15所示。首先，磁铁矿颗粒具有优异的磁性能，自然共振引起的磁损耗对微波吸收有很大的贡献；其次，磁铁矿颗粒中Mg、Ni、Co固溶体和少量镶嵌硅酸盐会形成多种异质界面，介电物质的存在会促使界面极化和介质弛豫的产生，调节材料的电磁阻

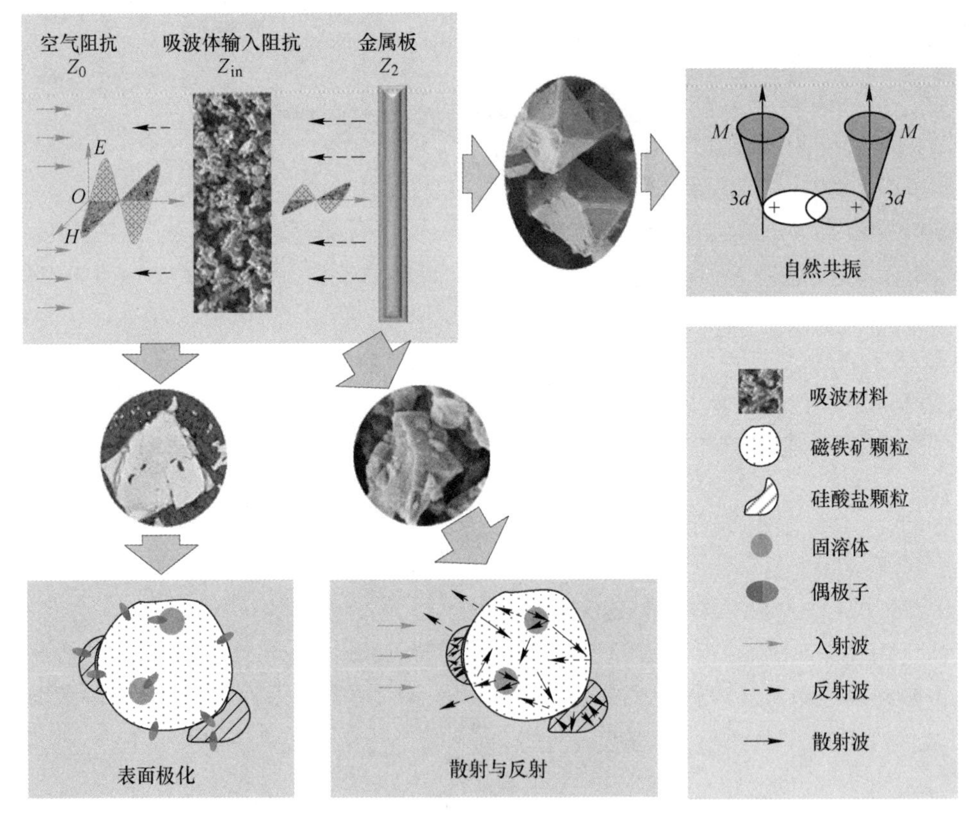

图9-15　镍渣中提取磁铁矿颗粒的微波吸收机理

抗匹配；第三，固溶体或硅酸盐与磁铁矿晶体之间形成的复杂结构增强了微波的散射和多次反射，导致电磁波能量衰减。概括来讲，镍渣中提取的磁铁矿，可以看成是一种同时包含磁性物质和少量非磁性介电物质的复合材料，独有的特殊镶嵌结构使其具备了强磁损耗和适当介电损耗，在两者共同作用下产生了最佳的阻抗匹配和较高的能量衰减能力，因此具有较好微波吸收性能。

将镍渣中提取的磁铁矿颗粒与常规化学法制备的 Fe_3O_4 的吸波性能进行对比，参数列于表 9-5 中。对比发现，镍渣中提取的磁铁矿颗粒在最低反射损耗、有效吸收频宽等指标上完全可以达到甚至超过化学法制备的 Fe_3O_4 粒子。考虑环境因素以及原材料制造成本的优势，镍渣中提取的磁铁矿颗粒完全可以作为铁氧体吸波剂应用于微波吸收材料领域。

表 9-5 Fe_3O_4 吸波材料的吸波性能对比

吸波材料	RL_{min} /dB	有效吸收频宽 /GHz	质量配比 /wt%	吸波体厚度 /mm	RL_{min} 频率 /GHz	参考值
Fe_3O_4 纳米线	−17.2	2.9	50	5.5	6.2	[9]
Fe_3O_4 纳米粒子	−23.7	—	80	1.5	15.24	[10]
Fe_3O_4/Fe 粒子	−25.9	4.2	70	1.2	16.0	[11]
Fe_3O_4 球	−44.0	1.6	40	2.0	7.3	[12]
磁铁矿颗粒	−29.9	3.28	70	3.5	7.28	本方法

9.6 本章小结

（1）熔融氧化温度和热处理温度会影响磁铁矿晶体的形貌和结构，进而影响其电磁性能和吸波行为。较低的熔融氧化温度能获得较为完整的颗粒状晶体，其电磁性能和吸波性能均优于较高温度下获得的枝状晶体；700℃的热处理温度能获得最佳的电磁性能和吸波性能。

（2）球磨会对磁铁矿晶体的电磁特性和吸波性能产生明显影响。随着球磨时间延长，磁铁矿粒子的粒径变小，电磁性能和吸波性能增加，但当球磨时间超过 6h 后，性能不再明显发生。因此，球磨时间应控制在 6h 之内，不宜过久。

（3）镍渣中提取的磁铁矿，可以看成是一种同时包含磁性物质和少量非磁性介电物质的复合材料，独有的特殊镶嵌结构使其具备了强磁损耗和适当介电损耗，在两者共同作用下产生了最佳的阻抗匹配和较高的能量衰减能力，因此具有较好微波吸收性能。

参 考 文 献

[1] 季俊红，季生福，杨伟，等．磁性 Fe_3O_4 纳米晶制备及应用［J］. 化学进展，2010，22（8）：1566-1574.

[2] Liu J, Cheng J, Che R , et al. Double-shelled yolk-shell microspheres with Fe_3O_4 cores and SnO_2 double shells as high-performance microwave absorbers [J]. The Journal of Physical Chemistry C, 2012, 117 (1): 489-495.

[3] Wang L, Huang Y, Xu S, et al. Synthesis and microwave absorption enhancement ofgraphene@ Fe_3O_4 @ SiO_2 @ NiO nanosheet hierarchical structures [J]. Nanoscale, 2014, 6 (6): 3157-3164.

[4] Saeedirad S, Seyed Y J, Hekmatara S H. Decorating untreated carbon nanotubes with Fe_3O_4@ SiO_2 nanoparticles and its microwave absorption property [J]. Journal of Alloys and Compounds, 2019, 793: 590-598.

[5] Ebrahimi-Tazangi F, Hekmatara H, Seyed-Yazdi J. Remarkable microwave absorption of GO-SiO_2/Fe_3O_4 via an effective design and optimized composition [J]. Journal of Alloys and Compounds, 2021, 854: 157213.

[6] Sun G B, Dong B X, Cao M H, et al. Hierarchical dendrite-like magnetic materials of Fe_3O_4, γ-Fe_2O_3, and Fe with high performance of microwave absorption [J]. Chemistry of Materials, 2011, 23 (6) : 1587-1593.

[7] 刘顺华，刘军民，董星龙，等．电磁波屏蔽及吸波材料［M］. 北京：化学工业出版社，2007.

[8] 邢丽英. 隐身材料［M］. 北京：化学工业出版社，2004.

[9] Han R, Li W, Pan W W, et al. 1D magnetic materials of Fe_3O_4 and Fe with high performance of microwave absorption fabricated by electrospinning method [J]. Scientific Reports, 2014, 4 (1): 1-5.

[10] Shang C M, Ji G B, Liu W, et al. One-pot in situ molten salt synthesis of octahedral Fe_3O_4 for efficient microwave absorption application [J]. RSC Advances, 2015, 5 (98): 80450-80456.

[11] Cheng Y, Li Y, Ji G B, et al. Magnetic and electromagnetic properties of Fe_3O_4/Fe composites prepared by a simple one-step ball-milling [J]. Journal of Alloys and Compounds, 2017, 708: 587-593.

[12] Yang F L, Hou X Z, Wang L R, et al. Preparation of ferrite fe_3O_4 and its electromagnetic wave absorption properties [J]. IOP Conference Series: Materials Science and Engineering, 2020, 772: Article 012115.

10　结论与展望

基于镍渣全组分综合利用的目标，本书系统介绍了在镍渣提铁并协同制备胶凝材料，提铁预氧化强化、添加剂强化、机械活化强化，镍渣制备珠铁、制备微晶玻璃、制备吸波材料方面的研究成果。具体内容总结如下：

（1）镍渣提铁及协同制备胶凝材料。

连续升温试验最佳还原条件参数为：还原剂配加量15%、碱度2.6、还原温度1480℃、还原时间40min。只获得胶凝组分 C_2S，未获得 C_3S，焙烧产物形貌为球状包裹物。

采用两段升温，即第一段还原温度1000℃、还原时间40min；第二段温度1480℃，保温时间90min，碱度2.6，配碳量15%，粒度-0.074mm，水淬急冷的条件下，镍渣中铁的还原率为72%，同时生成含 C_3S 占总物料55%的胶凝材料，焙烧产物形貌为不规则条状物，实现了镍渣提铁同时制备胶凝组分。

（2）镍渣预氧化强化还原。

随着预氧化温度的升高，样品在氧化过程中经历了由铁镁橄榄石（Fe，Mg）$_2SiO_4$ 到 Fe_2O_3 和镁橄榄石（Mg_2SiO_4）的物相变化过程。预氧化温度达到900℃后，镍渣氧化程度较高，达到95%以上。随着预氧化时间的增加，镍渣的氧化率增加趋势整体较明显。当预氧化时间小于10min时，氧化率的增幅较大，随后氧化率的增幅较小。预氧化过程中形成的孔隙有利于还原气体的扩散，提高镍渣的还原性。延长还原时间和升高温度均有利于促进镍渣还原。

当温度为1250℃时，未预氧化镍渣和预氧化镍渣（900℃预氧化30min）的最大金属化率分别为68.72%和74.51%。

还原时间及还原温度均对铁颗粒的生长有着显著增强作用。还原时间从10min延长到60min时，金属铁颗粒的最大尺寸从12μm增加到86μm。还原温度从600℃升高到1100℃时，金属铁颗粒的最大尺寸从7μm增加到86μm。

镍渣还原过程中铁颗粒生长的活化能和指前因子分别为14.591kJ/mol和3.341。

（3）镍渣添加剂强化还原。

$CaCO_3$、Na_2CO_3、CaO 对镍渣中 Fe_2SiO_4 的还原均具有促进作用，均能够降低镍渣还原反应所需温度，其参与反应的初始温度相应为931.37K、953.09K和801.07K。在还原温度高于800℃时，$CaCO_3$ 和 Na_2CO_3 对镍渣中 Fe_2SiO_4 还原的促进作用强于CaO。

在0~8%的范围内，提高添加剂配比还原产物中铁的还原度、金属化率、铁回收率指标逐渐上升。$CaCO_3$ 和 Na_2CO_3 的最优添加量为6%，CaO的最优添加量为8%。

利用添加剂强化镍渣碳热还原的机理主要是，加入添加剂后由于 Ca^{2+} 或 Na^{2+} 对 SiO_4^{2-} 的吸引能力强，从而减弱了 SiO_4^{2-} 对铁橄榄石中FeO的束缚，使其更容易与还原剂碳反应生成金属铁，促进镍渣中铁化合物的还原。

（4）镍渣机械活化强化还原。

机械活化可有效降低镍渣颗粒粒径，增加机械储能。当活化时间增加到12h后，镍渣平均粒径为0.531μm，渣中 Fe_2SiO_4 相的晶粒粒径为16.3nm，总储能1790.4kJ/mol。

机械活化不仅改变了镍渣粉末中 Fe_2SiO_4 相的相关参数，还破坏了 Fe_2SiO_4 中的Si—O—Si键以及Si—O键，使得难还原的 Fe_2SiO_4 结构变得简单，更易还原。

机械活化时间越长的镍渣，由于其粒度更细，机械储能增加，更利于镍渣的还原及还原产物中铁颗粒的聚集长大。机械活活化12h的镍渣在1273K还原30min后金属化率可达72%，当还原70min，提升到83.12%。

（5）镍渣熔融氧化提铁。

镍渣中的 Fe_2SiO_4 与 O_2 反应生成的 Fe_3O_4 很难在高温时进一步氧化为 Fe_2O_3，Fe_3O_4 是体系内最稳定的含铁氧化物；CaO的存在会促进 Fe_2SiO_4 与 O_2 反应生成 Fe_3O_4。等温条件下，镍渣中 Fe_2SiO_4 氧化过程的表观活化能 E_a 为315.16kJ/mol。

碱度为0.60~0.90时，镍渣熔融氧化的熔化温度最低，黏度最小，有利于氧化反应的进行以及磁铁矿相的析出与长大。在温度1350~1450℃，冷却速率3~5℃/min，可获得较高的结晶量。

随着氧化渣粒度的降低，回收的磁铁矿粉中铁品位升高，但铁收率降低。当粒度为200~400目，磁感应强度为120~300mT时，可以获得一个较为平衡的回收效果。通过多段破碎-磁选工艺，可以提高回收磁铁矿中的铁品位。

（6）镍渣制备珠铁。

温度对镍渣球团还原产物的渣铁分离影响最大，加入适量的氧化钙有利于镍渣中铁氧化物的还原，同时能降低终渣熔点，但当碱度超过0.8时，不利于渣铁分离。

镍渣球团在1400℃、C/O 1.2、碱度0.8、还原12min，渣铁分离效果最好，所得珠铁含Fe 93.89%，并含少量C及Ni，有望代替废钢用于炼钢工艺；还原分离后的渣其结晶相主要为镁黄长石，是水泥生产的可能原料。镍渣制备珠铁工艺为镍渣综合利用提供了新思路，应进一步开展硫元素脱除及迁移规律研究，降低珠铁中的S元素含量。

（7）镍渣制备微晶玻璃。

随着镍渣中 Fe_2O_3 含量的增加，微晶玻璃的结晶温度先升高后降低。微晶玻璃的微观结构随着 Fe_2O_3 的增加而变得致密。当热处理时间一定时，随着热处理温度升高，晶体含量呈现先增大后减小的趋势；当热处理温度一定时，随着保温时间增长，晶体含量呈现增加的趋势。

在 Fe_2O_3 含量为 9.32wt%时，结晶度达到最大值 72.45%，样品的维氏硬度、抗折强度、耐酸碱度分别为 11.42GPa 和 121MPa、99.81%和 99.70%，性能符合工业微晶玻璃板（JC/T 2097—2011）的要求。

（8）镍渣制备吸波材料。

镍渣中提取的磁铁矿，是同时包含磁性物质和少量非磁性介电物质的复合材料，特殊的镶嵌结构使其具备了强磁损耗和适当介电损耗，在两者共同作用下产生了最佳的阻抗匹配和较高的能量衰减能力，具有较好微波吸收性能。

熔融氧化温度和热处理温度会影响磁铁矿晶体的形貌和结构，进而影响其电磁性能和吸波行为。较低的熔融氧化温度能获得较为完整的颗粒状晶体，其电磁性能和吸波性能均优于较高温度下获得的枝状晶体；700℃的热处理温度能获得最佳的电磁性能和吸波性能。

球磨会对磁铁矿晶体的电磁特性和吸波性能产生明显影响。随球磨时间延长，磁铁矿粒径变小，电磁性能和吸波性能增加，但当球磨时间超过 6h 后，性能不再明显发生。因此，球磨时间应控制在 6h 之内。

展望未来，应该注意到，“固废资源化”连续多年入选国家重点研发计划重点专项，减量化和资源化是我国固废处理的核心方向，也是冶金企业转型升级和绿色发展的必经之路。未来镍渣的利用，应重点从有价金属回收与高附加值利用为切入点，探索金属铁提取协同尾渣改性利用、高温熔体热量与全组分调配、炉渣资源化与镍熔炼一体化等方向，加强技术攻关，并研究产品的环境安全性与技术经济性，满足企业高质量发展要求。